非イオン界面活性剤と水環境

用途、計測技術、生態影響

日本水環境学会[水環境と洗剤研究委員会]編

技報堂出版

はじめに
―非イオン界面活性剤の環境基準をめざして―

1. 今なぜ非イオン界面活性剤なのか

　現在，工業的に生産される化学物質は約十万種とされており，その生産量，種類数は増加の一途を辿っている．我々の身の周りにも，洗剤（界面活性剤），化粧品，医薬品などに多くの化学物質が用いられている．家庭において界面活性剤ほど多量に使われている化学物質はほかにない．家庭用と産業用をあわせて国民1人当たり年間10 kg近い界面活性剤を消費しているが，これらのほとんどは，排水のなかに含まれて環境に負荷される．特に合成洗剤は，1960年頃から洗濯機の普及とともに，生産量が急増したが，その頃は生物学的に分解しにくい化学構造の界面活性剤〔分岐型アルキルベンゼンスルホン酸塩（ABS）；ハード洗剤〕が原料に使われていたため，下水処理場や河川に著しい泡立ちを引き起こし大きな社会問題となった．この問題は，その後生物学的に分解しやすい，いわゆるソフト洗剤が開発されたため解決されたが，続いて助剤であるトリポリリン酸塩が富栄養化促進物質であることが指摘された．これも無リン洗剤の開発によって克服されたが，合成洗剤の環境影響への懸念が拭い去られたわけではない．特に直鎖アルキルベンゼンスルホン酸塩（以下LAS）は，ほかの陰イオン界面活性剤に比較して分解速度がやや遅いので関心の高い化学物質である．しかしながら，この数年LASの生産量は減少の傾向にあり，分解速度がより速いアルキル硫酸エステル塩（以下AS），α-オレフィンスルホン酸塩（以下AOS）やアルコールエトキシサルフェート（以下AES）などの陰イオン界面活性剤が伸びるとみられていた．

はじめに

　周知のとおり，界面活性剤には陰イオン，陽イオン，非イオン，両性イオンがあるが，1980年頃までは，ほとんど陰イオンが占めていた．このような背景があるために水環境における界面活性剤の分析法，濃度，挙動，生物影響などは従来から陰イオンが中心に調査研究されており，非イオンはあまり研究の対象にならなかった．ところが1990年頃から非イオンが伸びてきており，平成9年(1997)では陰イオン64.3万tに対し，非イオンは47.3万tにも達している．また，非イオン界面活性剤のアルキルフェノールエトキシレート（以下APE）の分解産物は内分泌撹乱作用を有すると指摘され，非イオン界面活性剤に大きな関心が払われるようになった．APEは家庭用にはほとんど使われていないが，浸透性，分散性が優れており，起泡性が小さく臨界ミセル濃度(cmc)が低いなど界面活性剤の機能がきわめて優れており，産業用には多量に使われている．産業用であっても環境に排出されれば，環境影響は家庭用と同様である．新たな化学物質が問題になったとき，まず分析法を開発し，ついで存在濃度を調べ環境中での挙動を明らかにする必要がある．

　界面活性剤のように水に排出される化学物質は水圏生態系の影響を評価することはもちろんのこと，水利用，すなわち上下水道，水産，工業用水の視点から検討が必要である．水圏生態系では，生態系全体とともにこれを構成する個々の生物に対する毒性（急性，悪急性，慢性），蓄積性，変異原性，生殖毒性などを調べる必要がある．

2. 我が国の水質環境基準

　水質基準は，維持されることが望ましい基準と厳守しなければならない基準とに分けられる．我が国の水質基準は，前者に入るもので水質保全行政の目標やよりどころとなっている．我が国の水質環境基準は『公害対策基本法』に基づいて昭和46年(1971)に制定されたもので，平成5年(1993)からは『環境基本法』に引き継がれている．そのなかで，環境基準は人の健康を保護し，生活環境を保全するうえで望ましい基準を定めるものとしている．またこの基準については，常に科学的判断が加えられ，必要な改訂がなされなければならないとされている．政府は環境保全に関する対策を総合的に講じて，環境基準値が確保されるよう，努めなければならないこととなっている．

公共用水域の水質汚濁に係る環境基準は，人の健康の保護(「健康項目」)および生活環境の保全(「生活環境項目」)に分けて設定されている．「健康項目」は公共用水域に共通して設定されているが，「生活環境項目」は，河川，湖沼，海域の各公共用水域についていくつかの類型に分けられ，類型ごとに基準値があげられている．この類型指定は，水域によって環境庁長官あるいは都道府県知事が行う．

健康項目は従来 9 項目あったが，平成 5 年大幅な改定がなされ，23 項目となり，さらに平成 11 年(1999)に亜硝酸態および硝酸態窒素，フッ素，ホウ素の 3 項目が追加され，26 項目となっている．また平成 9 年(1997)からは地下水にも公共用水域と同様の基準が設定されている．一方，生活環境項目は表 1 に示すように当初は有機汚濁指標が主であったが，窒素およびリンの基準が平成 4 年(1992)に湖沼，平成 5 年に海域に設定されている．健康項目については全国の公共用水域で 5 549 地点，生活環境項目については 7 428 地点で測定されている．また地下水については 3 986 地点で測定されている．

表 1　水質環境基準の生活環境項目

	類型	pH	BOD	COD	SS	DO	大腸菌群	n-ヘキサン抽出物質
河川	6	○	○		○	○	○	
湖沼	4	○		○	○	○	○	
海域	3	○		○		○	○	○

	類型	TN	TP
河川	—		
湖沼	5	○	○
海域	4	○	○

3. 界面活性剤の環境基準は必要か

1 年間に 100 万 t を超える界面活性剤が生産され一部は乳化剤，分散剤として使用されるもののその多くは洗浄剤として使用され，最終的には排水として放出される．LAS，AS，AES，AOS などの陰イオン界面活性剤が大きな割合を占めていたが，消費者の便利さ(泡ぎれやコンパクト化)や環境意識の高まりによって，非イオン界面活性剤を含む合成洗剤が好まれるようになり，近いうちに陰イオン界面活性剤の生産量を凌ぐのではないかと考えられる．陰イオンにしても非イオ

ンにしても，先述したように健康項目には入っておらず，また，生活環境項目の生物化学的酸素要求量(BOD)，化学的酸素要求量(COD)に一部は関わるものの，それ自身は基準項目として取り上げられていない．界面活性剤は人の健康に関わる物質ではないとされているので，健康項目に入らないのは当然であるが，微量でも泡立ちを起こすので生活環境とは密接である．しかし，泡立ちからの評価は公共用水域ではなされていないので，これも項目としては取り上げられていない．しかし，水道水質基準では，陰イオン界面活性剤について泡立ちの観点から基準値が設定されている．また非イオン界面活性剤については，同様の視点から検討が進んでいる．

多くの化学物質が水系に入るようになり，そこに生息・生育するさまざまな生物が影響を受けることが懸念され，いわゆる生態影響の立場からの基準値の設定が必要であることが強調されるようになった．界面活性剤は最も多量に水系に負荷される化学物質であり，生物検定などによってもかなりの低濃度でも生物に対する影響が認められている．非イオン界面活性剤については，生産量が急速に伸びたため，環境中での挙動や水生生物に対する影響についての研究成果は少なく，陰イオン界面活性剤と比較検討しながら，生態影響の視点から環境基準の設定を目標にした研究成果の蓄積と整理が必要であると考えられている．

非イオン界面活性剤の一種であるAPEでは分解過程で毒性が増大するとともに，分解産物であるノニルフェノール(NP)やオクチルフェノール(OP)などに内分泌撹乱作用があることが懸念されており，これも環境基準の検討が望まれる根拠になっている．しかしながら，内分泌撹乱作用がある化学物質は数十〜百以上に及ぶとされているが，まだ研究途上のため影響濃度(NOEC, LOEC)が明らかにされている物質は少ない．また人間に対する内分泌撹乱作用が認められれば，それは健康項目として取り上げなくてはならない．

陰イオン界面活性剤のLASにしても，本書で取り上げる非イオン界面活性剤のアルコールエトキシレート(以下AE)およびAPEにしても同類体や異性体がきわめて多く，その化学構造によって毒性は著しく異なる．またAPEでは，分解中間生成物の毒性が高まるといわれている．したがって，陰イオン界面活性剤あるいは非イオン界面活性剤の全体の濃度，またAEおよびAPEの濃度がわかったとしてもそれが生態影響を直接反映することにはならない．たとえばAEおよ

び APE はエチレンオキシド(EO)鎖が短いほど毒性が強く，また APE では内分泌撹乱作用も大きいようである．同類体・異性体を個別に測定する技術は進んでいるから，中間生成物まで含めて毒性発現の強い構造のものを正確に測定されることが望まれる．濃度は最終的に最も毒性の高い構造を1として個別の毒性を積算した毒性等量(TEQ)で表すのがよいと考えられる．また内分泌撹乱化学物質は 17β-エストラジオールを基準にして内分泌等量(EDEQ)で表してよいのではないだろうか．内分泌撹乱作用は，今後の検討課題として研究の進展を待つことにして，これをひとまず除き，生態影響の立場から非イオン界面活性剤の環境基準を考えるのが当面の課題である．

4. 生態系影響を考慮した環境基準

各種の界面活性剤は先に述べたとおり水中に最も多量に検出される化学物質であり，人間に全く影響がなくても多様な水生生物のいずれかの種類には影響があるのではないかと懸念される．従来，化学物質の生物への影響は，種々の生物に曝露しその影響を評価してきたが，生態系では個々の生物が単独で生息しているわけではない．あらゆる生物は図1に示すように，生態系の構成者である生産者，消費者あるいは分解者のいずれかに位置づけられる．本来界面活性剤が生態系にトータルとしてどのような影響を示すかを評価しなければならないが，その手法は，マイクロコズム，メゾコズム，コーラルなどが一部試験的に使われているものの，界面活性剤に関する試験法は確立されていない．

生態系を構成する生物は，いずれも他の生物と関わりをもって生息しているので，ひとつの生物種が死んでしまうとその捕食者も食物が減って強い影響を受けるはずである．また，生態系は無数にあり，貧栄養湖でもどぶ川でもすべて生態系であり，どのような生態系に影響を与えるのかということを議論しておく必要がある．「生態系影響」というのはあいまいな表現であるが，湖沼や河川が汚濁していない健全な生態系についての影響評価で

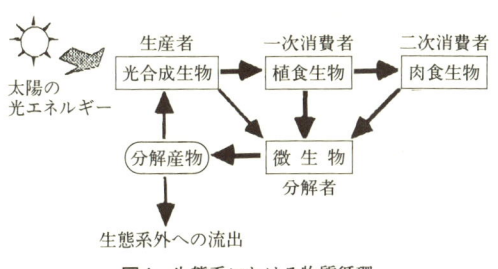

図1 生態系における物質循環

はじめに

あると定義しておくことが重要である．その考え方としては，次のようなものがある．

①食物連鎖のなかで上位者は必ず下位者の影響を受けるので，上位者への生態影響から評価する．
②各栄養段階から代表種を選択し，最も影響が強く現れた種の生息環境から評価する．
③当該生態系に優占的に出現する生物の生息環境から評価する．
④実験室で飼育・培養可能な生物(たとえばミジンコ，コイ)を代表種として評価する．

界面活性剤(陰イオン界面活性剤，非イオン界面活性剤)は甲殻類(ミジンコやヨコエビ)や魚類に強く影響が現れるという研究成果が多いので，上記②および④の考え方で生態系影響を考慮した環境基準値が提案できるものと考えられる．なお界面活性剤の環境基準は，生活環境項目のひとつとしてとらえるのが妥当である．

このような視点にたち，著者らはこれまで非イオン界面活性剤に関する種々の研究成果や測定データを収集・解析し，また議論を重ねてきた．その過程でまとまってきた内容が本書のもととなった．

本書は非イオン界面活性剤の生産，環境負荷，分析法，環境中での挙動，生物への影響からリスクアセスメントまですべての知見をまとめたもので，非イオン界面活性剤の環境影響マニュアルである．

平成12年1月吉日

東北大学大学院工学研究科教授

須藤　隆一

「非イオン界面活性剤と水環境」編集委員会
(五十音順．所属は 2000 年 1 月現在)

幹　事　　宇都宮　暁子（うつのみや あきこ）［神奈川県立衛生研究所］
　　　　　　菊　地　幹　夫（きくち みきお）［神奈川工科大学］

執筆者（五十音順．所属は 2000 年 1 月現在．所属の後の数字は執筆箇所）
相　澤　貴　子（あいざわ たかこ）［厚生省国立公衆衛生院　3.4, 6.2.2］
磯　部　友　彦（いそべ ともひこ）［東京農工大学　2.3, 6.4］
稲　森　悠　平（いなもり ゆうへい）［環境庁国立環境研究所　5.1, 7.5］
宇都宮　暁　子　［前出　5.2, 5.3, 6.5, 7.2, 7.4, おわりに］
菊　地　幹　夫　［前出　4.1, 4.2, 4.3, 7.4］
郷　田　泰　弘（ごうだ やすひろ）［武田薬品工業(株)　6.6］
古武家　善　成（こぶけ よしなり）［兵庫県立公害研究所　2.2, 3.2, 6.3, 7.3］
須　藤　隆　一（すどう りゅういち）［東北大学　はじめに］
高　田　秀　重（たかだ ひでしげ）［東京農工大　2.4, 3.3, 6.4］
高　松　良　江（たかまつ よしえ）［(株)三菱化学安全科学研究所　2.1, 5.1, 7.5］
中　村　好　伸（なかむら よしのぶ）［日本界面活性剤工業会　1.1, 1.2］
林　　　良　之（はやし よしゆき）［京都工芸繊維大学名誉教授　1.3, 7.1］
藤　田　正　憲（ふじた まさのり）［大阪大学　6.6］
三　浦　千　明（みうら かずあき）［ライオン(株)　3.1, 3.3］
山　田　一　裕（やまだ かずひろ）［東北大学　1.4］
吉　川　サナエ（よしかわ さなえ）［川崎市環境局　2.5, 6.1, 6.2, 6.2.1］

略号凡例

界面活性剤

ABS：分岐型アルキルベンゼンスルホン酸塩
AE：アルコールエトキシレート
AES：アルコールエトキシサルフェート
AO：アルキルジメチルアミンオキシド
AOS：α‐オレフィンスルホン酸塩
APE：アルキルフェノールエトキシレート
APG：アルキルポリグルコシド
AS：アルキル硫酸エステル塩
LAS：直鎖アルキルベンゼンスルホン酸塩
NPE：ノニルフェノールエトキシレート
OPE：オクチルフェノールエトキシレート
SAS：アルカンスルホン酸塩

界面活性剤の分解生成物

APE(1)：アルキルフェノールモノエトキシレート
NPE(1)：ノニルフェノールモノエトキシレート
APE(2)：アルキルフェノールジエトキシレート
NPE(2)：ノニルフェノールジエトキシレート
OPE(1)：オクチルフェノールモノエトキシレート
AP：アルキルフェノール
APEC：アルキルフェノキシカルボン酸
CNPEC：アルキル基の末端がカルボン酸化された NPEC
EO：エチレンオキシド
NP：ノニルフェノール
NPEC：ノニルフェノキシカルボン酸
OP：オクチルフェノール

分析法

APCI/MS：大気圧化学イオン化/質量分析法
ESI/MS：エレクトロスプレーイオン化/質量分析法
GC/FID：ガスクロマトグラフ/水素炎イオン化検出法
GC/MS：ガスクロマトグラフ/質量分析法
HPLC：高速液体クロマトグラフ法
HPLC/UV：高速液体クロマトグラフ/紫外可視吸光光度法
LC/MS：高速液体クロマトグラフ/質量分析法
LC/MS/MS：高速液体クロマトグラフ/タンデム型質量分析法
TSP/MS：サーモスプレーイオン化/質量分析法

もくじ

第1章 非イオン界面活性剤の種類，性質，用途

1.1 非イオン界面活性剤の種類と性質 1
  1.1.1 エステル型 2
  1.1.2 エーテル型 4
  1.1.3 エステル・エーテル型 7
  1.1.4 脂肪酸アルカノールアミド 8
  1.1.5 そのほかの非イオン界面活性剤 8
  1.1.6 新しい非イオン界面活性剤 9

1.2 非イオン界面活性剤の製法と生産量 10
  1.2.1 エステル型非イオン界面活性剤の製法 10
  1.2.2 エーテル型非イオン界面活性剤の製法 11
  1.2.3 エステル・エーテル型非イオン界面活性剤の製法 12
  1.2.4 脂肪酸アルカノールアミドの製法 12
  1.2.5 そのほかの非イオン界面活性剤の製法 12
  1.2.6 非イオン界面活性剤の生産・販売量 13

1.3 非イオン界面活性剤の特性 16
  1.3.1 非イオン界面活性剤の特性と応用 16
  1.3.2 APの合成 19
  1.3.3 APEの合成 20
  1.3.4 APEの特色 21

1.4 界面活性剤使用の現状と一般消費者の意識 23
文　献 28

第2章　非イオン界面活性剤の環境中の濃度分布および非イオン界面活性剤による事故例とその対策

2.1　アルコールエトキシレート（AE）　31
　2.1.1　環境水中の濃度　32
　2.1.2　底泥中の濃度　34
　2.1.3　下水処理場流入水および処理水中の濃度　36
2.2　アルキルフェノールエトキシレート（APE）　39
　2.2.1　環境汚染物質としてのAPE　39
　2.2.2　河川水中の濃度　39
　2.2.3　河川堆積物および水生生物中の濃度　42
　2.2.4　下水処理場排水，産業排水中の濃度および処理過程での変化　43
2.3　ノニルフェノール（NP）とオクチルフェノール（OP）　46
2.4　そのほかのAPE分解生成物　50
2.5　非イオン界面活性剤による事故例とその対策　54
　2.5.1　横浜市の事例　54
　2.5.2　埼玉県の事例　56
　2.5.3　神奈川県の事例　58
文　　献　60

第3章　非イオン界面活性剤の動態と水道への影響

3.1　生 分 解 性　65
　3.1.1　生分解とは　65
　3.1.2　生分解性評価の意義　67
　3.1.3　生分解試験方法　67
　3.1.4　非イオン界面活性剤の生分解性　71
　3.1.5　生分解性と化学構造　72
3.2　懸濁物質や底質への吸着　74
　3.2.1　吸着等温式　74

3.2.2 吸着等温式による解析　75
   3.2.3 吸着機構解明の意義と今後の課題　79
 3.3 下水処理場での挙動と処理効率　80
   3.3.1 AEの除去　80
   3.3.2 NPEの除去　80
   3.3.3 APの除去　82
 3.4 水道における非イオン界面活性剤の問題　87
   3.4.1 非イオン界面活性剤の発泡性と利水障害　88
   3.4.2 浄水処理における非イオン界面活性剤の浄水処理特性　92
   3.4.3 水道水の安全性からみた非イオン界面活性剤の問題　94
 文　献　96

第4章　非イオン界面活性剤の生態毒性

 4.1 生態系と生態毒性　99
   4.1.1 生態系とは　99
   4.1.2 生態毒性　100
 4.2 界面活性剤の魚類，無脊椎動物などへの急性毒性　102
   4.2.1 界面活性剤の化学構造の違いによる魚類への毒性の差　103
   4.2.2 試験方法の違いによる魚類への毒性の変化　104
   4.2.3 生物の種類による毒性の差　105
   4.2.4 水生生物への致死濃度　105
   4.2.5 そのほかの非イオン界面活性剤の毒性　106
 4.3 魚類などへの慢性毒性　106
 4.4 モデル生態系での水生生物への影響　107
 4.5 分解中間生成物の毒性　108
 4.6 水生生物への濃縮　109
   4.6.1 AEの水生生物への濃縮　109
   4.6.2 APEの水生生物への濃縮　109
 文　献　110

第5章　非イオン界面活性剤由来の内分泌撹乱化学物質

5.1　内分泌撹乱とは 113
- 5.1.1　内分泌撹乱化学物質の定義と種類　113
- 5.1.2　内分泌撹乱化学物質の構造　114
- 5.1.3　内分泌撹乱化学物質が野生生物に及ぼす影響　116
- 5.1.4　内分泌撹乱化学物質がヒトに及ぼす影響　120

5.2　内分泌撹乱（エストロゲン様）化学物質の検出法 121
- 5.2.1　ホルモンの情報伝達機構　121
- 5.2.2　エストロゲン作用の機構　122
- 5.2.3　エストロゲン様物質の検出法　123

5.3　アルキルフェノールエトキシレート（APE）とその分解生成物のエストロゲン様作用 127
- 5.3.1　in vitro 試験系の報告例　127
- 5.3.2　in vivo 試験系の報告例　128
- 5.3.3　フィールド調査の事例　132

文　　献 134

第6章　非イオン界面活性剤の分析法の実際

6.1　ポリオキシエチレン（POE）型非イオン界面活性剤の分析法 137
- 6.1.1　コバルト錯体による定量法　137
- 6.1.2　カリウムテトラチオシアン酸亜鉛法　140
- 6.1.3　臭化水素酸分解―ガスクロマトグラフ法　140

6.2　アルコールエトキシレート（AE）の分析法 142
- 6.2.1　誘導体化 HPLC　142
- 6.2.2　LC/MS　144

6.3　アルキルフェノールエトキシレート（APE）の分析法 151
- 6.3.1　HPLC の適用　151

6.3.2　順相および逆相カラムを用いた HPLC　151
　6.3.3　APE と LAS の同時分析：HPLC 逆相カラムで複数の種類の活性剤の
　　　　 分析　155
　6.3.4　APE と AE の同時分析：LC/MS　156
　6.3.5　SPME を用いた HPLC　158
6.4　ノニルフェノール(NP)とオクチルフェノール(OP)の分析法　160
　6.4.1　抽　　出　160
　6.4.2　精　　製　161
　6.4.3　誘導体化　161
　6.4.4　機器分析　161
　6.4.5　GC/MS による分析例　162
　6.4.6　LC/MS による分析例　166
6.5　そのほかの APE 分解生成物の分析法　168
　6.5.1　APEC の分析　169
　6.5.2　CAPEC の分析　176
6.6　ELISA 法　179
　6.6.1　ELISA 法　179
　6.6.2　ELISA 法による APE の分析　180
　6.6.3　ELISA 法の利点および課題　183
文　　献　184

第7章　非イオン界面活性剤の今後の課題

7.1　アルキルフェノールエトキシレート(APE)代替物質に関する課題　189
7.2　目的に応じた分析法の選択　191
　7.2.1　POE 型非イオン界面活性剤による汚濁状況を知るために　192
　7.2.2　水道水水質基準への適合性を知るために　193
　7.2.3　水生生物への毒性影響を評価するために　194
　7.2.4　内分泌攪乱作用に関わる分析　194
　7.2.5　そのほかの調査研究(生分解試験，吸着試験など)に関わる分析　195

7.3　環境中の分布と挙動に関する課題　196
 7.3.1　濃度分布の特徴と排出源の影響　196
 7.3.2　非イオン界面活性剤汚染の総合的な理解に向けて　197
7.4　生態毒性および内分泌撹乱作用に関する課題　198
 7.4.1　生態毒性　198
 7.4.2　内分泌撹乱作用　200
7.5　環境リスク評価の事例と課題　203
 7.5.1　環境リスク評価とは　203
 7.5.2　界面活性剤についての環境リスク評価の必要性　204
 7.5.3　環境リスク評価の一般的な手順　204
 7.5.4　環境リスク評価の事例　205
 7.5.5　環境リスク評価の今後の課題　207

文　　献　208

おわりに　209

付　　録　211
索　　引　217

第1章 非イオン界面活性剤の種類,性質,用途

1.1 非イオン界面活性剤の種類と性質

　界面活性剤とは,1分子中に油になじみやすい親油基と,水になじみやすい親水基とを有する化合物で,親水基が,
① 　水中でマイナスに解離する陰イオン(アニオン)界面活性剤,
② 　プラスに解離する陽イオン(カチオン)界面活性剤,
③ 　pHによりマイナスに解離したりプラスに解離したりする両性界面活性剤,
④ 　イオンに解離しない非イオン(ノニオン)界面活性剤,
に分類されている.
　界面活性剤は,洗浄目的の石けんに始まり,19世紀末よりこの石けんを代替する洗浄剤の探査が行われて発展してきた経緯から,当初は陰イオン界面活性剤のみしかなかったが,1930年代に欧米で非イオン界面活性剤が登場し,第二次世界大戦後急速に拡大してきた.日本でも第二次世界大戦までは陰イオン界面活性剤のみしか生産されていなかったが,戦後の1950年代に欧米の技術の導入により非イオン界面活性剤の生産が始まった.
　非イオン界面活性剤は,共通的な特徴として,動物や人に対する毒性が比較的低いこと,通常100%の無水物として得られ色相も淡色であること,ほかのイオン性界面活性剤のいずれとも相溶性があり,特殊なものを除き比較的安価に生産できることなどがあげられる.今日では,単独またはほかの界面活性剤と併用し

て広汎な用途に使用されており，日本では生産量が陰イオン界面活性剤と肩を並べ，欧米ではすでに陰イオン界面活性剤を追い抜いている．

非イオン界面活性剤の場合，親水基は，通常，エーテル状酸素原子（－O－）や水酸基（－OH，以下 OH 基）であり，この親水基の数によって親水性と親油性のバランス（Hydrophilic Lipophilic Balance，以下 HLB*）が変わり，性質や用途が異なってくる．特に，炭素数 8～22 の炭化水素基と活性水素とを有する原料にエチレンオキシド（以下 EO）を付加重合することによって得られる化合物が代表的であるが，EO の付加モル数によって特性の異なる非イオン界面活性剤を得ることができ，種々の機能が発揮される[1]．

非イオン界面活性剤は，その構造により，通常，エステル型，エーテル型，エステル・エーテル型，アルカノールアミド型，その他に分類される[2]．この分類に従って以下，説明することにする〔非イオン界面活性剤のタイプの呼称と分類はやや混乱しており，エステル型を多価アルコール型とよぶことは呼称を変えるだけの問題であるが，エステル型とエステル・エーテル型をあわせてエステル型または多価アルコール型としたり，さらには EO を付加したタイプのエーテル型，エステル・エーテル型およびそのほかをあわせてエトキシレート型とかポリエチレングリコール（以下 PEG）型として分類している場合もある〕．

1.1.1 エステル型

多価アルコールと脂肪酸とを反応して得られる界面活性剤である．非イオン界面活性剤のなかでは最も古く，特にグリセリン脂肪酸エステルおよびソルビタン脂肪酸エステルは 1930 年代に欧米で登場して実用化されている．しょ糖脂肪酸エステルは製法の困難さもあり，1950 年代の登場である．日本でもエーテル型に先立って昭和 25 年（1950）頃に生産が開始された．

エステル型はいずれもほ乳動物に対して実質的に無害で，食品添加物として世

---

* HLB は特に非イオン界面活性剤にとっては重要な概念であり，性質，用途と密接に関係している．HLB については数値化されており，非イオン界面活性剤の場合，HLB 値の最高は 20 で，EO 付加物の HLB 値は，界面活性剤分子中の親水基である EO の含有率を 5 で割ると得られる（したがって HLB 値が 20 の場合は実際にはあり得ない）．水への溶解性の面では，HLB 値が 10 以下では透明に溶解せず，10 以上ではほとんど透明に溶解する．また 7～9 は湿潤剤，8～13 は O/W 乳化剤，13～15 は洗浄剤，15～18 は可溶化剤などと用途に応じて好ましい HLB 値がある[1]．

界的に認められており，日本でもソルビタン脂肪酸エステルが昭和30年(1955)，グリセリン脂肪酸エステルが昭和32年(1957)，しょ糖脂肪酸エステルが昭和36年(1961)，プロピレングリコール脂肪酸エステルも同年に食品添加物の指定を受けている[3]．単独またはほかの界面活性剤と併用して食品や医薬化粧品の乳化剤，分散剤，消泡剤として使用されたり，またプラスチックの帯電防止剤，防曇剤としても使用されている．洗浄剤用途に使用されることはほとんどない．

エステル型はいずれも生分解性は良好である．また，エステル結合部分が酸性またはアルカリ性条件下で加水分解しやすいという欠点がある．

① （ポリ）グリセリン脂肪酸エステル

〔例〕
$$\begin{array}{l} RCOOCH_2 \\ | \\ CHOH \\ | \\ CH_2OH \end{array}$$

グリセリンまたはポリグリセリンと脂肪酸とを反応して得られ，グリセリンモノ脂肪酸エステルが代表的な化合物で，通常，モノグリと称されている．このモノグリの例を上式に示すが，このモノグリは，食品添加物として油中水滴型(以下W/O型)の乳化剤として使用されることが多い．最近HLBの高いポリグリセリンの脂肪酸エステルの利用が高まり，水中油滴型(以下O/W型)の乳化剤としても使用されてきている．

② ソルビタン脂肪酸エステル

〔例〕
$$\begin{array}{c} HOCH-CH-CH_2OH \\ CH_2CHCHCH_2OOCR \\ OOH \end{array}$$

ソルビトールと脂肪酸とを反応させ，ソルビトールが脱水環化してソルビタンになる反応とエステル化反応とを同時に行って製造される場合が多い．歴史のある界面活性剤で最初に開発された商品名の名をとってスパン型と称される．食品以外にも単独またはHLBの高い界面活性剤と併用して広く乳化・分散剤として使用される．ソルビタンは種々の異性体があり，したがって脂肪酸エステルも多くの成分の混合物である．上式はその一例である．類似品にマンニタ

ン脂肪酸エステルがあるが，ほとんど生産されていない．
③　しょ糖脂肪酸エステル

〔例〕

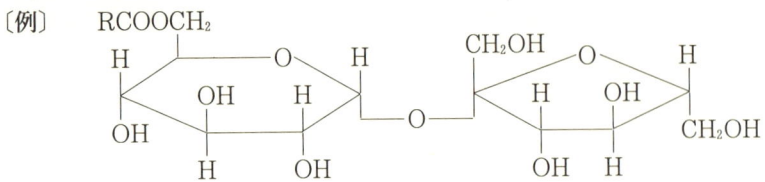

しょ糖と脂肪酸とを反応させて得られる界面活性剤で，水酸基の数が多いHLBの比較的高い化合物も得られるので，O/W型の乳化にも使用でき食品分野での応用の範囲は広い．食品以外の用途には経済的な面もあり，ほとんど使用されていない．

④　そのほかのエステル型非イオン界面活性剤

プロピレングリコール脂肪酸エステル，エチレングリコール脂肪酸エステルなどがある．プロピレングリコールの脂肪酸エステルは食品添加物として認められている．エチレングリコールの脂肪酸エステルは医薬・化粧品に使用されることが多い．

1.1.2　エーテル型

非イオン界面活性剤のなかで最も生産量が多い．化合物としては1930年代より登場しているが，世界的には第二次世界大戦以後各国で使用されるようになった．日本では戦後輸入品が使用され，昭和26～27年(1951～52)にかけて生産が開始された[4]．特に洗浄性，乳化分散性に優れているためその後急速に普及してきた．

エーテル型のなかでも高級アルコールにEOを付加したアルコールエトキシレート(以下AE)，およびアルキルフェノール(以下AP)にEOを付加したアルキルフェノールエトキシレート(以下APE)が代表的であるが，最近部分的にプロピレンオキシド(以下PO)を付加した化合物も増加している．

エステル・エーテル型も同様であるが，EO付加型非イオン界面活性剤は，HLB値が10以上で水に溶解するが，温度が上昇すると溶解性が劣ってくるという，イオン性界面活性剤とは逆の温度効果を示す性質があり，応用面で特に留意する必要がある．

① アルコールエトキシレート(AE)
　　　RO(CH$_2$CH$_2$O)$_n$H
　高級アルコールに EO を付加重合することによって得られる典型的な非イオン界面活性剤である．原料の高級アルコールは，天然の油脂から誘導される炭素数 10～18 の 1 級アルコール，特に 12, 14 のアルコールと，石油化学からの炭素数 11～15 の 1 級または 2 級アルコールが一般的である．ほとんど直鎖のアルキル基であるが，石油化学からの原料には一部メチル基の側鎖がついたアルキル基が含まれている．EO の付加モル数によって親水性などが変化し，炭素数 11～14 の高級アルコールに EO を 1～3 モル付加したものはアルキルエーテルサルフェートの原料として使用され，洗浄剤には炭素数 12～15 の高級アルコールに EO を 6～10 モル程度付加したものが一般的に使用される．EO 15 モル以上のものは分散剤などに使用される．炭素数 16, 18 のアルコールの EO 付加重合物は医薬・化粧品関係に使用されることが多く，また不飽和のオレイルアルコールの EO 付加物は繊維油剤や金属油剤の乳化剤や染色助剤として使用されることが多い．
　AE の性質および用途は，使用したアルコールと EO モル数によって大きく変わる．動物や人に対する毒性は弱く，また魚類に対する毒性は EO の付加モル数によって異なり，洗浄剤に使用されるグレードは，湿潤・浸透作用が強く魚類に対する毒性も強い．非イオン界面活性剤のなかでは最も起泡性が強いが，陰イオン界面活性剤よりは弱く，シャンプーなどには単独では適していない．
　AE の生分解性は，EO の付加モル数によってやや異なり，高モル付加物は分解が遅くなる．洗浄剤グレードは良好である．
② ポリオキシエチレンポリオキシプロピレンアルキルエーテル
　　　RO(CH$_2$CH$_2$O)$_x$(CH$_2$CH$_2$O)$_y$H
　　　　　　　　　　　　　　|
　　　　　　　　　　　　　　CH$_3$

　高級アルコールに EO と PO とをブロックまたはランダムに付加重合することによって得られ，PO が先に付加される場合がある．比較的に炭素数の高い高級アルコールに付加されることが多く，AE に比して低起泡性であり，融点が低く，水に溶解したものは高濃度でも比較的低粘度である．乳化剤や可溶化

剤のほか，特に低起泡性の洗浄剤や古紙のフローテーション法脱墨剤として使用されている．生分解性は，POの付加が低モルの場合はAEとほとんど変わらない．

③ ポリオキシエチレンポリオキシプロピレングリコールエーテル

$$HO(CH_2CH_2O)_x(CH_2CHO)_y(CH_2CH_2O)_zH$$
$$|$$
$$CH_3$$

一般的にはポリプロピレングリコールにEOを付加重合することによって得られるブロックポリマーで，プルロニック型ともよばれている．PEGにPOを付加重合した化合物もある．低起泡性で低毒性である．低起泡性洗浄剤や消泡剤として使用されている．

④ アルキルフェノールエトキシレート

$$R-\langle\bigcirc\rangle-O(CH_2CH_2O)_nH$$

オクチルフェノール（以下OP），ノニルフェノール（以下NP）などのAPにEOを付加重合した非イオン界面活性剤である．昭和15年（1940）にはすでにドイツおよび米国でOPへのEO付加物の生産が始まっており，イゲパールシリーズが有名である．原料のAPのアルキル基は開発当初から直鎖ではなく，オクチル基はブチレンのダイマー，ノニル基はプロピレンのトリマーとして合成される．直鎖のAPEが生産されたこともある．日本では当初輸入品が使用されたが，1950年代に国産化された．

性質および用途はAEと類似しているが，AEと比較して引火点が高く耐熱安定性に優れていることと，湿潤性や芳香族化合物の乳化分散性に優れていること，そして，一般的に使用される範囲のものは液状でハンドリングが容易であるなどの利点がある．泡立ちはAEよりやや低い．河川水中では1モルエトキシレート，2モルエトキシレートおよびそれらの末端酸化物までは容易に分解されるが，無機化までの分解には長時間を要する．また嫌気性条件下では原料として使用したAPが生成し，このAPには内分泌撹乱化学物質の疑いがある．

⑤ そのほかのエーテル型非イオン界面活性剤

ポリスチリルフェノール，ポリベンジルフェノールにEOを付加重合した化

合物は,特に顔料や農薬の乳化・分散剤として使用されている.アルキルポリグリセロールエーテルは,後述のアルキルポリグルコシドと似た挙動を示すといわれており,その特性が研究されているが,実際には生産段階に至っていない.

1.1.3 エステル・エーテル型

エステル・エーテル型の非イオン界面活性剤は,いずれも水溶性で安全性が高いので,広く乳化剤,分散剤などに使用されている.洗浄剤としてはあまり使用されていない.エーテル型に比して低起泡性である.非イオン界面活性剤のなかでも比較的長い歴史を有しており,特にパルミチン酸,ステアリン酸,オレイン酸誘導体が利用されており,生産量も多い.また医薬,化粧品用に多用されており,水生生物に対する毒性も低いことから流出油の処理剤としても使用されている.欧米では食品添加物としても使用されている.

生分解性は良好で,またエステル型と同様にエステル結合部分が酸性またはアルカリ性条件下で加水分解しやすいという欠点がある.

① ポリオキシエチレン多価アルコール脂肪酸エステル

〔例〕　　$H_y(OH_2CH_2C)OCH-CH-CH_2O(CH_2CH_2O)_xH$

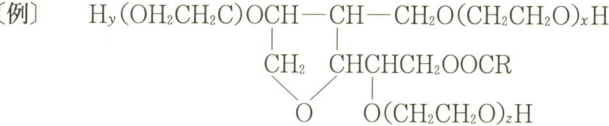

多価アルコールの脂肪酸エステルに EO を付加重合することによって得られる.特にソルビタンの脂肪酸エステルを原料とするものがほとんどで,ツィーン型とよばれる.上式はその一例である.ポリオキシエチレングリセリンやポリオキシエチレンソルビトールを脂肪酸でエステル化したものも生産されている.さらには油脂に直接 EO を付加重合し,結果的にポリオキシエチレングリセリンのトリ脂肪酸エステルと同様の化合物も提案されているが,触媒の使用量が多く実際にはほとんど生産されていない.

② ポリオキシエチレン脂肪酸エステル

　　　$RCOO(CH_2CH_2O)_nH$

　　　$RCOO(CH_2CH_2O)_nOCR$

脂肪酸に EO を付加重合するか,PEG を脂肪酸でエステル化することによっ

て得られる．後者の場合はジエステルも得られる．この界面活性剤の歴史も長い．単独で乳化分散剤として使用されるほか，特にジエステル型は繊維油剤や金属加工油剤に使用されている．EO の一部を PO に置き換えた非イオン界面活性剤は，消泡効果が優れており，紙・パルプ工業や発酵工業などで消泡剤として広く使用されている．

③　ポリオキシエチレン（以下 POE）ひまし油（硬化ひまし油）

ひまし油および硬化ひまし油の脂肪酸は 12 の位置に OH 基を有しているが，この OH 基に EO を付加重合したもので，毒性が非常に低く，広く乳化剤，分散剤などに使用されているほか，特に POE 硬化ひまし油は脂溶性ビタミンの可溶化剤としても使用されている．

④　そのほかのエステル・エーテル型非イオン界面活性剤

最近脂肪酸メチルに EO を付加重合した非イオン界面活性剤が発表されており，洗浄性にも優れている[5]．

1.1.4　脂肪酸アルカノールアミド

〔例〕　$RCON \begin{cases} C_2H_4OH \\ C_2H_4OH \end{cases}$

モノエタノールアミン，ジエタノールアミンなどのアルカノールアミンと脂肪酸とを反応させることによって得られるが，ヤシ油脂肪酸かヤシ油やパーム核油より誘導される炭素数 12〜14 の脂肪酸のジエタノールアミドが一般的である．歴史のある界面活性剤で，日本では 1950 年代に登場している．人体に対する毒性は低く，生分解性も良好である．泡安定剤としての効果があり，アルキルサルフェート，アルキルエーテルサルフェートなどの陰イオン界面活性剤と併用して洗浄剤用途に使用されることが多い．また，金属の腐食防止性があり金属加工油剤にも使用されている．

1.1.5　そのほかの非イオン界面活性剤

脂肪アミンに EO を付加重合したポリオキシエチレンアルキルアミンは，帯電防止剤や染色助剤などに使用されるが，非イオン界面活性剤のなかでは最も毒性

が強く,「ヨーロッパ界面活性剤および中間体に関する委員会」(以下CESIO)では特に2モルエトキシレートについて陽イオン界面活性剤なみの皮膚の腐食性物質としている[6]. EO低モル付加物はさらに脂肪酸でエステル化され,プラスチックの帯電防止剤として使用される.

エチレンジアミンなどのポリエチレンポリアミンにPOを付加重合し,次いでEOを付加重合した非イオン界面活性剤は,テトロニック型とよばれ,潤滑剤や原油の乳化破壊剤として使用される.

脂肪酸アミドにEOを付加重合したポリオキシエチレン脂肪酸アミドは,帯電防止剤や陰イオン界面活性剤の原料として使用される.

疎水基が炭化水素基でない非イオン界面活性剤としてはシリコーン系とフッ素系があり,特に最近シリコーン系が注目されている.シリコーン系には多くの種類が報告されているが[7],特に界面活性剤として重要なものはポリエーテル変性で,ポリオキシアルキレン鎖(主としてPOE)とシロキサン鎖との結合部位がSi-C結合とSi-O-C結合の2種がある.熱安定性が良好で,表面潤滑性に優れているので,今後,化粧品原料,繊維処理剤や消泡剤などへの応用が期待されている.フッ素系非イオン界面活性剤は,AEのアルキル基をフルオロアルキル基に替えた構造のもので,特に表面張力低下能が優れており,消火剤やワックスエマルジョンの拡展剤などに使用されているが,値段が高く数量的には伸びていない.

1.1.6 新しい非イオン界面活性剤

新しい非イオン界面活性剤としてアルキルポリグルコシドとアシルグルカミドを紹介する.いずれも原料が天然由来で,多数のOH基を有するHLBの比較的高い界面活性剤で,低毒性,低刺激性で生分解性も良好である.

① アルキルポリグルコシド

昔から知られていた化合物であるが，合成方法が難しく，工業的な応用が見送られてきたが，2段階反応による製造法が確立され，将来性が注目されている．世界的にはヘンケルが先行しており，またアクゾノーベルも生産を計画している．

アルキルポリグルコシドは，低刺激性で生分解性も良好であり，泡立ちが従来のエーテル型に比して良好であるが，特に陰イオン界面活性剤との組合せで洗浄剤用途に広く使用されてきているといわれている[8]．

② アシルグルカミド

$$R-CON(CH_3)-CH_2-(CHOH)_4-CH_2OH$$

N-メチルグルコサミンを脂肪酸でアシル化することによって得られ，グルコサミドともよばれる．生分解性で毒性も低く起泡性が優れており，P&Gが主として液体および粉末の重質洗浄剤としての開発を行っている[9]．

1.2 非イオン界面活性剤の製法と生産量

1.2.1 エステル型非イオン界面活性剤の製法

エステル型界面活性剤は，多価アルコールと脂肪酸(または脂肪酸メチル)とを反応装置に仕込み触媒(通常，アルカリ触媒)を加え，不活性ガスを導入しエステル化反応を行うことによって得られるが，品目によって製造条件は多様である．グリセリン脂肪酸エステルはモノエステルが主として販売されている関係上，単にグリセリンと脂肪酸とをアルカリ触媒で反応させると，モノ，ジ，トリのエステルが生成されるので，さらに分子蒸留でモノエステルのみを取り出すことが行われている．残ったジおよびトリエステルにはグリセリンを加えてエステル交換を行い，さらにモノエステルを取り出す．ポリグリセリンと脂肪酸との反応物の場合はこのような分離は不可能であるので，製品は多種のエステル化度が異なる化合物の混合物である．

ソルビタン脂肪酸エステルは，通常，ソルビトールと脂肪酸とを反応装置に仕込みアルカリ触媒を加え，ソルビトールの脱水環化反応とエステル化反応を同時に行う方法で製造されている．したがってソルビタンも環化の位置が一様でなく，

ソルビタンがさらに 1 モル脱水したソルバイドになっているものもあり，エステル化度もモノ，ジ，トリがあるので，製品は多くの化合物の混合物である．このなかで特にある物質のみを単離することは行われていない．

しょ糖脂肪酸エステルは，しょ糖と脂肪酸とをエステル化反応を行うことによって得られるので，原理は単純であるが，しょ糖は加熱により容易にカラメル化してしまうので，通常のエステル化反応では製造できない．

現在とられている方法のひとつは，原料の双方を溶解する溶剤であるジメチルホルムアミドを使用して反応を行う方法（脂肪酸の代わりに脂肪酸メチルを使用する）があり，この場合は使用した溶剤の完全除去にかなりの時間がかかる．もうひとつの方法は，しょ糖と脂肪酸メチルをしょ糖エステルおよび脂肪酸石けんを用いてエマルジョンを形成させ，次いで脱水，エステル化反応を行うものである．いずれの場合も製品はエステル化度が異なる混合品である[10]．

1.2.2 エーテル型非イオン界面活性剤の製法

エーテル型界面活性剤の製法は，ほぼ共通していてほとんどバッチ単位で生産される．すなわち，高級アルコール，AP などの原料を反応タンクに仕込み，苛性ソーダ，苛性カリなどを少量触媒として加え，加熱し水分をよく除去した後，常圧または加圧下で（通常，加圧オートクレーブ）EO を徐々に加え付加重合させる．反応が終了したら触媒を中和し，後に必要に応じて不活性ガスを導入して脱水（脱未反応 EO，脱ジオキサンを兼ねる）し，場合によってはろ過して製品となる．

活性水素を有する有機化合物への EO の付加反応は，まず EO が 1 モル付加し，次いでその末端の OH 基に EO が逐次付加されていく 2 段階反応である[11]．EO の付加モル数は，ブロードな分布であり，通常，平均付加モル数で示される．AE の場合は，高級アルコールの末端 OH 基と EO が付加した末端 OH 基は同じ酸性度であるので，EO 付加モル数が 10 モル未満の場合は数％の未反応アルコールが残存している．AP の場合は，OH 基の酸性度が異なり，まずフェノール性 OH 基に 1 モル EO が付加した後，末端のアルコール性 OH 基に付加していくので，未反応 AP はほとんど残存していない．そのほか PEG が 0.5〜2.0％，触媒中和物（未ろ過品の場合）が 0.1〜0.2％含まれている．好ましくない不純物の量は，未反応 EO 10 ppm 以下，ジオキサン 15 ppm 以下，ホルムアルデヒド 4 ppm

以下，アセトアルデヒド6 ppm以下などであることが知られている[12]．

近年AEの場合，特殊な触媒を使用して未反応アルコールの残存量を減らし，モル分布もシャープにする研究も行われており，この場合洗浄性も向上するといわれている[13]．

1.2.3　エステル・エーテル型非イオン界面活性剤の製法

基本的にはエーテル型と同様で，反応容器に脂肪酸，油脂または多価アルコール脂肪酸エステルを仕込みEOを徐々に反応させるが，エステル・エーテル型の場合は，反応終了後のジオキサン量は100 ppm以上副生する場合もあるので[14]，その後の処理を十分行う必要がある．生成物中のPEG量は，エーテル型よりも多い．また脂肪酸にEOを付加したポリオキシエチレン脂肪酸エステルは，モノ，ジエステルとPEGの混合物である．

ポリオキシエチレン脂肪酸エステルでジエステルのみを得ようとする場合は，PEG 1モルと脂肪酸2モルを仕込みエステル化反応を行うことによって製造する．ポリオキシエチレンソルビトールやポリオキシエチレングリセリンと脂肪酸とのエステル化反応も同様である．エステル化反応で製造する場合はジオキサンの副生は認められない．

1.2.4　脂肪酸アルカノールアミドの製法

脂肪酸モノエタノールアミドは，脂肪酸1モルとモノエタノールアミン1モルとをエステル化反応に準じた条件で製造できる．

特に主力の脂肪酸ジエタノールアミドの場合は，脂肪酸1モルに対しジエタノールアミンを2モル使用しアミド化反応を行う方法と，脂肪酸メチル1モルとジエタノールアミン1モルとを反応させる方法がある．前者は1：2型と称し，ジエタノールアミンのモル数を下げるとエステル化合物が生成してしまう．後者は1：1型と称し，脱メタノール反応で純粋なアミドの生産に適している．

1.2.5　そのほかの非イオン界面活性剤の製法

ポリオキシエチレンアルキルアミンやポリオキシエチレンアルキルアミドは，脂肪アミンまたは脂肪酸アミドに通常の方法でEOを付加するが，強アルカリ触

媒では1鎖型となり，無触媒もしくは弱アルカリでは2鎖型の構造をとる．新しい非イオン界面活性剤のポリアルキルグルコシドは，着色を防ぐためにまずブタノールなどの低級アルコールでエーテル化した後，ラウリルアルコールなどでエーテル交換する2段階反応で生産される[15]．

ポリオキシエチレン変性ポリシロキサンは，POE誘導体〔一部ポリオキシプロピレン（以下POP）もある〕の末端OH基とシランとの反応か，末端アルケニル基を有するPOE誘導体と活性水素を有するシロキサンとの間のヒドロシリル反応によって製造される[16]．

1.2.6 非イオン界面活性剤の生産・販売量

日本における平成10年(1998)の非イオン界面活性剤各タイプ，および比較のための陰イオン，陽イオンおよび両性界面活性剤の生産・販売量について表-1.1に示す．なお，以下の統計には石けんは含まれない．表-1.1において，自家消費量は，主として洗剤メーカーなどが自社の製品に使用した量であり，販売量は界面活性剤メーカーからの販売量であるが，同業者への販売量も含まれており一部重複しているので，生産量＝自家消費量＋販売量とはならない．また，表-1.2に同年の界面活性剤の輸出入量を示す．輸出量は表-1.1の販売量の内数である．

表-1.1　1998年日本の界面活性剤の生産・販売量

タイプ		品目	生産	自家消費	販売
非イオン界面活性剤	エステル型	多価アルコールエステル	54 753	3 236	52 077
	エーテル型	AE ポリオキシエチレンアルキルアリルエーテル その他エーテル	127 349 46 850 81 637	14 874 4 253 10 687	127 730 54 845 76 098
	エステル・エーテル型	多価アルコール系エステル・エーテル その他エステル・エーテル	15 058 31 827	1 200 4 607	14 068 27 520
	その他	アルカノールアミド，その他	84 256	16 515	63 029
		合計	441 730	55 372	415 367
陰イオン界面活性剤			504 266	180 285	329 612
陽イオン界面活性剤			63 130	9 162	51 990
両性界面活性剤			31 149	9 678	25 714
調合界面活性剤			29 749	1 474	31 026
界面活性剤　合計			1 070 024	255 971	853 709

資料：通産省鉄鋼化学統計調査室　作表：日本界面活性剤工業会　　単位：トン

第1章 非イオン界面活性剤の種類,性質,用途

表-1.2 1998年日本の界面活性剤の輸出入量

イオン別	輸出量	輸入量
非イオン界面活性剤	58 033	12 029
陰イオン界面活性剤	33 303	10 818
陽イオン界面活性剤	3 713	2 547
そのほかの界面活性剤	4 226	1 920
界面活性剤　　合　計	99 275	27 314

資料：大蔵省関税局
作表：日本界面活性剤工業会
単位：トン

非イオン界面活性剤については，生産量＋輸入量−輸出量の 39.6 万トンが 1998 年に日本国内で使用されたとみることができよう．

平成 10 年の日本経済は大きく落ち込み，界面活性剤の生産も対前年比 93％で，非イオン界面活性剤の生産量も対前年比 94％であった．したがって通常の年の非イオン界面活性剤の生産は，年間 46 万トン程度と考えるべきであろう．また，輸出量は 85％，輸入量は 94％の対前年度比であり，これらを考慮すると約 40 万トンの非イオン界面活性剤が国内で消費されているといえよう．

非イオン界面活性剤は日本の統計には昭和 27 年(1952)より出現しているが，この年の界面活性剤の総生産量 2 万 2830 トンのうち，非イオン界面活性剤は 0.5％の 115 トンにすぎなかったが，その後非イオン界面活性剤の伸びは著しく，平成 2 年(1990)以降 40 万トン以上の生産が続いており，平成 10 年は 41％強に達している．図-1.1 に昭和 45 年(1970)以降の日本における界面活性剤のイオン別生産量の推移を示すが，平成 10 年を別にすると，最近は陰イオン界面活性剤

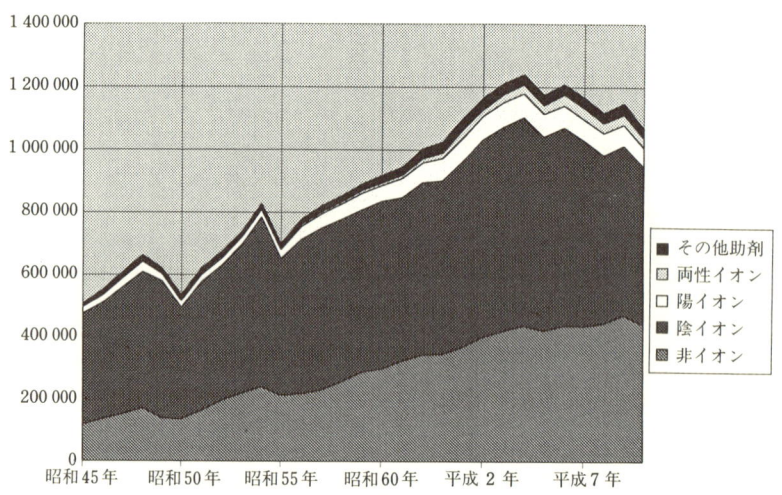

図 1.1　界面活性剤の生産量推移(作図：日本界面活性剤工業会)

1.2 非イオン界面活性剤の製法と生産量

が減少傾向であるのに対して非イオン界面活性剤は勢いを失っていない.

　世界的な状況についてはまとまった統計がないが,断片的な報告をいくつか紹介する.まず米国の界面活性剤需要について表-1.3のような予測も含めた調査結果がある[18].米国においては平成9年(1997)では非イオン界面活性剤は,全体の25%強にとどまっている.米国における界面活性剤の用途の55%がハウスホールド(洗剤など)およびパーソナルケアー(シャンプーなど)向けであることに起因するものと思われる.

　西欧については表-1.4に平成8年(1996)のデータを示すが,非イオン界面活性剤は,陰イオン界面活性剤より生産・販売量が多く,ほぼ全体の50%に達している[19].

　アジア・太平洋地域の界面活性剤需要については平成8年では183万トンで,うち中国が86万トン,インド・パキスタンが39万トン,そのほかの東南アジア(日本,韓国は含まず)が57万トンであり,非イオン界面活性剤は31万トンであったという調査会社コーリン エイ ヒューストン アソシエーツの報告がある[19].また韓国については,平成8年界面活性剤の販売数量が14.5万トンで,うち非イオン界面活性剤は4万トンであった[20].

　世界全体の界面活性剤需要は平成7年(1995)930万トン,平成12年(2000)1 080万トンになるとの報告があるが[21],このうち非イオン界面活性剤は,約30%の280万トン程度と推定される.

表-1.3 米国の界面活性剤需要[18]

年 イオン別	平成4年 (1992)	平成9年 (1997)	平成14年 (2002)
非イオン界面活性剤	800	932	1 075
陰イオン界面活性剤	2 034	2 350	2 654
陽イオン界面活性剤	283	352	422
両性界面活性剤	20	29	39
合　計	3 138	3 662	4 189

提供:Freedonia Group Inc.　　単位:1 000トン

表-1.4 1998年西欧の界面活性剤需要[19]

イオン別	生産量	販売量
エトキシレート系	844	800
そのほかの非イオン	224	200
非イオン界面活性剤　計	1 068	1 000
陰イオン界面活性剤	899	864
陽イオン界面活性剤	170	145
両性界面活性剤	43	40
合　計	2 180	2 049

注) 販売量には自家消費量も含む.
提供:CESIO (European Committee of Surfactants and Organic Intermediates)
単位:1 000トン

1.3 非イオン界面活性剤の特性

1.3.1 非イオン界面活性剤の特性と応用

米国化学会会員誌 *Chem. & Eng. News* には毎年 Soaps & Detergents(石けんと洗剤)に関する特集があり,最近の動向を伝えている[22]. このなかに米国および西欧の活性剤使用量の推移および予測値が記載されている. 平成9年(1997)米国,西欧ともほぼ同量の家庭用活性剤を消費しているが,その内訳は陰イオン:非イオン:陽イオンの比が,米国で4:2:1であるのに対し,西欧では5:4:1であり,国情により異なることがわかる. 一方,工業用界面活性剤使用量は,家庭用の1/4(米国),1/6(西欧)であるが,陰イオン,非イオンともほぼ同じ量が使用されている. 数モルの EO 付加物 AE を硫酸化した陰イオンのアルコールエトキシサルフェート(以下 AES)は家庭用界面活性剤の10%以上を占めるので,界面活性剤を原料ベースで考えた場合,非イオンの使用量はその過半数を占めるに至ったといえる. 製造量が増えるに従いコストが下がった面もあるが,陰イオンに代わって使用される非イオンの利点がいくつかある.

界面活性剤は,分子内に疎水基と親水基が同居しているので,親水性あるいは疎水性いずれの面にも親和性を示す. したがって親水性と疎水性などの性質が異なるために混合しない媒体の界面に吸着して両者の界面張力を低下させる. 高級脂肪酸(1モルは300g程度で6×10^{23}個の分子からなる)を水の上に単分子状に密に並べると,1gで数m^2を覆うことができる. ワンピースの繊維の表面積は数m^2なので,1g以下の量で服の上に分子を密に並べることが可能になる. 少量のソフターで衣類に柔軟性を付与できるのは,ソフター中の陽イオンが衣類の表面に吸着した結果と説明できる.

界面活性剤は,極低濃度では真の溶液として溶解するが,ある濃度,つまり臨界ミセル濃度(以下 cmc)以上では分子集合体(ミセル)を形成して,多くの場合,透明に溶解する. 洗剤に使用される陰イオンの cmc は10^{-3} mol/L 程度であるが,水溶性の非イオンの多くはこれより1桁以上低い cmc を有する. ミセルが機能する現象において,cmc が低い方がより低濃度でその機能を発現することになり,

省資源の時流に沿った材料となる．洗濯液中の界面活性剤濃度は0.1%以下であるが，この液1 mL 中には界面活性剤の分子が50個程度集合してできたミセルが10^{15}個ぐらい存在している．例えばベンゼンは水に0.1%しか溶解しないが，洗濯液には1%近く透明に溶解する(可溶化)．これは，上述のミセル中に溶け込む現象と理解されている．石けんやシャンプーが目に入るとかなりしみるが，この刺激は低分子イオンに基づくとされている．イオン性のない非イオンや解離性の少ない両性が低刺激性であることも頷ける．

　界面活性剤の機能として上述の可溶化のほかに，浸透・湿潤，乳化・分散，起泡・消泡などをあげることができる．極少量の活性剤の存在下，これらの機能が複合して働くと，活性剤の存在しないときと比較して系全体の変化が大きく促進されたり，抑制されたりする．前述の活性剤の機能が複合して作用する洗浄性，柔軟性，保湿性などの性能は活性剤のイオン性と本質的には関連しない．しかし，衣類の洗浄では衣類自体が負電荷をもつことが多く，汚れ粒子に吸着した界面活性剤が負電荷を帯びるほうが電荷反発による再汚染防止効果があり，したがって陰イオンが多用される．硬水成分のカルシウムイオンなどは，陰イオン界面活性剤のナトリウムイオンとイオン交換して洗浄性の低い成分あるいは水不溶性成分に変化する．これを防止するキレート化剤が洗剤中のビルダー成分として添加されている．EO 付加物型の非イオンの POE 基のエーテル酸素は，孤立電子対をもち，これが硬水成分の金属イオンとキレート化することにより硬水成分による洗浄性低下を抑制する．これが非イオンや AES が多用される一因である．洗剤を洗濯槽に投入して直ちに溶解しないと気の済まない人もいるらしい．家庭用の洗剤類に用いられている陰イオンの直鎖アルキルベンゼンスルホン酸塩(以下 LAS)などは水溶性であるが，その固体原末を水に溶解するにはかなりの時間が必要である．水易溶性の無機塩をコートし，多孔性にして空隙をつくり水への溶解を促進する工夫が粒状洗剤にはされている．界面活性剤成分の濃度を上げ，空隙の割合を減らしたスーパーコンパクト型粒状洗剤や液体洗剤の商品設計においては，多くの非イオンが水溶性の液体である点は非常に好都合であり，洗剤類に用いられる理由のひとつにもなっている．

　イオン性界面活性剤の多くは，イオン性基1個と疎水基とが連結された構造であり，イオン性基1個で強い親水性を示す．一方，OH 基，エーテル，エステル

などの親水基は1個では親水性が弱く，数個を集めて親水基として機能する．非イオンの個々の親水基は加成的に機能する．したがって，分子中の疎水基および親水基の組成から，経験的にその界面活性剤の HLB を推測することが可能である．すべて疎水基からなる分子の HLB＝0，すべて親水基からなる分子の HLB＝20 として個々の非イオンの HLB が帰属されている．HLB からその活性剤の機能はある程度推測可能である．同じ疎水基に EO 付加モル数を増していくと任意の HLB を有する非イオンを設計することが可能になる．かくして1種類の疎水基から多様な非イオンが誘導される．異なる HLB の非イオンを混合したとき，混合物の HLB は，それぞれの成分の疎水基および親水基の和の平均の性質を示す．したがって，平均の EO 付加数が同じなら EO 分布の広さにかかわらずほぼ同じ機能を示す．

　界面活性剤の溶解性は，基本的には一般の化合物と同様である．温度の上昇につれて溶解度も上昇するが，溶解度が cmc に達すると可溶化が起きるので，温度－溶解度曲線は屈曲点（クラフト点）を示す．非イオンの水溶性には水和の寄与が大きい．温度の上昇につれて水和が失われ，ある温度（cloud point もしくは曇点）で非イオンが油状に分離する．この現象は水和の寄与の大きい化合物にみられ，アミンオキシドでも観測される．曇点より上では HLB のかなり小さい非イオンとして挙動する．EO 付加数が増すに従い曇点は上昇し，水の沸点を超えて見掛け上観測されなくなる．

　HLB の小さい化合物は，消泡剤として機能する．ある非イオンが低温では起泡性を示すのに，曇点から上では消泡剤として機能して全く泡立たない性質は，工業的には重要な利点である．このように曇点の上下で HLB の異なる非イオンとして挙動する点を巧みに利用できることは，陰イオン界面活性剤ではみられない特性であり，工業的な非イオン界面活性剤の応用範囲を広げる要因のひとつでもある．

　染料の発色団の多くは縮合芳香環であり，かなり疎水基である．それらを水に溶解させる，繊維中のイオン性基と静電的に結合させるなどの目的でスルホン酸基（酸性染料）や四級アンモニウム塩（塩基性染料）を導入する設計が行われている．すなわち，染料も構造はかなり異質だが，疎水基および親水基を同じ分子内にもつ構造を有する．陰イオンと酸性染料，陽イオンと塩基性染料は，イオン構造で

は同類である．ただし染料の方が分子サイズが大きく，拡散速度は一般に界面活性剤の方が大きい．

染色は，染料を繊維の望む範囲に均一に分布させるのが目的である．染料は繊維中を単分子状で拡散すると考えられている．水に溶解した染料は，界面活性剤と同様に会合体を形成している．染色時同類の界面活性剤が共存すると，染料と競合することになる．この関係を巧みに利用すると，染色速度を制御して均一に染料を分布させる緩染剤，促染剤，均染剤，移染剤などの機能を果たす．非イオンはイオン性をもたないので，上述のイオン性に基づく機能はない．逆にイオン性に基づかない機能は，競合しない点，非イオンの方が有利である．数％の非イオン水溶液で染色布を加熱すると，染料の多くは水中に抽出される（抜染）．染着した染料に非イオンが吸着して水溶性を高めた結果と説明される．染色においてはまず染液が繊維に浸透する必要がある．このため浸透剤が必ず使用されるが，非イオン系浸透剤が多用される．陰イオン界面活性剤であるスルホコハク酸エステル（エアロゾールOT）は優れた浸透剤であるが，酸性染料と同時に用いることは上述の理由で避ける．

以上のように非イオン界面活性剤は，非イオンゆえ，あるいは化学構造上の特徴をもとにした応用上の利点を有している．

以下に代表的な非イオン界面活性剤のひとつであるAP系界面活性剤について合成法と特色を示す．今後の用途拡大と生産量の増加が予想されるAEの界面化学的特性は，ノニルフェノールエトキシレート（以下NPE）と多くの共通点を有するが，微妙に異なる面もある．それは主としてアルキル基の構造（立体的，電子論的）の違いによると考えられる．AEの活用を図る場合も物性や性能を制御するためにアルキル基の長さや形状，あるいはEO分布に特徴をもたせることなどの工夫を行っている．

1.3.2　APの合成

フェノールとオレフィンとのフリーデル—クラフト反応により日本では年間約5万トン合成されている．アルキル鎖の長い場合，パラ（p-）異性体（熱安定性大）が多くなるが，オルト（o-）異性体，o,p-ジアルキル異性体も生成する．界面活性剤用にはC_8（オクチル）およびC_9（ノニル）フェノールが約1：4の割合で使用され

ている.

C_8 原料はイソブテンダイマー(2 量体, isobutene dimer), C_9 のそれはプロピレントリマー(3 量体, propylene trimer)が用いられる. 前者は①, ②の混合物, 後者のそれは③〜⑦の混合物であるが, アルキル化の際にはさらに異性化反応が進行するので, 各種異性体混合物の AP が生成する.

イソブテンダイマー			プロピレントリマー		
$CH_3 \equiv Me$			③ $CH_2=CHR$		(1%)
①	$Me_3CCH=CMe_2$	(20%)	④ $RCH=CHR$		(14%)
②	$Me_3C-CH_2(Me)C=CH_2$	(80%)	⑤ $CH_2=CR_2$		(8%)
			⑥ $RCH=CR_2$		(35%)
			⑦ $R_2C=CR_2$		(42%)

メタ(m-)異性体が最も熱安定性は高いので, 熱処理で少量の m- 異性体も生成する. これらはいずれも分岐の多いアルキル鎖であるため, ハード型のアルキルベンゼンスルホン酸塩(以下 ABS)のアルキル鎖と同様, 生分解性の低いアルキル鎖である. α-オレフィンや直鎖誘導体を用いて生分解性の高いアルキル鎖を合成することは容易であるが, 需要は少ない.

1.3.3 APE の合成

AP の水酸基は弱酸性であり, アルカリ性条件下ではエポキシドとの反応性は脂肪族アルコールの OH 基と比較してかなり速やかである(式 1.1). すなわち 1 モル付加物Ⓐがまず生成する.

$$ArOH + CH_2\underset{O}{-}CH_2 \text{ (EO)} \rightarrow ArOCH_2CH_2OH \quad\text{Ⓐ} \qquad (1.1)$$

EO への水酸基の付加反応(エトキシレート化)は, 酸および塩基いずれによっても促進される反応であるが, エトキシレートが塩基を取り込む(陽イオンを取り込む結果, その近傍に塩基が存在する)ので, EO が付加するほど付加が促進される. したがって, 塩基触媒では EO の付加数は, 平均値を中心に正規分布に近い混合物が生成する. EO 分布の狭い単分散型付加体も合成され, 混合物との比較検討も行われている. 酸触媒 EO 付加反応では単分散型付加体が多く生成する. 生分解性改質の点からも単分散型付加体を使用する試みがある.

1.3.4 APE の特色

分岐の多いアルキル鎖を有する芳香環が疎水基として作用する．これは，陰イオンの分岐鎖 ABS のドデシルベンゼン基と類似とも考えられる．APE つまりエトキシレートの鎖長 $n=6$ 程度で水溶性になり，鎖長，濃度によるが水溶液はゲルを生成する．$n=10$ 前後のエトキシレートが多く用いられる．非イオン共通で約 $n=20$ より鎖長の長い付加体の生分解性は低下する．APE の大部分は液体であり，装置の自動化などの点で粉体より使いやすい．EO 付加モル数と用途の関係を表-1.5 に示す[23]．

表-1.5 APE(n)の EO 付加モル数と機能

n	機能および用途
2	界面活性剤混合物の消泡剤あるいは乳化剤，油性洗浄剤，油性分散剤（鉱油中）
2～6	油性洗浄剤分散剤，油性乳化剤，エステル型陰イオン界面活性剤中間体，脱インキ剤
9～10	繊維処理剤，繊維用洗浄剤，紙パルプ工業用ピッチコントロール剤，ペーパータオル湿潤剤，皮革処理剤（湿潤，浸透），酸性およびアルカリ性クリーナー用湿潤剤，衣類用洗剤（日本では製造されていない）
15～20	高温洗浄剤，油脂およびエステル用乳化剤，高電解質系洗浄剤および湿潤剤，合成ゴム安定化剤，アルカリ系浸透剤および湿潤剤
30～	合成ゴム安定化剤，染色助剤，乳化重合用乳化剤，高温または高電解質系用界面活性剤，ライムソープ分散剤

（1）分　散　性

界面活性剤は，粒子(液)界面に吸着して表面(界面)エネルギーを低下させる．さらに吸着層は，水和および荷電による反発などにより凝集を抑制する．非イオンの場合は，荷電による安定化は期待できない．したがってイオン性界面活性剤と非イオンを共用するのが一般的である．水系分散粒子への界面活性剤の吸着は，主として疎水基との相互作用に基づく．例えばカーボンブラック（以下 CB）の分散性に及ぼす分散剤の効果は，CB の種類に依存するが，ABS および NPE が良好な結果を与える．CB のなかのグラファイト部とアルキルベンゼン基との相互作用が効果的に働くと説明される．アルキルナフタレンスルホナート（およびそのホルムアルデヒド縮合物）も芳香環の多い染料などの分散剤として使用されるが，これは陰イオンであり，APE の代替にならない．

(2) 起泡性

工業的な用途では，泡は空気が入り込んで不均一系の場をつくったり，泡に特定物質が吸着して不均一系を生ずるので，一般には好ましくない．疎水基の割合がかなり大きい物質（HLBの小さい物質）は，泡を消す作用（消泡性）を有する．APE合成の際にAPE(1)などの低付加物は，消泡剤としても作用するので，多分散型APEは起泡性が低く，この点が使用の利点になっていることが多い．APE($n=7～10$)はある温度範囲で特に起泡性が高いが，逆にこの温度の前後では起泡性の低い点があり，作業温度を選択して行うことも可能である．オクチフェノールエトキシレート（以下OPE）の多分散(NO)および単分散型(SS)の起泡性を図-1.2および1.3に示す[24]．

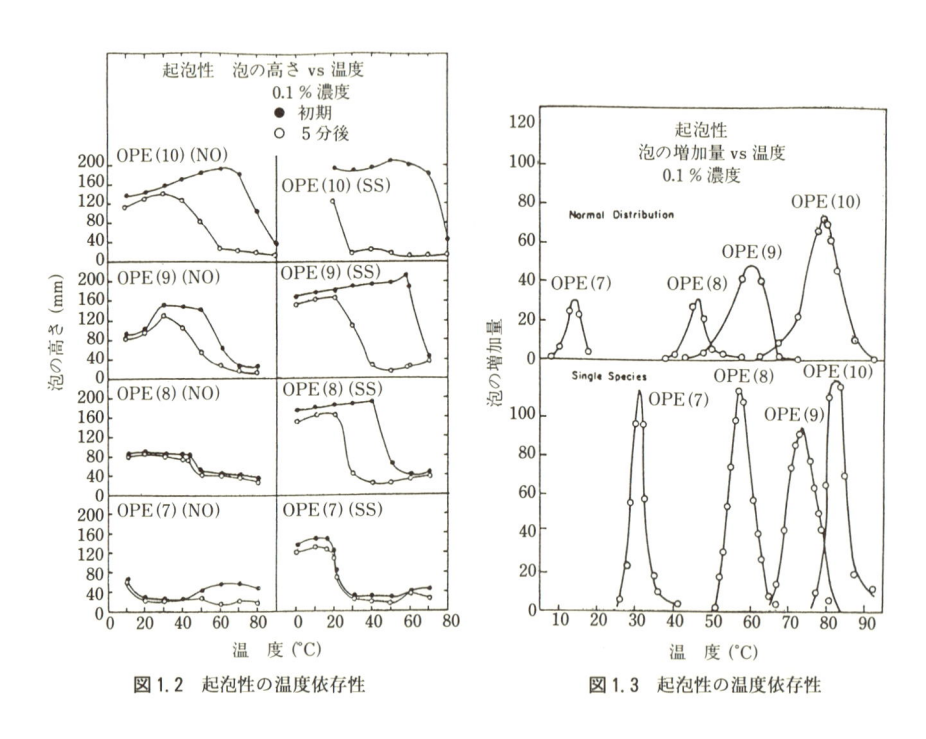

図1.2 起泡性の温度依存性

図1.3 起泡性の温度依存性

(3) 洗浄性

洗浄は汚れの種類，汚れを脱離させる素材と形状，洗浄の形態，洗浄条件などによって適切な洗浄剤を選択する必要がある．条件によっては洗浄剤を用いず，

溶剤，高圧・高速の水のみで目的を達することができる場合もある．洗浄剤の吸着性，浸透性，分散能，可溶化力，キレート化力などの総合的な結果である場合が多い．東京の某クリーニング店では合成洗剤は使用せず，石けん，酵素，高分子系分散剤，弱アルカリの組合せで行っている．

日本の家庭用洗剤には APE を使わないよう自主規制しているが，特殊な目的の洗剤中にはかなり配合されているものがある．研究用実験器具などをこの水溶液に長時間浸漬して置くと清浄になるので，ほとんどの研究室には APE 主体の洗浄槽を備えている．浸透性と洗浄性を相備えた性質は，ほかの界面活性剤では達成しがたい．エステル系陰イオンではアルカリ性条件下（ある種では酸性条件下）で加水分解され，機能しなくなる．APE は，強酸，強アルカリ条件下でも溶液はかなり安定である．石けんの強アルカリ性水溶液中で煮沸すると，APE 以上の洗浄性が得られるが，煮沸するとガラスの失透など不便な点もある．

APE についてまとめると，1)浸透性，分散性に優れている，2)種々の HLB 製品が市販されている，3)イオン性化合物とイオンの競合がない，4)cmc が低いので低濃度で機能する，5)大部分液体であり，水溶液の調製など取扱いが容易である，6)一定の温度以上で起泡性がない，7)硬水中で活性剤機能があまり低下しない，があげられる．

1.4 界面活性剤使用の現状と一般消費者の意識

平成 2 年(1990)における界面活性剤の生産量は 116 万トンとなり，昭和 50 年(1975)時のほぼ倍に達した．界面活性剤別にみると，昭和 58 年(1983)に陰イオン界面活性剤生産高 52 万トンの約半分であった非イオン界面活性剤は，平成 10 年(1998)には 44 万トンとなり，陰イオン界面活性剤の 50 万トンにせまる勢いである[25]．また需要分野別では，繊維分野が販売量全体の 23.1％〔平成 8 年(1996)〕を占めるほか，ゴム・プラスチック分野で 11.1％，土木・建築分野が 10.8％，香粧・医薬分野は 9.7％，生活関連では 8.5％ となっている[26]．これら以外にも，農薬・肥料および環境保全にも活用されている．

そこで本節では，各需要分野のなかで界面活性剤の主要な用途である洗浄剤としての使用状況を概説しながら，非イオン界面活性剤使用の現状と消費者意識に

ついて述べる．

（1） 日本における界面活性剤の販売動向

上述した平成2年以降，界面活性剤の生産量は平成8年まで110～120万トンで推移しており，頭打ち状態である．しかし，界面活性剤の全生産量に占める割合は，陰イオン界面活性剤が平成2年の54%から平成10年の47%に低下しているのに対し，非イオン界面活性剤は35%から41%に上昇している．なお，平成10年度の販売実績については1.2.6を参照願いたい．

また界面活性剤の販売実績を型別（平成10年）にみると，陰イオン界面活性剤ではスルホン酸型が16万12トンで最も多く，続いて硫酸エステル型の9万1123トンとなる．非イオン界面活性剤ではエーテル型が25万8673トンで最も多く，続いて多価アルコールエステルが5万2077トン，エステル・エーテル型が4万1588トンとなる（表-1.6）．

表-1.6 界面活性剤など販売実績表（平成10年）

品名	販売量（トン）
界面活性剤	
陰イオン系	329 612
硫酸エステル型	91 123
スルホン酸型	160 012
リン酸エステル	18 388
その他	60 089
非イオン系	415 367
エーテル型	258 673
エステル・エーテル型	41 588
多価アルコールエステル	52 077
その他	63 029
陽イオン系	51 990
両性イオン系	25 714
調合界面活性剤	31 026
高級アルコール（天然）	35 835
高級アルコール（合成）	117 276

日本石鹸洗剤工業会(1998)[25]より作成．

（2） 用途別にみた非イオン界面活性剤の使われ方

非イオン界面活性剤の機能として一般的に考えられる湿潤・浸透作用は浸透剤，均染剤，防曇剤として，分散・乳化・可溶化は分散剤，乳化剤，可溶化剤に，起泡・消泡作用は起泡剤，消泡剤，洗浄効果は洗浄剤，シャンプー基剤などに利用されている．非イオン界面活性剤の主な化学構造は，エステル型，エーテル型，エステル・エーテル型，アルカノールアミド型に分かれている．乳化剤としてはどの型でも使われているが，洗浄剤としてはエーテル型やアルカノールアミド型が主に使われている．

まず，家庭用洗剤類に使用されている非イオン界面活性剤について述べる．

洗濯用洗剤に多く使われている界面活性剤はLASである．陰イオン界面活性剤では，そのほかに脂肪酸塩やアルキル硫酸エステル塩（以下AS），α-オレフィンスルホン酸塩（以下AOS），AESなどが用いられている．非イオン界面活性剤

ではAEや脂肪酸アルカノールアミドなどが用いられている．現在，界面活性剤の含量が高濃度化したり，酵素入りの商品が開発されたことで商品そのもののコンパクト化が進んでいる．

台所用洗剤については一般に液体のものが多い．主要な界面活性剤として，陰イオン界面活性剤のAESのほか，非イオン界面活性剤ではAEや脂肪酸アルカノールアミドなどが用いられている．シャンプーについては，起泡性の優れたAESが多く使用されている．そのほかに，脂肪酸塩などもあるが，泡の持続性や増泡の目的で非イオン界面活性剤の脂肪酸アルカノールアミドが加えられたりしている．

（3） 洗剤の使用状況

1960年代から急速に伸びてきた石けん・合成洗剤の消費量は，1990年代に入ると鈍化し，1990年代の半ば以降をみる限り減少し始めている．この要因として，国内の経済悪化による消費の落込みがあるものの，洗剤類の機能向上によるコンパクト化，界面活性剤の多様化などが進み，消費量が低下していると考えられる．主原料となる界面活性剤のなかでは，従来陰イオン界面活性剤が中心であった．しかし，需要の多様化に伴い非イオン界面活性剤の生産量は伸びてきている．

石けん・合成洗剤の消費量（平成10年）について，石けんの国内消費量は15万8317トン，合成洗剤が92万6699トンである．石けんおよび合成洗剤の1人当たりの年間消費量は8.58kgであり，1日当たりに換算すると23.5gとなる．用途別の石けん・合成洗剤販売量は，洗濯用として石けん，合成洗剤がそれぞれ2万3841トン，60万406トン，手洗い・浴用としてそれぞれ8万5122トン，8万1017トン，台所用として合成洗剤（高濃度品も含む）が26万2494トン，住宅・家具用として合成洗剤が9万2928トンである[25]．

（4） 家庭用洗剤類の購入状況

家庭用洗剤類の小売価格（平成10年，東京都区部）では，化粧石けん（標準重量90gまたは100g，3個入り）が281円，洗濯用洗剤（商標指定，合成洗剤，綿・麻・レーヨン・合成繊維用，高密度粉末，紙箱入り，1.2kg）が501円，台所用洗剤（食器・野菜・果物洗い用中性洗剤，液状，600mL）が192円，シャンプー（液状，ポリ容器入り，220mL）が284円，柔軟仕上剤（洗濯用，液体，濃縮タイ

プ，ポリ容器入り，800 mL)が528円となっている[25]．消費者物価指数(東京都区部)をみると，洗濯用洗剤が平成7年(1995)を100としたときに平成10年では79.2，台所用洗剤が88.8と大きく下がっているのに対して，ほかの製品は96.0～99.5と大きな変化はみられない．全国平均の物価指数でも同様の傾向を示している．

一方，消費者の購入状況について，1世帯当たり1箇月の支出(1994年度)は，全国平均で台所・住居用洗剤が275円，洗濯用洗剤が360円，化粧石けん・シャンプー・歯磨きが588円，合計1 223円となっている．ここで1世帯の家族人数は3.59人である[27]．単純な比較はできないものの，1世帯1～2箇月に1度は洗濯用洗剤を購入している．

つぎに，家庭用洗剤類の購入先を図-1.4に示す．購入先としてはスーパーが一番多く，スーパーでの購入費は台所・住居用洗剤で144円，洗濯用洗剤が171円，化粧石けん・シャンプー・歯磨きが240円，合計555円となり，家庭用洗剤類の約45％をスーパーで購入している．また，店舗の種類や規模が異なると，商品の種類(洗濯用合成洗剤か石けんの場合)によって売り場面積比率が増減すると報告[28]されている．そのため，選択できる商品の幅によっても購入費が変動することが予想される．

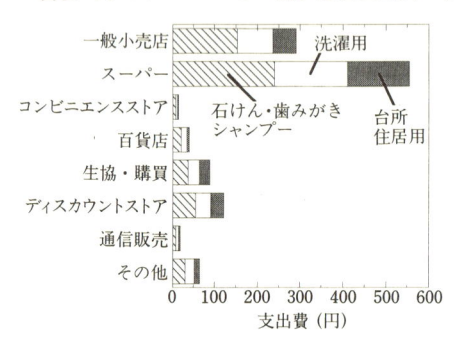

図1.4 洗剤製品についての1世帯当たりの1箇月の支出(購入先別)
(平成6年全国消費実態調査より作成)

(5) 洗剤類の表示事項と消費者の選択

消費者の買い物の実態と，買い物と環境についての意識調査をした安部[29]によれば，消費者が選んだ環境によいかどうか気になる製品32品目のうち洗浄・洗剤類は9品目にも及ぶ．これらの商品評価は，洗濯用粉末石けんを除いて「環境にやさしい」と思わないものの，「あれば便利」や広告の影響で購入している場合が多い．環境にやさしい商品を選びたいと思っている消費者が多くいても，ひとつひとつの製品を評価し選択するためには，環境や人体に与える影響について多くの情報を必要とする．しかし，利便性を優先させた購買行動によって，必要な

1.4 界面活性剤使用の現状と一般消費者の意識

もの，かつ環境にやさしいものを製品化するための評価が曖昧になってしまう．

家庭用洗剤類の場合，包装や表示事項から商品の品質情報が得られる．消費者が商品を使用する際に選択の目安となるよう品質や用途，使用上の注意などの表示の記載を義務づけることを目的として制定されたのが『家庭用品品質表示法』である．これは昭和37年(1962)に制定され，平成9年(1997)には表示規定が改正された．改正によって，従来，法定表示以外の記載が禁じられていた枠囲いをはずし，事業者が自主的に表示することを可能としている．洗剤などでの表示事項の見直し点として，枠囲い・表示文字の大きさ指定の廃止，合成洗剤・洗浄剤成分(界面活性剤，補助剤など)表示の詳細化，使用量の「標準使用量」から「使用量の目安」への変更，使用上の注意事項の弾力化などがあげられる[30]．

界面活性剤の表示については，合成洗剤・複合石けん・洗浄剤の場合，「界面活性剤」の用語の次に括弧書きでその含有率および種類の名称を付記することになっている．また界面活性剤が3％未満の場合はその含有率が最も高いもの一つの種類の名称を表示することになっている．仙台市で界面活性剤を含有する家庭用品365品目を調査[31]したところ，「界面活性剤」のみ表示されている製品170品目のうち含有率が表示されていたのは17％にすぎなかった(ただし改正後，製造の猶予期間が1年間，流通の猶予が3年間となっている)．

つぎに，表示だけでなく，製品選択の目安となる包装に書かれたキャッチコピーについて調べた．その結果，洗濯用洗剤について46品目中，「洗浄能力」をうたったものは42品目(79％)を占め，一方「環境問題」は0品目であった．台所用洗剤では，35品目中「洗浄能力」が28品目(54％)，「除菌・殺菌」が9品目(17％)であり，「環境問題」については4品目(8％)のみであった．ほかの家庭用品についても「環境問題」をキャッチコピーにした製品は少なく，環境にやさしい商品の選択には役立たないことがわかった．

そこで，仙台市内の主婦60人に洗剤購入に関する意識調査[31]を行い，消費者が求める情報を探った．洗剤を購入するときの基準として「値段」(65％が回答，複数回答)をあげる人が最も多く，続いて「安全性」(60％)，「成分」(48％)となった(図-1.5)．しかし，宣伝で知りたい内容については，「健康や安全性」(77％)や「洗浄能力などの機能」(75％)が高いものの，「環境への影響」(52％)も関心があった．さらに，現時点での知りたい内容に対する満足度は，「十分である」と「まあ

まあ十分である」に回答した人があわせて65%を占めてはいるものの,「不十分である」とした人が30%存在した.

以上のことから,界面活性剤を含有する家庭用品の選択基準において,一部の消費者が環境への影響を考慮して製品を購入しているものの,環境に配慮した購買行動は進んでいない.しかも製品において,環境へのやさしさをうたって宣伝したものは少なく,また個々の界面活性剤の環境影響を消費者が把握するには表示事項だけでは十分でないことがわかった.製品に表示された界面活性剤のどれが非イオン界面活性剤であるかも,一般的な消費者は判断できないと考えられる.

すなわち,個々の消費者の意識啓発はもちろん重要なことではあるものの,ひとつの製品を評価する場合のその前提となる情報を企業がいかに積極的に公開・提供していくことが,環境に影響が少ない界面活性剤の開発を進める原動力になるものと考えられる.

(a) 洗剤を選ぶ基準(複数回答)

(b) 宣伝で知りたい内容(複数回答)

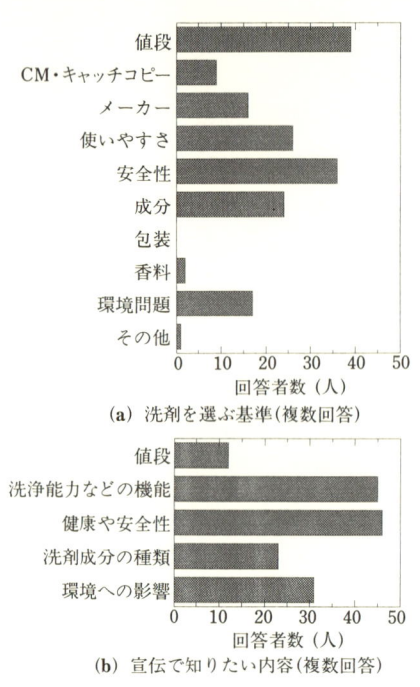

図1.5 洗剤を選択する消費者の意識

文献

1) Becher, P., Martin J. Schick : Nonionic surfactants physical chemistry, p. 440, Marcel Dekker, Inc., 1987.
2) JIS K 3211:界面活性剤用語,解説,1990.
3) 日高徹:食品用乳化剤,p.3,幸書房,1987
4) 日本界面活性剤工業会:日本界面活性剤工業のあゆみ,p.82, 197, 日本界面活性剤工業会, 1972.
5) Cox, Michael F., Upali Weerasooriya : Impact of molecular structure on the performance of methyl ester ethoxylates, *Journal of Surfactants and Detergents*, Vol. 1, No. 1, p. 11, 1998.
6) CESIO : Classification and Labelling of Surfactants, p. 11, 1990.
7) 日本油化学会:油脂化学便覧,p. 450, 451, 丸善,1990.
8) Shaw, A. : Surfactants '94, SOAP/COSMETIC/CHEMICAL SPECIALTIES September, p. 24, 1994.
9) Ainsworth, Susan J. : Soaps & Detergents, *C & EN*, January 23, p. 30, 1995.
10) 第一工業製薬:シュガーエステル物語, p. 43, 46, 1984.

11) Shachat, N., H. L. Greenwald：Nonionic surfactants, p. 11, Marcel Dekker, Inc., 1966.
12) Talmage, S. S.：Environmental and human safety of major surfactants, Alcohol ethoxylates and alkylphenol ethoxylate, p. 14, 16, Lewis publishers, 1994.
13) Crass, G.：Abbaubare schwachschaumer auf basis von narrow range ethoxylaten, *SOFW-Journal*, 123, Jahrgang 6/97, p. 415, 1997.
14) Birkel, Thomas J. et al：Gas chromatographic determination of 1, 4-dioxane in polysorbate 60 and polysorbate 80, *J. Assoc. Off. Anal. Chem.*, Vol. 62, No. 4, p. 931, 1979.
15) Hirsinger, F., K. P. Schick：A life-cycle inventory for the production of alkyl polyglucosides in Europe, *Tenside Surf. Det.* Vol. 32, No. 2, p. 193, 1995.
16) 柴田満太他：アルキレンオキシド重合体, p. 121, 海文堂出版, 1990.
17) Davis, B.：*Chemical Week*, January 28, p. 37, 1998.
18) Schmitt, B.：*Chemical Week*, January 27, p. 29, 1999.
19) Harvilicz, H.：*Chemical Market Reporter*, Vol. 255, No. 16, p. 37, 1999.
20) Korea Fine & Specialty Chemical General Book 1998, p. 298, Chemical Information Service, 1997.
21) *European Chemical News*, Vol. 65, No. 171, 1996.
22) *Chem. & Eng. News*, Feb., 1st., pp. 35-48, 1999.
23) Schick, M. J. ed.：Nonionic surfactants, p. 81, Marcel Dekker, 1967.
24) 前掲23), pp. 740-741.
25) 日本石鹸洗剤工業会：石鹸・洗剤・油脂製品・原料油脂年報, No. 48, p. 116, 1998.
26) 日本界面活性剤工業会：'98 SURFACE ACTIVE AGENTS, 界面活性剤等一覧表, p. 290, 1998.
27) 総務庁統計局：平成六年度全国消費実態調査, 1995.
28) 山田春美, 古武家善成, 山根晶子, 窪田葉子, 吉川サナエ：身近な環境問題「環境と人にやさしい洗剤」を求めて, p. 195, 環境技術研究協会, 1994.
29) 安部明美, 宇都宮暁子, 吉川サナエ, 相沢貴子：私たちが商品についてもっと知りたいこと, p. 142, 環境新聞社, 1994.
30) 日本石鹸洗剤工業会広報委員会：石けん・洗剤類の関連法令・法規, p. 34, 日本石鹸洗剤工業会, 1998.
31) 山田一裕(未発表)

第2章　非イオン界面活性剤の環境中の濃度分布および非イオン界面活性剤による事故例とその対策

　非イオン(ノニオン)界面活性剤の水環境中での挙動,運命,影響を知るうえで水質,底質などにおける存在量を把握することは重要である.本章ではアルコールエトキシレート(以下 AE),アルキルフェノールエトキシレート(以下 APE),APE 分解生成物の水環境,下水処理場中での濃度分布を日本と外国に分けて述べる.
　また,横浜市,埼玉県,神奈川県で起きた非イオン界面活性剤による事故例とその対策を紹介する.

2.1　アルコールエトキシレート(AE)

　非イオン界面活性剤である AE は水の硬度の影響を受けず,また起泡力が低いという特徴から,多くの家庭用,業務用洗剤に広く配合されている.第1章でも述べたように,AE の生産量は陰イオン(アニオン)界面活性剤の直鎖アルキルベンゼンスルホン酸塩(以下 LAS)をわずかに上回るまでに増加している.
　これまで,環境中の AE 濃度の測定は,テトラチオシアノコバルト(II)酸(以下 CTAS)法などに代表される総括的分析法を用いて分析されてきた.分析技術の向上により,総括的分析法のほかに高速液体クロマトグラフ法(以下 HPLC),高速液体クロマトグラフ/質量分析法(以下 LC/MS),ガスクロマトグラフ/質量分析法(以下 GC/MS)による報告も増加しつつある.しかし,選択性の高い方法を用いた環境中濃度に関する報告例は LAS に比べて極端に少ないのが現状であ

る．

ここでは，各国で検出された環境中の AE 濃度を概観し，負荷源のひとつとなっている下水処理場排水濃度についても述べる．

2.1.1 環境水中の濃度

AE にはベンゼン環がないため，HPLC などでは誘導化しなければ測定できず，これまで CTAS 法などの総括的な分析法で分析されてきた．したがって，AE 濃度で報告されている事例は少ない．AE はポリオキシエチレン(以下 POE)系非イオン界面活性剤の 5 割以上を占めることから，CTAS 濃度は AE 濃度に近いと推測できる場合もある．しかし，CTAS 法などの手法は，感度が低く，エチレンオキシド(以下 EO)付加モル数が 3 モル以上でなければ定量できないといった問題点があるため，分析法が異なる場合には値の直接比較は困難であるのが現状である．国内外における環境水中で検出された AE 濃度を表-2.1 に示す．

Swisher による各国の河川水や地下水の非イオン界面活性剤濃度のレビュー[1]では，最高 2 mg/L 以下であり，ほとんどは 0.5mg/L 以下であったことが報告されている．米国の河川において CTAS 法を用いて測定した調査では 0.03～0.24 mg/L であり[2]，ドイツの Rhine 川においてヨウ素ビスマス活性物質(以下 BIAS)法を用いて測定した調査では 0.01 mg/L であった[3]．米国の産業由来排水の少ない下水処理施設(活性汚泥処理，散水ろ床処理)が存在する河川の上流と下流において GC/MS を用いて測定した調査では，活性汚泥法では上流，下流における濃度はほぼ同じであったが，散水ろ床処理の処理場では上流 0.002 mg/L，下流 0.034 mg/L であった[4]．このことは，活性汚泥処理と比べて散水ろ床処理の除去率が低下しているためと考えられる．

国内の事例では，目黒川の河口域において HPLC，CTAS 法を用いて測定した調査では 0.0747 mg/L であった[5]．環境庁のガスクロマトグラフ/水素炎イオン化検出計法(GC/FID)を用いて 5 地点の濃度を測定した調査では[6]，いずれも検出限界(0.005 mg/L)以下であった．兵庫県内の 2 河川(住宅地域の河川，下水道普及率 97.88%)における非イオン界面活性剤を原子吸光法を用いた方法では，0.005～0.74 mg/L であった[7]．名古屋市内における河川水中では，POE 型非イオン界面活性剤を，テトラブロムフェノールフタレインエチルエステルカリウム

2.1 アルコールエトキシレート(AE)

表-2.1 環境水中におけるAE濃度

	国名	河川名	濃度範囲	分析法	分析年	文献番号
	国 外					
	米 国	A	0.03〜0.24	CTAS	1980	2
	ドイツ	Rhine	0.01	BIAS	1987	3
	米 国	B	0.017〜0.018	GC/MS	1994	4
	米 国	C	0.02〜0.03	GC/MS	1994	4
	米 国	D	0.026〜0.037	GC/MS	1994	4
	米 国	E	0.002〜0.034	GC/MS	1994	4
	国 内					
	県 名	河川名	濃度範囲	分析法	分析年	文献番号
河川水	東京都	目黒川	0.0747	CTAS	1996	5
	神奈川県	鶴見川河口	<0.005	GC/FID	1983	6
	山梨県	甲府市内	<0.005	GC/FID	1983	6
	大阪府	淀川河口	<0.005	GC/FID	1983	6
	大阪府	大阪市内	<0.005	GC/FID	1983	6
	兵庫県	高橋川	0.12〜0.74	原子吸光	1982	7
	兵庫県	中野谷川	0.005〜0.406	原子吸光	1982	7
	愛知県	名古屋市内	0.032〜0.27	TBPE-K	1985	8
	東京都	多摩川・和田橋	<0.02	CTAS	1996	9
	東京都	多摩川・羽村堰	<0.02	CTAS	1996	9
	東京都	多摩川・拝島原	<0.02	CTAS	1996	9
	東京都	多摩川・鮎下	0.03	CTAS	1996	9
	東京都	多摩川・田園調布堰	<0.02	CTAS	1996	9
	東京都	南浅川	0.31	CTAS	1997	9
	東京都	白子川	0.02	CTAS	1997	9
	東京都	空堀川・柳瀬川	0.1	CTAS	1997	9
	東京都	多摩川・田園調布堰	<0.02	CTAS	1997	9
	東京都	野川	0.07	CTAS	1997	9
	県 名	海域名	濃度範囲	分析法	分析年	文献番号
海水	神奈川県	横浜港	<0.005	GC/FID	1983	6
	愛知県	名古屋港	<0.005	GC/FID	1983	6
	愛知県	名古屋港外	<0.005	GC/FID	1983	6
	愛知県	衣浦港	<0.005	GC/FID	1983	6
	大阪府	大阪港	<0.005	GC/FID	1983	6
	大阪府	大阪港外	<0.005	GC/FID	1983	6

単位：mg/L

塩との錯体を抽出する方法(以下 TBPE-K 法)で測定し 0.032〜0.27 mg/L であった[8]．東京都内河川において CTAS 法を用いて測定した調査では，多摩川では＜0.02〜0.03 mg/L であり，汚濁した中小河川では 0.02〜0.3 mg/L であった[9]．

海水中 AE 濃度の報告事例はさらに少ないが，環境庁の GC/FID を用いて6地点の濃度を測定した調査[6]では，すべて検出限界(0.005 mg/L)以下であった．

このように，各地で検出された濃度は総括的分析法のデータも存在するなど分析法は異なるが，河川水中における AE 濃度は 0.002〜0.74 mg/L であった．報告されている事例が少ないため，国内外の値の比較は困難であるが，国内における検出濃度は国外よりも比較的高濃度で検出されている．下水処理場の上・下流でのデータからも明らかなように，生物処理を受ければ 95% 以上生分解されるため，河川濃度は下水道普及率にも大きく依存しているものと推察される．第4章において述べられている毒性データ(NOEC：最大無影響濃度)と比較すると，河川水中の濃度の方が高いという地点も存在した．したがって，さらなる解析を行うために，多くの環境中濃度のデータの蓄積が必要である．

2.1.2　底泥中の濃度

河川および海域の底泥中で検出された AE 濃度を表-2.2 に示す．河川底泥については，環境庁[6]の調査では GC/FID(検出限界 0.2 μg/g)を用いた4地点の濃度は 0.22〜1.0 μg/g であった．図-2.1 に示す名古屋市内の 10 地点の底泥中の POE 型非イオン界面活性剤を TBPE-K 法で測定した調査では 0.13〜53 μg/g であった[8]．各底泥中の POE 型非イオン界面活性剤濃度と河川水中の陰イオン界面活性剤〔メチレンブルー活性物質(以下 MBAS)〕濃度(表-2.3)より，環境中に放出された POE 型非イオン界面活性剤は底質中に吸着されやすいことが明らかとなった．

海域底泥については，環境庁による調査では[6] GC/FID(検出限界 0.2 μg/g)を用いた5地点の濃度は 0.27〜0.71 μg/g であった．また，名古屋市内の底泥中の POE 型非イオン界面活性剤を TBPE-K 法で測定した調査では 19〜24 μg/g であった[8]．

各地で検出された濃度は，河川底泥では 0.22〜53 μg/g，海域底泥では 0.27〜24 μg/g であった．分析方法や分析時期が統一されてはいないため，値の直接比

2.1 アルコールエトキシレート(AE)

表-2.2 底質中における AE 濃度

	県名	河川名	濃度範囲	分析法	分析年	文献番号
河川底質	神奈川県	鶴見川河口	0.5〜1.0	GC/FID	1983	6
	山梨県	甲府市内	0.33〜0.49	GC/FID	1983	6
	大阪府	淀川河口	0.22	GC/FID	1983	6
	大阪府	大阪市内	0.32	GC/FID	1983	6
	愛知県	荒子川	3.9	TBPE-K	1985	8
	愛知県	中川運河	2.1	TBPE-K	1985	8
	愛知県	山崎川	6.2	TBPE-K	1985	8
	愛知県	天白川	13	TBPE-K	1985	8
	愛知県	堀川	53	TBPE-K	1985	8
	愛知県	戸田川	9.8	TBPE-K	1985	8
	愛知県	庄内川	1.4	TBPE-K	1985	8
	県名	海域名	濃度範囲	分析法	分析年	文献番号
海域底質	神奈川県	横浜港	0.27〜0.41	GC/FID	1983	6
	愛知県	名古屋港	0.49	GC/FID	1983	6
	愛知県	衣浦港	0.34〜0.71	GC/FID	1983	6
	大阪府	大阪港	0.54〜0.66	GC/FID	1983	6
	大阪府	大阪港外	0.44〜0.56	GC/FID	1983	6
	愛知県	名古屋港九号池	24	TBPE-K	1982	8
	愛知県	名古屋港金城埠頭	19	TBPE-K	1982	8

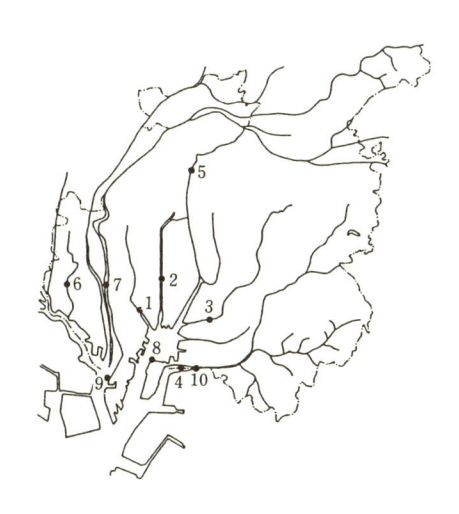

単位：$\mu g/g$

1 荒子川ポンプ所(荒子川)　6 新東福橋(戸田川)
2 東海橋(中川運河)　　　7 明徳橋(庄内川)
3 道徳橋(山崎川)　　　　8 九号地(名古屋港)
4 天白大橋(天白川)　　　9 金城埠頭(名古屋港)
5 小塩橋(堀川)　　　　　10 千鳥橋(天白川)

図-2.1 調査地点(昭和60年6月採泥)[8]

較は困難であるが，底質中には水中濃度と比較すると 10^2 程度多く，底泥へ吸着しやすいことが明らかとなった．しかし，このように底泥に吸着することによって，生物濃縮など水生生物にどのような影響を及ぼすかについては明らかとなってはいない．環境中に生息する生物中にどの程度 AE

表-2.3　底質資料中の POE 型非イオン界面活性剤の測定結果[8]

地点	POE 型非イオン界面活性剤 (μg/g 乾泥)	水中 MBAS 濃度 (mg/L)[注1]
1	3.9	0.065
2	2.1	0.09
3	6.2	0.165
4	13	0.212[注2]
5	53	—
6	9.8	—
7	1.4	—
8	24	0.01
9	19	—

注1　昭和59年4月〜昭和60年3月の年平均値．
注2　上流(約1km)の地点(千鳥橋)の年平均値．

が濃縮しているかに関する詳細な知見は得られていない．しかし，コイへの濃縮率については，$C_{12}AE(4)^*$ では240，$C_{12}AE(8)$ では100，$C_{12}AE(16)$ では1.8である[10]と報告されており，EO 付加モル数によって濃縮率も大きく異なる．環境水中に生息する生物への影響を評価するうえでは，毒性データとの比較が重要となってくるため，アルキル鎖長や EO 付加モル数別の濃度測定が必要である．

2.1.3　下水処理場流入水および処理水中の濃度

下水処理場の流入水および処理水中で検出された AE 濃度を表-2.4 に示す．

米国オクラホマ州の活性汚泥法の7つの下水処理施設(生活排水95%，産業排水5%)において HPLC(検出器 UV)を用いて測定した調査では，生下水では 0.676〜0.912 mg/L，最終沈殿池処理水では 0.008〜0.026 mg/L であった[11]．オランダの活性汚泥法の下水処理施設において HPLC および LC/MS を用いて測定した調査では，生下水では $C_{12\sim15}AE$ は 1.19〜5.50 mg/L，$C_{12\sim18}AE$ は 1.48〜6.35 mg/L，生物反応槽流入水では $C_{12\sim15}AE$ は 1.02〜3.44 mg/L，$C_{12\sim18}AE$ は

---

*　AE，APE などの略号は次の意味を示す．
　　$C_{12}\ AE(4)$
　　　　　↓→EO の付加モル数(の分布)
　　　　　└→アルキル基の炭素数(の分布)

2.1 アルコールエトキシレート(AE)

表-2.4 下水処理場排水および処理水中におけるAE濃度

国名	処理場名	流入水濃度	生物反応槽流入水	流出水濃度	分析法	分析年	文献番号
国 外							
米 国	Enid	0.676〜0.912	0.242〜0.578	0.008〜0.026	HPLC	1986	11
オランダ	de Meern	3.05〜3.51	2.39〜2.77	<0.0041	HPLC, LC/MS	1995	12
オランダ	Lelystad	5.01〜5.5	—	0.0062〜0.01	HPLC, LC/MS	1995	12
オランダ	Kralingseveer	1.48〜2.2	1.24〜1.84	0.009〜0.0099	HPLC, LC/MS	1995	12
オランダ	Hostermeer	3.53〜6.35	2.69〜3.93	<0.0041〜0.0097	HPLC, LC/MS	1995	12
オランダ	Eindhoven	1.92〜2.64	1.38〜2.06	<0.0041〜0.0063	HPLC, LC/MS	1995	12
オランダ	de Stolpen	1.82〜3.59	—	0.0063〜0.0217	HPLC, LC/MS	1995	12
オランダ	Steenwijk	2.43〜4.76	1.68〜2.93	0.0046〜0.0113	HPLC, LC/MS	1995	12
米 国	Kenton	3.21	2.82	0.011	GC/MS	1994	4
米 国	Grinnel	0.68	0.95	0.05	GC/MS	1994	4
米 国	Oskaloosa	3.67	2.67	0.071	GC/MS	1994	4

県名	処理場名	流入水濃度	生物反応槽流入水	流出水濃度	分析法	分析年	文献番号
国 内							
東京都	高浜運河付近	—	—	0.105	CTAS	1996	5

単位:mg/L

1.24〜3.93 mg/L,最終沈殿池処理水では$C_{12〜15}$AEは<3.0〜11.5 μg/L,$C_{12〜18}$AEは<4.1〜21.7 μg/Lであった[12]。これらの処理場の平均除去率は99.8%であり,最初沈殿池では約25%除去された。また,$C_{12〜15}$AEと$C_{12〜18}$AEとの除去率の比較から,アルキル鎖長の違いによる除去割合に大きな違いはみられないことが明らかとなった。生下水および生物反応槽流入水では,約50%以上が固相部分に存在していることが明らかとなり,懸濁物質に吸着されやすいことが明らかとなった。

米国における産業由来排水の少ない下水処理施設(活性汚泥処理,散水ろ床処理)においてGC/MSを用いて測定した調査では,下水中の$C_{12〜15}$AEの時間変動は,午前8〜11時と午後7〜11時にピークがみられ,その濃度は3.5 mg/Lであっ

た[4]. 処理水中の濃度はいずれの時間も約 0.15 mg/L であり, 平均除去率は 93% であった. また, 2 つの活性汚泥処理施設, 2 つの散水ろ床処理施設における生下水, 生物反応槽流入水, 最終沈殿池処理水中の C_{12}, C_{13}, C_{14}, C_{15} の AE の濃度は, それぞれ生下水では 0.19〜1.22, 0.69〜0.60, 0.22〜1.25, 0.20〜0.71 mg/L, 生物反応槽流入水では 0.17〜1.19, 0.31〜0.48, 0.022〜0.88, 0.16〜0.56 mg/L, 最終沈殿池の処理水では 0.009〜0.028, 0.001〜0.013, 0.004〜0.048, 0.004〜0.043 mg/L であった. AE は生物反応槽流入水から処理水までの間の生物処理を受けることにより, 生分解される割合が高いこと, アルキル鎖長の違いによる除去割合に大きな違いはみられないことが明らかとなった. また, 活性汚泥処理における除去率は 99% であり, 散水ろ床処理における除去率は 92% であった.

国内における事例では, 高浜運河に放出されている排水処理施設の流出水中の AE 濃度を, CTAS を用いて測定した調査では 105 μg/L であった[5].

上記に示したように, 各国で検出された生下水中の AE 濃度は 0.676〜6.35 mg/L であり, 処理水中の AE 濃度は <0.003〜0.114 mg/L であった. 生物処理による除去率は活性汚泥処理では 99% 程度, 散水ろ床処理では 92% 程度であったことより, AE は生物処理されることにより, 90% 以上除去されるが, 活性汚泥処理の方が, 除去率が高いことが明らかとなった. また, アルキル鎖長の違いによる除去率には大きな違いはみられてはいないが, 下水処理前後の EO 付加モル数の変化, 分解産物の濃度などは明らかとされていない. AE は生物処理を受けた後, 環境中に放流されれば, 水環境に及ぼす影響は低減されると考えられている.

AE は, 非イオン界面活性剤のなかでも最も多く使用されているが, アルキル鎖長や EO 付加モル数別に環境濃度を測定している事例は少なく, 分解産物の挙動に関する報告も少ない. したがって, それらの毒性データと比較して, 環境へのリスクがどの程度なのかを明らかにするうえでは, 環境濃度のデータを蓄積し, 挙動を明らかにする必要がある.

2.2 アルキルフェノールエトキシレート(APE)

2.2.1 環境汚染物質としてのAPE

APEは，国内では業界の自主規制により大手メーカーの家庭用洗剤には使用されていないが，産業系では，繊維工業をはじめとする多くの工業で使用され，農業でも農薬展着剤として用いられている．また，海外では家庭用洗剤にも使用される場合が多い．しかし，環境中の濃度に関する報告事例は，例えば，陰イオン界面活性剤のLASに比べると多くない．

環境中のAPEの測定には，これまで，対象物質に対する選択性が低いCTAS吸光光度法や臭化水素酸分解/GC法が用いられる場合が多かった．しかし，1980年代後半からは，選択性が高い分析手法であるHPLC，GC/MSおよびLC/MSを用いた報告が増加しており，精度の高い環境中APE濃度のデータが蓄積されつつある．

選択性が高い分析手法で測定された河川水中のAPE濃度は，国内とともに，スイス，米国，カナダ，イタリア，クロアチア，スペイン，台湾などの国から報告されている．これらの河川水中APEの調査は，河川流域での主要排出源となっている都市下水処理場排水の調査とともに行われる場合が多い．ここでは，まず，各国で検出された河川水中のAPE濃度を概観し，その後，負荷源となっている下水処理場排水や産業排水中の濃度についても言及する．

2.2.2 河川水中の濃度

各国の河川水中で検出されたAPE濃度をまとめ，表-2.5に示す．国内，国外ともに，APEのなかでアルキル基がノニルフェノール(以下NP)タイプであるノニルフェノールエトキシレート(以下NPE)の生産量が大部分(約80%)を占める[25]ことから，大半の調査がNPEに焦点を当てて行われている．また，国内ではNPEの測定事例のみが報告されているが，スイス，米国，台湾などにおいては，NPEのEO鎖末端がカルボン酸化したノニルフェノキシカルボン酸(以下NPEC)や，さらにアルキル基末端もカルボン酸化したCNPECなど，NPE分解

表-2.5 河川水中のNPEおよび

国	河川	地点数(試料数)	調査時期	長EO鎖 NPE(n) n	長EO鎖 NPE(n) μg/L	短EO NPE(n) n	短EO NPE(n) μg/L	NPE(2) (μg/L)	NPE(1) (μg/L)
日本	山梨県内河川	(4)	1981		<50〜80*				
日本	東京都内河川	5(25)	1990〜94		7〜220*				
日本	名古屋市内河川	11(17)	1996-97			1〜4	<0.5〜34		
スイス	Zürich市近郊 Glatt川	8(48〜110)	1983〜86	3〜20	<1〜7.1			<0.3〜30	<3〜69
スイス			1997〜98			1〜2	0.1〜0.3		
米国	全米30河川	30	1990年代前半	3〜17	<1.6〜14.9 (中央値:<1.6)			<0.07〜1.2 (中央値:<0.07)	<0.06〜0.60 (中央値:<0.06)
米国	ウイスコンシン州 Green Bay市近郊河川	10	1995						
カナダ	5大潮沿岸河川・内湾 St.Laurence川	35	1994〜95					<0.02〜10 ND以上の平均値:1.4	<0.02〜7.8 ND以上の平均値:1.3
イタリア	Rome市近郊河川	(4)	1994		0.64〜4.3				
クロアチア	Šibenik市 Krka川河口	3〜5	1990〜91	3〜18	<0.1〜0.7			<0.02〜0.08	<0.02〜0.23
台湾	Chung-Li市近郊 Lao-Jie川	5	1997			1〜3	2.8〜26		

* OPE濃度を含む.

生成物も測定されている.

　各国のNPE濃度を比較すると，調査時期の違いや，国内の調査事例ではオクチルフェノールエトキシレート(以下OPE)濃度が含まれる場合があるなどの違いはあるが，特にEO(3)以上の長EO鎖の場合，国内での検出濃度は全体として高濃度側に位置している．一般に，河川流域内の下水道の整備状況は検出濃度に大きく影響し，日本における下水道普及率は先進国のなかでは最も低い部類に属することから，この結果は各国における下水道の整備状況の違いを反映している可能性がある．また，長EO鎖NPEの濃度が相対的に高いことは，河川水中

2.2 アルキルフェノールエトキシレート(APE)

分解生成物の濃度

分解生成物鎖						文献
NPEC(n) n	NPEC(n) $\mu g/L$	NPEC(2) ($\mu g/L$)	NPEC(1) ($\mu g/L$)	CNPEC(n) n	CNPEC(n) $\mu g/L$	
						13
						14
						15
		2〜71	<1〜45			16
1〜2	0.5〜5					17
						18
1〜4	<0.4〜14	<0.2〜12	<0.04〜2.0			19
						20
						21
						22, 23
1〜3	16〜292			1〜2	19〜755	24

でのNPEの生分解が進んでいないことを示す.

この原因を考えるうえで,スイスでの調査結果は参考になる.スイスでは,1986年に,環境汚染物質に関する条例でNPEを洗濯洗剤に使用することが禁止された.その結果,1997〜98年に行われた調査[17]では,Glatt川中の短EO鎖のNPEやNPECの濃度が0.1〜1 $\mu g/L$のオーダーになり,約10年前に比べて十分の一〜数十分の一に減少したことが明らかになった.この事例はNPEの使用自体が減少する場合であるが,下水処理の普及によって環境負荷が減少する場合でも同様の結果が考えられる.すなわち,当然のことながら,下水道の整備状況

は河川水中の NPE の平均的な濃度レベルに影響を及ぼすと考えてよい.

しかし,検出濃度の評価では,調査地点と排出源との関係や排出先の河川規模についても考慮しておく必要がある〔河川規模と検出濃度との関係については,欧州と米国とにおける NP の検出濃度を比較する場合にも問題になっている[25]〕.また,日本では,大手メーカーの家庭用洗剤には APE が使用されていないことも検討する必要がある.日本の河川における APE 汚染のレベルが他の先進国に比べて高いかどうかについては,より広範なデータの比較で判断することが重要と思われる.

各国で検出された河川水中の NPE 濃度は,一部で高濃度事例も報告されているが,おおむね $10\,\mu g/L$ オーダー以下で出現している.このことは,化学物質による内分泌撹乱作用の指標であるエストロゲン活性がより高まる[26]短 EO 鎖 NPE に関してもいえる.また,分解産物に関しても,台湾の一部の地点(工業団地排水の影響が強い)で高濃度がみられるが,同様の傾向が認められる.これらの結果は,高濃度側では $1\,mg/L$ オーダーの濃度が河川で出現する[27]陰イオン界面活性剤の LAS の場合と比べ,NPE の出現濃度が $1\sim2$ オーダー低いことを示している.これは,基本的には両界面活性剤の生産・消費量の違いを反映していると考えられる.

2.2.3 河川堆積物および水生生物中の濃度

河川堆積物中の NPE 濃度についてまとめた結果を表-2.6 に示す.河川堆積物中の濃度に関しては,表-2.5 に示した調査のなかの,日本,スイス,米国およびカナダで測定が行われている.表の結果は,河川堆積物中の NPE 濃度が,おおむね,$10\,\mu g/g$ 乾燥重量オーダー以下であることを示している.この濃度レベルを表-2.5 の河川水中の濃度レベルと比較すると,大きく見積もって河川堆積物中には,水中に対し 10^3 倍のオーダーの NPE が濃縮されているとわかる.

また,長 EO 鎖 NPE と短 EO 鎖 NPE の濃度(日本の事例)や NPE(2)と NPE(1)の濃度(スイスおよびカナダの事例)をそれぞれ比較すると,いずれも後者の濃度の方が高い傾向がみられる.これは,親水基である EO 鎖が短くなるほど NPE 分子の疎水性が相対的に高まり,堆積物との親和性が高まって堆積物に吸着されやすくなることを示している.

2.2 アルキルフェノールエトキシレート(APE)

表-2.6 河川堆積物中の APE 濃度

国	河川	地点数(試料数)	調査時期	APE 長EO鎖 NPE(n)		APE 短EO鎖 NPE(n)		APE 短EO鎖 NPE(2)	APE 短EO鎖 NPE(1)	文献
				n	μg/g 乾燥重量	n	μg/g 乾燥重量	μg/g 乾燥重量	μg/g 乾燥重量	
日本	名古屋市内河川	10	1996～97	5以上	0.10～2.7	1～4	0.4～11			15
スイス	Zurich 市近郊 Glatt 川	6(7)	1984					ND～2.72	0.10～8.85	16
米国	全米30河川	30	1990年代前半						<0.0023～0.175 (中央値: 0.029)	18
カナダ	5大湖沿岸河川・内湾 St. Laurence 川	9	1995					<0.015～6.0 (ND以上の平均値: 1.2)	<0.015～38 (ND以上の平均値: 7.1)	20

河川に生息する水生生物中の NPE 濃度に関しては，スイスの Glatt 川流域で調査されている．1984～85 年に行われた調査[28]では，水生植物中に NPE(2)：0.6～4.3 μg/g 乾燥重量および NPE(1)：0.9～4.7 μg/g 乾燥重量が見出され，シオグサの場合の生物濃縮率は，NPE(2)：1 000～1 800 倍および NPE(1)：3 500～5 000 倍であった．また，筋肉，肝臓，腸など生物の組織部位別の検出濃度は，淡水魚では，NPE(2)：<0.03～3.0 μg/g 乾燥重量および NPE(1)：0.06～7.0 μg/g 乾燥重量の範囲にあり，アヒルでは，NPE(2)：<0.03～0.35 μg/g 乾燥重量および NPE(1)：<0.03～2.1 μg/g 乾燥重量の範囲にあった．これらの結果から，河川に生息する水生生物中の短 EO 鎖 NPE の濃度レベルは堆積物中の濃度と同レベルにあることが推察される．

2.2.4 下水処理場排水，産業排水中の濃度および処理過程での変化

下水処理場の流入水や排出水中の APE 濃度に関しては多くの国で調査されており，国内の名古屋市内の事例[15]では，処理場排水中の NPE(1～4)濃度として 0.6～89 μg/L が報告されている．

スイスの Glatt 川への APE の負荷源となっている 13 箇所の下水処理場で，

家庭用洗剤への APE 使用が禁止される以前に行われた調査結果[31]では，流入水および一次処理水中のNPE(3〜20)濃度は 400〜2 200 μg/L であり，二次処理過程で 4〜20 μg/L と数十分の一以下に減少した．EO 分布については，EO(1〜2)と EO(7)にピークがある 2 峰性を示したが，二次処理水では EO(7)のピークが認められなくなり，短鎖側への分解が進んでいることが推察された(図-2.2)．一方，NPE(2)，NPE(1)の濃度は二次処理過程で数分の一(65〜500 μmol/m^3)にしか減少せず，NPEC(2)，NPEC(1)の濃度は逆に数十倍(250〜1 020 μmol/m^3)に増加した．また，一次処理では，NPE(3〜20)はあまり減少しなかったが，より疎水性が強い短鎖のNPE(2)，NPE(1)は減少した．これらから，下水処理過程を通したNPEの変化には，EO 鎖の短鎖化や末端のカルボン酸化という微生物変換とともに，懸濁物質への吸着などの物理化学的プロセスが影響することが示唆された．

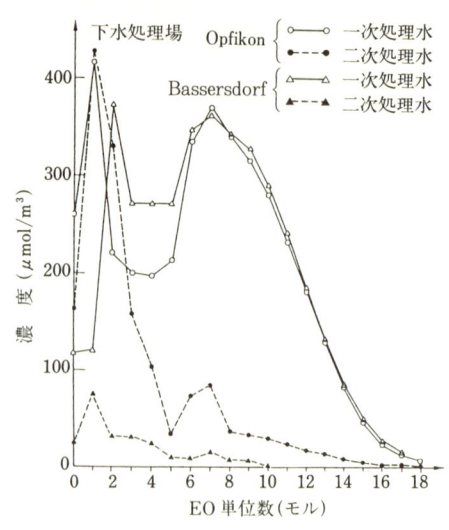

図-2.2 下水処理一次，二次処理水中 NPE の EO 単位濃度分布(スイス)〔文献 31)より改図〕

そのほかの国における排水の事例では，米国[18]で NPE(1〜17)：＜5〜80 μg/L(繊維工業からの負荷がある下水処理場)，NPE(1〜17)：200〜260 μg/L(紙・パルプ工場)，米国のウイスコンシン州[19]でNPEC(1〜4)：140〜270 μg/L(下水処理場)，NPEC(1〜4)：＜0.4〜1 270 μg/L(製紙工場)，カナダ オンタリオ州南部の下水処理場[29]で NPE(3〜17)：0.0〜13 μg/L，NPE(2)：1.5〜13 μg/L，NPE(1)：0.5〜8.9 μg/L，NPEC(2)：14〜37 μg/L，NPEC(1)：9.1〜44 μg/L，オクチルフェノール系の OPEC(2)：1.5〜13 μg/L，OPEC(1)：0.9〜29 μg/L，などが報告されている．

これらの調査結果から，下水処理場排水中の NPE および分解生成物の濃度は，高い場合には 100 μg/L オーダーの濃度を示し，産業系の場合には，さらに高濃

度の排水が排出される場合があることがわかる．

NPEの生分解状況はEO鎖に含まれるEO単位の濃度分布パターンで判断でき，図-2.2は，二次処理過程での分解の進行が長EO鎖NPEの消失で示された事例である．一方，排水処理過程で分解が十分に進まない場合や排水処理過程を経ずにNPEが環境中に排出された場合には，図-2.2の一次処理水の場合に類似した2峰性のEO分布パターンが，環境水中で認められる．クロアチアKrka川河口での事例[22]を図-2.3に示す．

APEは，環境中や排水処理過程で分解されるが，分解中間生成物である短鎖体や，その後の分解産物であるNP，オクチルフェノール（以下OP）では急性毒性や内分泌撹乱作用が高まる特徴を有する．APEの環境中濃度の把握に際しては分解生成物を含めることが重要と考えられる．

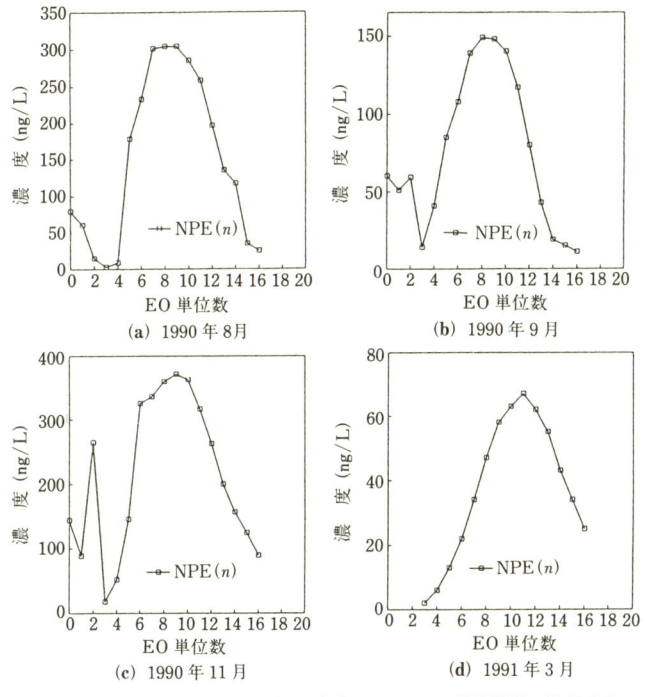

図-2.3 クロアチアKrka川河口水中NPEのEO単位数別の濃度分布
〔文献22)より改図〕

2.3 ノニルフェノール(NP)とオクチルフェノール(OP)

ここでは，NPとOPの環境中での濃度分布について述べる．第1章でも述べたように，現在生産されているAPEの大部分がNPEである．このためこれまでは環境動態や毒性を評価する際には，ほとんどの場合NPのみについて着目されてきた．しかしながら最近のエストロゲン活性に関する研究では，女性ホルモンに対する比活性をNPとOPで比較した場合，評価法により異なるもののOPがNPよりも数倍高いという報告もあり[32,33]，環境中での存在量が少なくても，OPに対しても注意を払う必要がある．

NPについては1980年代からその毒性に対する懸念が高く，現在のところ欧米諸国では環境水中濃度として1μg/LがAPEの使用規制を行うかどうかの目安と考えられている[34]．河川や河口域の水中のNP濃度はスイス，英国，クロアチアで場所によっては数十μg/Lから数百μg/Lに達する場合があった（表-2.7）[15,16,20,22,23,36〜39,40,41]．このように1μg/Lを超える場合が多いことを反映して，北欧諸国ではAPEの家庭用洗剤への配合が1995年に禁止され，2000年までに

表-2.7 環境水中のAP濃度

国名	河川名または地域	種類	試料数	NP (μg/L) 最小〜最大	OP (μg/L) 最小〜最大	分析法	試料採取年	文献
英国	種々の河川	河川水	29	<0.4〜180	<0.05〜0.4	GC/MS	1994	35
スイス	Glatt River	河川水	110	<0.3〜45		HPLC/UV	1983〜86	16
スイス	Glatt River	河川水	16	0.7〜26		HPLC/FL	1984, 85	36
スイス	種々の河川	河川水	66	<0.5〜4.0		HPLC/UV		37
スイス	Sitter River	河川水	12	0.7〜2.7		HPLC/FL	1984, 85	36
スイス	Glatt River	河川水	4	<0.5〜1.50		HPLC/UV	1983	38
米国	種々の河川	河川水	>30	<0.11〜0.64		HPLC/FL	1989	39
日本	名古屋市内の河川	河川水	17	<0.5〜2.6	<0.1〜0.39	HPLC/FL	1996, 97	15
日本	隅田川	河川水	12	0.08〜1.08	0.053〜0.148	GC/MS	1997, 98	40
日本	多摩川	河川水	12	0.05〜0.17	0.017〜0.061	GC/MS	1997, 98	40
日本	全国の河川	河川水	256	n.d.〜1.90	<0.3	GC/MS	1998	41
台湾	Lao-Jie River	河川水	5	1.80〜10		GC/MS	1997	24
カナダ	五大湖	河川水・湖水	35	<0.01〜0.92	<0.005〜0.084	GC/MS	1994, 95	20
スイス	Glatt River	地下水	64	<0.1〜33		HPLC/FL	1984, 85	36
英国	河口域	湾水	22	<0.03〜5.2	<0.1〜13	GC/MS	1993	35
クロアチア	Krka River	湾水	30	<0.02〜2.3		HPLC/FL	1989〜91	23
クロアチア	Krka River	湾水	3	<0.1〜0.14		HPLC/FL	1989〜91	22

2.3 ノニルフェノール(NP)とオクチルフェノール(OP)

工業用の使用も全廃する．スイス・ドイツではすでに1986年からAPEの家庭用洗剤への配合が禁止されており，Ahelらの最近の調査によると，1980年代に比べて環境中のNP濃度が一桁以上低下していることが明らかになった[17]．一方，米国では国内の30の河川をモニタリングした結果，NP濃度は平均0.12μg/L，最大0.64μg/Lであり，NP濃度が1μg/Lを超える地点は認められなかった[39]．この結果を受けて，今のところ米国ではAPEの使用に関して規制は行われていない．表-2.8[15,23,29,31,35,37,38,40,41,42~49]に示すように，米国に比べ欧州諸国の下水処理

表-2.8 下水処理水中のAP濃度

国名	種類	試料数	NP (μg/L) 最小~最大	OP (μg/L) 最小~最大	分析法	試料採取年	文献
イタリア	未処理水	12	2~40		HPLC/FL	1991, 92	42
スイス	未処理水	5	21~57		HPLC/UV	1983	37
スイス	未処理水	1	21		HPLC/UV	1984	43
スイス	未処理水	1	14		HPLC/UV		38
クロアチア	未処理水	27	<0.5~419		HPLC/FL	1989~91	23
米国	未処理水	14	12~978		HPLC/FL	1989	44
カナダ	未処理水	12	1.8~23	0.16~1.55	GC/MS	1997, 98	29
日本	未処理水	10	1.9~45	<0.3~3.3	GC/MS	1998	41
スイス	一次処理水	1	15		HPLC/UV	1984	43
スイス	一次処理水	11	24~95		HPLC/UV	1983~85	45
スイス	一次処理水	4	21~55		HPLC/UV	1984, 85	31
スイス	一次処理水	3	21~49		HPLC/UV	1983	37
カナダ	一次処理水	5	2.8~30	0.41~2.5	GC/MS		46
カナダ	一次処理水	12	1.59~10.92	0.12~0.81	GC/MS	1997, 98	29
日本	一次処理水	10	2.0~21	0.4~1.8	GC/MS	1997, 98	40
イタリア	二次処理水	12	0.7~4.0		HPLC/FL	1991, 92	42
スイス	二次処理水	11	2.2~44		HPLC/UV	1983~85	45
スイス	二次処理水	5	1.0~15		HPLC/UV	1984, 85	31
スイス	二次処理水	6	1.0~14		HPLC/UV	1983	37
スイス	二次処理水	3	5.0~11		HPLC/UV		38
スイス	二次処理水	1	2.7		HPLC/UV	1984	43
スイス	二次処理水	6	<10~35		GC/FID	1980, 81	47
カナダ	二次処理水	5	0.8~15	0.17~1.7	GC/MS		46
カナダ	二次処理水	12	0.56~2.12	0.05~0.66	GC/MS	1997, 98	29
日本	二次処理水	10	0.08~1.2	0.017~0.22	GC/MS	1997, 98	40
日本	二次処理水	10	<0.3~0.7	<0.3	GC/MS	1998	41
スイス	放流水	16	<0.2~329		GC/FID	1980, 81	47
米国	放流水	4	0.8~2.5		HPLC/FL	1988	48
米国	放流水	14	<0.2~15.3		HPLC/FL	1989	44
英国	放流水	4	<0.2~330	<0.05~0.5	GC/MS	1993, 94	35
英国	放流水	17	0.13~3.0	n.d.	GC/FID	1997	49
日本	放流水	17	1.0~7.7	<0.1~0.53	HPLC/FL	1996, 97	15

水のNP濃度が一桁高い値を示していることが，欧州と米国の河川水中NP濃度相違の原因と考えられている．下水処理過程での除去動態や効率については第4章で述べるが，米国の下水処理場のほうがスイスよりもNPの除去効率が高かったという報告がある[44]．

日本の水環境中のアルキルフェノール（以下 AP）の報告例はきわめて少なかったが，近年の環境ホルモンに対する関心の高まりを受けて，平成8年(1996)以降，行政などを中心として河川水や下水処理放流水などのモニタリングが進められている．磯部らが行った東京の多摩川(3地点)と隅田川(3地点)における年4回の観測では，それぞれ NP が $0.05 \sim 0.17\,\mu\mathrm{g/L}$ と $0.08 \sim 1.08\,\mu\mathrm{g/L}$，OP が $0.017 \sim 0.061\,\mu\mathrm{g/L}$ と $0.053 \sim 0.15\,\mu\mathrm{g/L}$ という濃度で検出された[40,50]．また，名古屋市の河川では NP が $<0.5 \sim 2.6\,\mu\mathrm{g/L}$，OP が $<0.1 \sim 0.4\,\mu\mathrm{g/L}$[15]，建設省が行った全国の河川の調査では NP が $<0.1 \sim 1.9\,\mu\mathrm{g/L}$，OP が $<0.3\,\mu\mathrm{g/L}$ と報告されている[41]．これらの値は毒性データやエストロゲン活性のデータと比較して低いものの，前述の欧米で基準と考えられている $1\,\mu\mathrm{g/L}$ を超える NP 濃度が検出されることもあった．このため，今後も広範囲にわたって密で精度の高いモニタリングを行い，AP の濃度レベルの把握を行うとともに供給源の特定を早急に行う必要がある．

河川水中の AP 濃度への負荷経路のひとつとして下水処理放流水が考えられる．表-2.8 には下水処理場などにおける AP の報告値を，処理水の種類別にまとめた．東京都内の下水処理場で調査を行ったところ，第二沈殿池越流水(二次処理水)中には NP が $0.08 \sim 1.24\,\mu\mathrm{g/L}$，OP が $0.017 \sim 0.22\,\mu\mathrm{g/L}$ の濃度で観測された[40,50]．また名古屋市の下水処理場放流水では NP が $1.0 \sim 7.7\,\mu\mathrm{g/L}$，OP が $<0.1 \sim 0.53\,\mu\mathrm{g/L}$[15]，建設省の調査では NP が $<0.3 \sim 0.7\,\mu\mathrm{g/L}$，OP が $<0.3\,\mu\mathrm{g/L}$ という濃度が報告されている[41]．名古屋市の処理場ではスイスの処理場での報告と同様に NPE(1) と NPE(2) が NP よりも高い濃度で存在しており，これらの生分解中間体が下水処理水を通じて環境中へ放出された後，NP を生成することも考えられる．

AP は比較的疎水性が高いことから，水中ではある程度の割合が懸濁粒子に吸着して存在する．多摩川と隅田川の観測例では，河川水中の NP は $5 \sim 59\%$，OP は $1 \sim 31\%$ ($n=12$) がガラス繊維ろ紙(孔径 $0.7\,\mu\mathrm{m}$)上に保持される粒子に吸着し

2.3 ノニルフェノール(NP)とオクチルフェノール(OP)

ており[40,50]，モニタリングの際は溶存態試料と懸濁物質を別々に分析したり，あわせて抽出を行ったりするなどの工夫が必要である．また，これらの粒子の沈降と堆積物表面での吸着作用により，APは粒子とともに河床や海底に堆積する．表-2.9[15,16,20,39,40,46,49,51~56] に堆積物中のAP濃度をまとめて示す．Ahelらが報告している $\log P_{ow}$ (NPが4.48，OPが4.12)[57] (P_{ow}；オクタノール/水分配係数)から予想されるとおり，重量当たりの濃度で比べると水中の濃度に比べ10^3倍以上の濃度で存在する．それに加え，嫌気的な堆積物中ではNPE(2)やNPE(1)，および2.4で述べるNPECの還元によるNPの生成の可能性も考えられる．堆積物中のNP濃度のうちで高いものは底生生物へ影響があるNP濃度($26.1\,\mu g/g$)[44]と同レベルであり注意を要する．また，APはこれまで比較的分解されやすい物質と考えられてきたが，最近の研究ではスイスの湖や東京湾の柱状堆積物中に数十年にわたってAPが蓄積していることが明らかになった[40,58]．

生物への毒性を考える場合，水や堆積物中の濃度とともにその物質が生体濃縮されるかどうかを考慮する必要がある．室内実験では二枚貝，甲殻類，魚類への

表-2.9 堆積物中のAP濃度

国名	河川名または地域	種類	試料数	NP ($\mu g/g$乾燥重量) 最小~最大	OP ($\mu g/g$乾燥重量) 最小~最大	分析法	試料採取年	文献
スイス	Glatt River	河川	7	0.19~13.1		HPLC/FL	1983~86	16
米国	種々の河川	河川	>30	<0.003~2.96		HPLC/FL	1989	39
カナダ	Kaministquia River	河川	3	0.29~1.28	<0.005~0.028	GC/MS		46
カナダ	Humber River	河川	1	0.78	<0.005	GC/MS		46
日本	多摩川	河川	4	0.03~0.11		GC/FID	1994	51
ドイツ	Rhine River	河川	1	0.9		HPLC/FL	1983	52
カナダ	Great River	河川・湖	9	0.17~72	<0.01~1.8	GC/MS	1994,95	20
米国およびカナダ	Great Lakes	河川・湖	27	<0.046~37.8	<0.001~23.7	GC/MS		53
	Great Lakes	下水放流口直下	1	0.54	0.26	GC/MS		53
カナダ	Hamilton Bay	湖	3	1.3~41	0.07~0.91	GC/MS	1993	45
日本	手賀沼	湖	7	0.02~1.32		GC/FID	1994	51
日本	隅田川	河川・河口域	7	0.5~10.4	0.05~0.67	GC/MS	1997,98	40
日本	多摩川	河川・河口域	4	0.03~1.1	0.003~0.052	GC/MS	1997,98	40
日本	名古屋	河川・河口域	10	0.5~21	0.03~1.5	HPLC/FL	1996,97	15
エジプト	Nile estuary	河口域	2	0.02~0.04		GC/MS	1991	54
スペイン	Besos	河口域	1	6.6		GC/MS	1987	55
英国	Tees	河口域	9	1.6~90.5	0.03~0.34	GC/FID	1997	49
	Tyne	河口域	8	0.03~0.08	0.002~0.02	GC/FID	1997	49
イタリア	Venice Lagoon	ラグーン	20	0.005~0.042		HPLC/FL	1987	56
スペイン	バルセロナ沖	沿岸	4	0.006~0.069		GC/MS	1988	54

NPの生物濃縮が示され，生物濃縮係数(以下 BCF)はそれぞれ 3 300, 100, 1 300 であった[59]．野生生物の調査では，河川環境で大型藻類(BCF = 10 000)，淡水魚 (BCF = 13～410)，水鳥へのNPの生物濃縮が観測され，それらの濃度の比較からは栄養段階を経た生態学的増幅は起こっていないことが示唆された[28]．英国の河口域では底生魚中にNPが5～180 ng/g 湿重量，OPがn.d.～17 ng/g 湿重量で検出されたという報告がある[49]．海洋環境中ではムラサキイガイ中にNPが検出され[50,60]，BCFは10^3程度と考えられている．この値はP_{ow}やムラサキイガイの脂肪含量から考えると妥当な係数である．このことは，水中の濃度が低くても生物体内で濃度が増加し，生物機能に影響を及ぼす可能性を示唆しているが，最近では試験管内(以下 *in vitro*)や生体内(以下 *in vivo*)の研究で，AP類が生体内で代謝を受けやすく，消失時間も比較的速いという報告がある[61,62]．そのため現在のところ，APは生体内で代謝を受けやすいため食物を通じた人に対する曝露は少ないか，あっても体内で代謝可能なレベルであると考えられている．実際に検死体の脂肪組織を分析した研究では，いずれの試料からも有意な量のNPを検出することはできなかった[63]．しかしながら，最近プラスチック製の食器からNPが溶出する可能性があることが明らかになり[64]，人に対して慢性的な曝露経路が存在していることも考えられることから，今後も人体内での挙動や曝露に関する研究を続けていく必要がある．

2.4　そのほかのAPE分解生成物

APEの分解産物としてAPE(1)やAPE(2)とともに，エトキシ基の末端がカルボン酸化されたアルキルフェノキシカルボン酸(以下 APEC)が存在する(図-2.4)[25,65]．下水処理水中や河川水中ではAPEC(2)，APEC(1)の存在量が相対的に多く，APEC(3)やAPEC(4)の存在割合は小さいことが報告されている[66]．これは，APEのエトキシ鎖長が短くなってから末端が酸化されるものが多いためと考えられる[65]．APEの代謝産物としてのAPECの存在は1980年代初頭より確認されていたが[67,68]，下水処理水や河川水を対象に系統的な研究を行ったのはスイスのGigerとAhelのグループである[16,38,69]．スイスの下水処理水で71～330 μg/LがNPEC(1)+NPEC(2)の総量として観測された．また，それらの下水処理

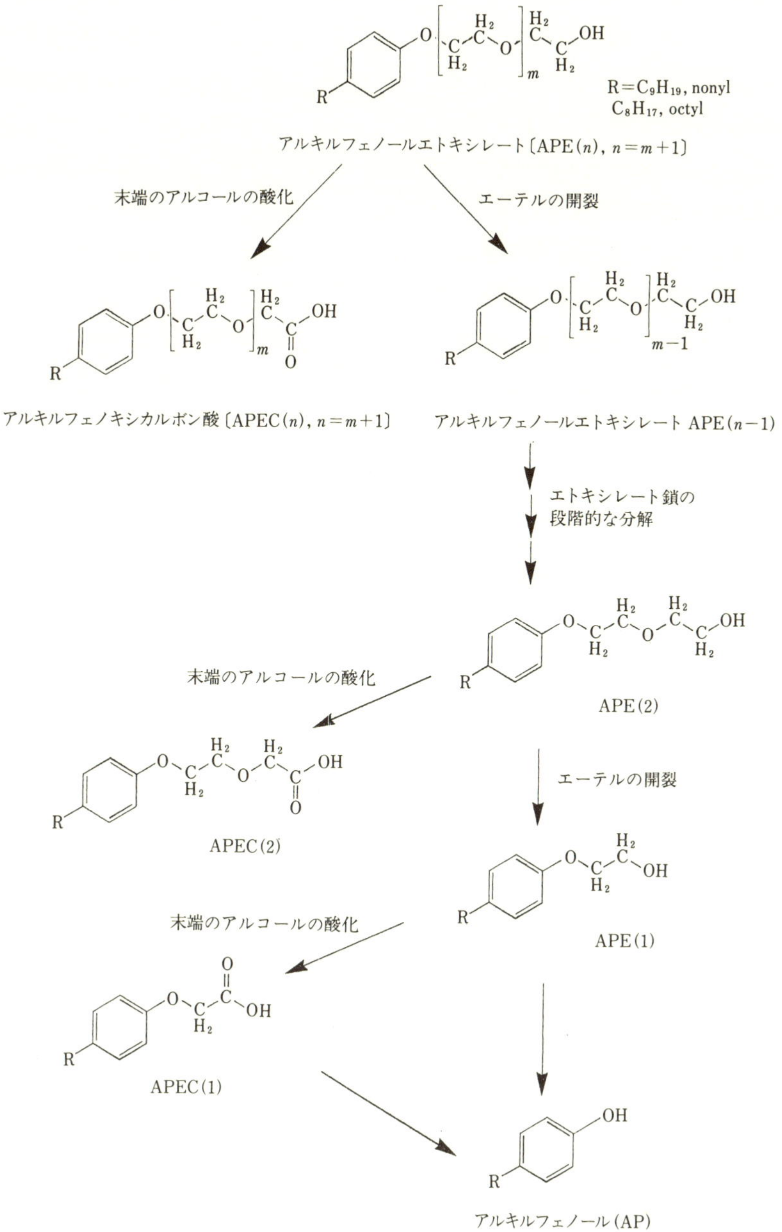

2.4 そのほかの APE 分解生成物

図-2.4 APE(n)の分解による APEC の生成経路(文献 25, 65)を改変)

水が流入する河川水中に最高17μg/LのNPECを検出した[38]．Ahelら[69]のデータによれば，未処理の下水と一次処理水中ではNPECはNPEの数％程度の存在量であった(図-2.5)．活性汚泥処理によりNPEが微生物分解することでNPECが生成し，二次処理水での存在割合は多くなり，二次処理水中ではNPEよりも存在量が多くなった．二次処理水中では全NP系化合物の約50％が〔NPEC(1)＋NPEC(2)〕であり，NPECはNPよりも1桁高濃度であった(図-2.5)[69]．全NP系化合物のなかでNPECが卓越している傾向は河川水中でも観測された[16]．さらに，NPEからNPECへの分解は河川中でも進行して，下水処理水が流入してから20km程度の流下の後には河川水中の全NP系化合物のなかでのNPECの割合は85％に達したと報告されている(図-2.5)[16]．以上のように下水処理水や河川水中ではNPECは量的には一番重要なNPE代謝物である．

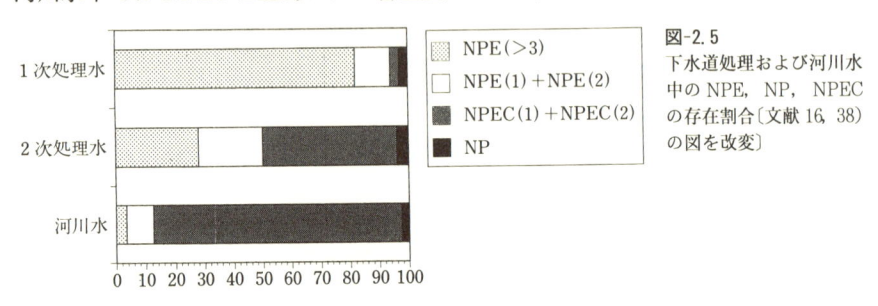

図-2.5
下水道処理および河川水中のNPE，NP，NPECの存在割合〔文献16，38)の図を改変〕

表-2.10に下水処理水中のNPEC濃度の報告例をまとめたものを示す．二次処理水中のNPEC濃度は72～1600μg/Lの幅をもったが，スイスでの報告値の大半は1986年にNPEに規制が行われる以前のデータなので，現時点では数十～数百μg/Lのレベルであると考えられる．河川水中での濃度は検出限界以下(0.6μg/L以下)～116μg/Lという報告値の範囲であった(表-2.11)．スイスでは同年の規制以前にはNPEC濃度は2～116μg/Lであったが，規制後の1998年にはその濃度は0.5～5μg/Lと大きく減少していた[17]．1998年の時点でもNPECが全NP系化合物のなかで最も量的に多い成分であるという点では規制前と同様であった．日本においては下水処理水についても河川水についてもNPEC濃度の報告例はない．NPEC(1)については内分泌撹乱作用が報告されていることから，その濃度分布の把握は重要である．NPECの女性ホルモン(エストロゲン)様作用の比活性はNPの数分の一であるが[71]，NPEC濃度はNPよりも1桁高いことか

2.4 そのほかの APE 分解生成物

表-2.10 下水および下水処理水中の NPEC 濃度

国	種類	試料数	NPEC (μg/L)			分析法	採取年	文献
			NPEC(1)	NPEC(2)	NPEC(1+2)			
スイス	未処理下水	5	<1	<1〜14	<1〜14	HPLC/UV	1983	38
カナダ	未処理下水	5	0.9〜8.3	1.7〜20.1		GC/MS	1996, 97	70
スイス	一次処理水	11			24〜81	HPLC/UV	1983	69
スイス	一次処理水	3	<1	6〜10	6〜17	HPLC/UV	1983	38
カナダ	一次処理水	10	2.4〜17.7	3.5〜39.3		GC/MS	1996, 97	70
スイス	二次処理水	11			87〜79	HPLC/UV	1983, 85	69
スイス	二次処理水	6	<1〜224	71〜233	71〜330	HPLC/UV	1983	38
カナダ	二次処理水	10	3.2〜703	11.1〜565.5		GC/MS	1996, 97	70
イタリア	二次処理水	12			7〜40*	HPLC/UV	1991, 92	48
米国	公共下水処理水	6	7.8〜29.4	64.1〜128	71.9〜158	GC/MS	1995	66
米国	製紙工場排水	15	<0.2〜140	<0.4〜931	<0.6〜1 071	GC/MS	1996	66

* NP(1)EC-NP(3)EC

表-2.11 河川水中の NPEC 濃度

国	地名	試料数	NPEC (μg/L)			分析法	採取年	文献
			NPEC(1)	NPEC(2)	NPEC(1+2)			
スイス	Zurich 周辺河川	6	<1〜45	2〜71	2〜116	HPLC/UV	1983	38
スイス	Glatt 川	110	1〜45	2〜71	3〜116	HPLC/UV	1984	16
スイス	Zurich 周辺河川	—			0.5〜5	HPLC/UV	1998	17
米国	多種	10	<0.2〜2.0	<0.4〜11.8	<0.6〜13.8	GC/MS	1997	66

ら, 下水処理水や河川水中でのエストロゲン様活性への寄与は NP と同程度あるいは NP 以上である可能性もある. また, APEC(1) が還元条件で AP に分解されることも室内実験的に示唆されている[65]. これらの点を考えると, NPEC の日本の水環境における濃度分布を明らかにする必要がある.

NPEC はカルボン酸であることから疎水性が小さく粒子への吸着は小さいと考えられる. 下水汚泥中での濃度は NPEC〔NPEC(1)+NPEC(2)〕は NPE〔NPE(1)+NPE(2)〕よりも低いと報告されている[72]. この傾向は二次処理水における傾向 (NPEC>NPE)[69] とは逆である. この観測結果は NPEC が疎水性が小さいために粒子相へ分配しにくいことを示している. 同様に, 堆積物への蓄積は小さいと考えられるが, これまでのところ堆積物中の濃度の測定値は報告されていない. 下水処理放流水や河川水中では NPEC が全 NP 系化合物のなかで量的に一番主要な化合物であることから堆積物も含めた環境中での NPEC の挙動と消長を明らかにしていく必要がある.

そのほかの APE の分解産物として, ハロゲン化物[73] やアルキル鎖が酸化され

た分解産物[74,75]の報告例もある(図-2.6). 報告例が少なく定量的な評価はできないが, これらの分解産物まで含めた APE の環境中での消長や挙動を定量的に明らかにしていく必要がある.

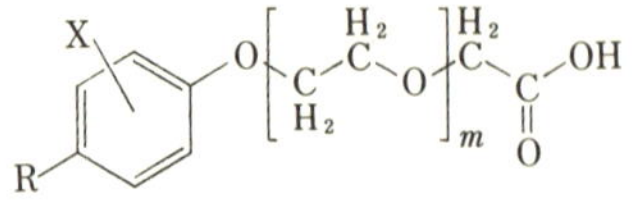

図-2.6 ハロゲン化アルキルフェノキシカルボン酸の構造式

$R=C_9H_{19}, nonyl$
$C_8H_{17}, octyl$

2.5 非イオン界面活性剤による事故例とその対策

公共用水域における事故としては, 油浮遊, 毒物, 酸欠などによる魚のへい死などが多い. また, 非イオン界面活性剤による事故の報告例もいくつかある. 今回, 埼玉県, 神奈川県で起きた事故概要とその対策について述べる.

2.5.1 横浜市の事例[76]

(1) 事故の概要
事故発生年月:昭和 58 年(1983)8 月 22 日
事故発生場所:横浜市南西部を流れる柏尾川
事故の状況:約 100 匹のコイが死亡(ないしは瀕死), 同時に白濁水が流出
(2) 原因究明調査
a. 生物学的調査 死亡魚の観察を行ったところ, 口部は閉じ, 鰓弁・二次鰓弁上皮は収縮していないこと, 鰓弁の一部に浮腫がみられたことから酸欠死ではないと推定した. そして鰓弁の小入出鰓動脈が屈曲していることから, 通常の鰓形態とは異なり, また瀕死のコイ 2 個体を十分な溶存酸素を含む清水に入れても回復がきわめて遅かった. 以上のことから, 毒物による事故と判断した.

次に, 試料水 300 mL にコイ 2 尾を入れ, 散気条件で毒性試験を行ったところ, 10 min で横転し, 60 min で死亡した. 試料水は, pH 7.9, 溶存酸素 6.8 mg/L であり, シアンは検出されなかった.

b. 理化学的調査 試料水を酢酸エチルで抽出した後, 酢酸エチルを揮散させた残留物について核磁気共鳴(以下 NMR)スペクトルと赤外線吸収(以下 IR)スペクトルの測定を行った(図-2.7, 2.8). 抽出物質と $C_{12}AE(8)$ の NMR スペク

2.5 非イオン界面活性剤による事故例とその対策

(a) 抽出物質のNMRスペクトル　　(b) $C_{12}AE(8)$のNMRスペクトル

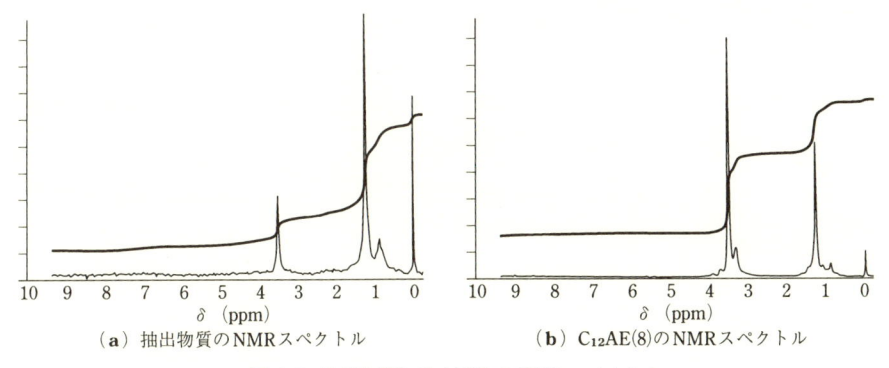

図-2.7　抽出物質と$C_{12}AE(8)$のNMRスペクトル

(a) 抽出物質のIRスペクトル

(b) $C_{12}AE(8)$のIRスペクトル

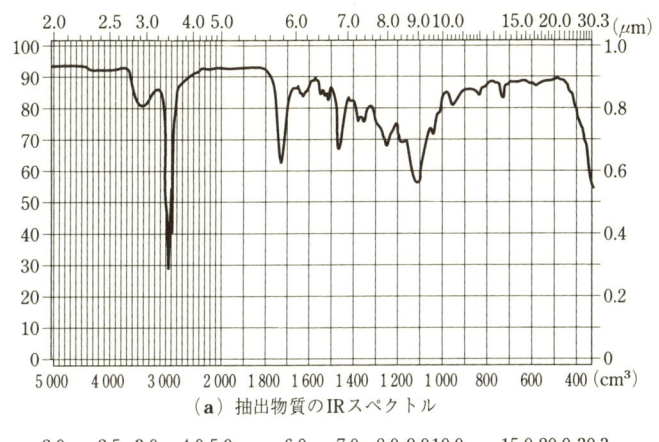

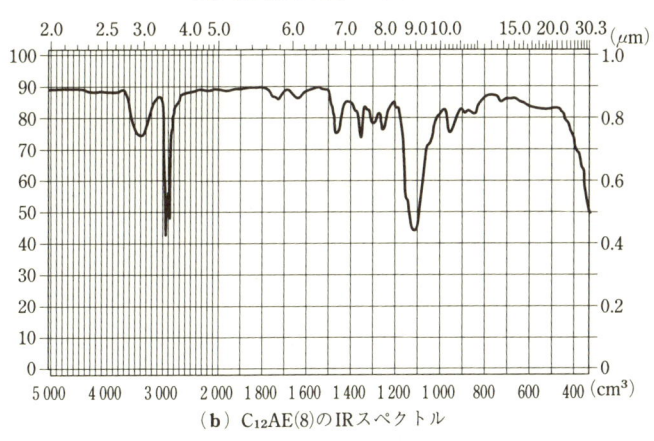

図-2.8　抽出物質と$C_{12}AE(8)$のIRスペクトル

トルを図-2.7に，抽出物質と$C_{12}AE(8)$のIRスペクトルを図-2.8に示した．これらより，魚毒性物質はPOE型非イオン界面活性剤であると推定された．

十数種類の非イオン界面活性剤標準品についてNMRスペクトルを調べたところ，AEのNMRスペクトルが抽出物質と一致した．

AEについて濃度を変えて生物検定を行った結果，10～14 mg/Lの濃度範囲で試料水の毒性に比較的近い反応を示した．AEの生物検定における死亡魚の口部およびえら形態が事故時の死亡魚の所見と類似していたので，事故原因物質はAEと判断した．

（3）事故後の対応

事故後の調査では，非イオン界面活性剤の高濃度溶液または濃縮液が人為的ミスにより河川へ流出したことが原因であると推定された．

2.5.2 埼玉県の事例

（1）事故の概要[77]

事故発生年：平成6年(1994)

事故発生場所状況：県西部に位置するHN市は，西の山間から清流IM川が東の平野部へと流れており，自然の豊かな所である．対象の場所は，市街地からIM川に沿った上流5.5 kmのHI地区である．当場所は，支流NK川が本川に合流する地点であり，本川の合流点直前約40 kmのNK川右岸から，SMゴム製造事業所(届出排水量25 t/day)の排水が流入していた．

支流の合流する地点のほぼ直下流地点には，市のKI浄水場の取水堰があり，本川右岸側に取水口が設けられている．

当該地点はNG川清流保全計画対象地域に含まれ，平成元年(1989)に河川水質などの調査が行われた．調査の結果，排水路からの水質は，水温が高く，化学的酸素要求量(以下COD)，全リン(以下TP)などの濃度も高い排水であることが認められたが，MBASは検出されなかった．

事故の状況：水道水の発泡と河川水の発泡(図-2.9, 2.10)．

（2）原因究明調査

水道水が発泡するとの利用者の苦情に対し，当初，行政側は水道水の発泡の基準項目である陰イオン界面活性剤が基準値以下であったため，強い指導は行わな

2.5 非イオン界面活性剤による事故例とその対策

図-2.9 水道水の発泡

図-2.10 河川水の発泡

かった.

平成8年(1996)3月6日と4月3日に「名栗川の水といのちを守る市民ネットワーク」が独自に調査を行った結果,事業所排水から非イオン界面活性剤(ポリオキシエチレンポリオキシプロピレンブロックポリマーを含む)が510 mg/L,540 mg/L検出された[78].また,この年は特に渇水状況が続いたため,本川による希釈効果が小さくなり,排水が浄水取水に著しい影響を与えたと考えられた.

(3) 原因究明後の対応策

市民ネットワークの調査を受け,県は平成8年(1996)4月24日に工場立入りを行った.その結果,ゴム製品の型抜きの剥離剤に非イオン界面活性剤が含まれていることがわかった.このため,県は5月末までに23%移転,9月末までに界面活性剤を使う施設をすべて移転するよう改善計画を出させた.5月8日に再調査を行ったところ非イオン界面活性剤が650 mg/L検出された.7月に工場は閉鎖となり,親会社に移行した.

今回の事故に対し,当時の市民ネットワークの事務局であった田中[78]は,非イオン界面活性剤の基準値がないため,工場や水道部に対する県の指導が困難であった,埼玉県内で非イオン界面活性剤の分析をしてくれる所がなかった,ことを指摘した.

行政側の反省として,SMゴム製造事業所が法律および県上乗せ条例による規制がかからなかったので,行政指導を行うにあたっては強制力がなく,指導が長引いたことが問題を大きくして工場閉鎖に至ったことがあげられる.

2.5.3. 神奈川県の事例

（1） 事故の概要[79]
事故発生年月日：平成8年(1996)8月1日
事故の状況：H市において運送会社で台所用合成洗剤の入った1トン積合成樹脂製コンテナをトラックに積み込む際に誤って転倒させ，約2時間で500～600Lの洗剤が道路側溝に流出し，雨水幹線を経由して，M川へ流れ出た．その結果，異常発泡，魚類の死亡が確認された(図-2.11, 2.12)．

図-2.11　M川での発泡　　　　　図-2.12　M川での発泡処理状況

（2） 流出した台所用合成洗剤の成分と雨水幹線での濃度
流出した台所用合成洗剤中の界面活性剤組成は，陰イオン界面活性剤が61.8％〔アルキルエーテル硫酸エステルナトリウム(以下 AEF)，アルカンスルホン酸塩(以下 SAS)，α-オレフィンスルホン酸塩(以下 AOS)〕，非イオン界面活性剤が25.2％ AE，アルキルジメチルアミンオキシドで，その他，変性アルコール，殺菌剤が含まれていた．

事故当日の雨水幹線における陰イオン界面活性剤の濃度は1 100 mg/L，非イオン界面活性剤の濃度は350 mg/Lであった．

（3） 魚類の死亡状況
死亡した魚種は体長10～50 cmのコイで，えらに出血または鬱血が認められた．生存魚は水面からの飛び上がりや浅瀬への逃避行動がみられ，多くは仮死状態になった．仮死状態の魚を真水に放流すると1時間以内に回復するものが多数みられ，その際，水面が洗剤により発泡した．これは，いったん体内に取り込まれた

洗剤が排泄されたためと考えられた．また，雨水幹線出口で白く膨潤したミミズの死骸が多数認められた．

後日，水量と流出洗剤量から推定した陰イオン界面活性剤の濃度は，発泡が著しかった地点の 116～139 mg/L を最高に，魚が浮上し始めた地点では 54～65 mg/L，下流の支流合流付近でも 43～51 mg/L と過去 5 年間の年平均陰イオン界面活性剤濃度 0.31～0.54 mg/L と比べると通常時の 140～220 倍もの高濃度であり，さらに河川流速が比較的遅く，一時的に致死量を超えるダメージを受けたと考えられた[80]．

(4) 事故後の対応
- 洗剤流出時に M 川一面に発泡現象が発生し，川面から高さ 2～3 m まで盛り上がり，その一部は風に飛ばされ交通に支障を生じさせた．この対策として，消防車による放水を試みたが効果がなかったため，食品工業用シリコーン消泡剤 72 L を散布した．
- 洗剤成分流入により，衰弱，浮上し始めたコイを水槽に移し，水道水で洗浄した．回復後，他の支流に輸送し，放流した．
- 市の水道局取水場を緊急停止した．

(5) 被害が拡大した要因
被害が拡大した要因について小澤は次のように報告した[80]．
- 事故を起こした者が独断で事故処理をし，かつ取扱い製品の毒性についての認識が足りなかった．
- 社内の事故連絡体制が不備であった．
- 事故直後に行政機関への連絡がなかった．
- 原因物質が水に溶けやすい洗剤で，直接除去することができなかった．
- 消泡作業に手間取った．
- 河川水量が少なく，高濃度の毒性物質が流れることになった．

今後の課題として，事業者においては，危機管理体制の整備が必要であり，具体的には緊急事態に対する施設の整備，防災備品の常備，従業員教育の徹底，事務所内外の連絡・協力体制の確立などが必要である．行政機関は，監視・指導や事故防止の啓発活動を強化し，関係機関との連絡・協力体制の整備が必要であることが報告された．

第2章 非イオン界面活性剤の環境中の濃度分布および非イオン界面活性剤による事故例とその対策

文 献

1) Swisher, R. D. : Surfactant biodegradation, 2nd ed. Surfactant science seried, Vol. 18. Marcel Dekker, Inc., New York, 1987.
2) Wee, V. T. : Determination of liner alchol ethoxylates in waste-and surface water, Advances in the indentification & analysis of organic pollutants in water, L. H. Keith, ed., Vol. 1, Ann Arbor Science, 1981.
3) Gerike, P., K. Winkler, W. Schneider and W. Jacob : Detergent components in surface waters in the federal republic of germany, Presented at the seminar on the role of the chemistry industry in environmental protection, Geneva, Switzerland, November, pp. 13-17, 1989.
4) Fendinger, N. J., W. M. Bergley, D. C. Mcavoy, W. S. Eckhoff : Measurement of alkyl ethoxylate surfactants in natural waters, Environ. Sci. Technol., **29**, pp. 856-863, 1995.
5) 山岸知彦, 橋本伸哉, 金井みち子, 大槻晃：高速液体クロマトグラフィー/大気圧化学イオン化質量分析法によるポリオキシエチレン系非イオン界面活性剤の分析法の検討と河川水への応用, 分析化学, **46**(7), pp. 537-547, 1997.
6) 環境庁保健調査室：化学物質と環境, 1983.
7) 足立昌子, 金薫子, 戸田恵子, 松下智子, 小林正：河川水中の陰イオン並びに非イオン界面活性剤の日間変動について, 衛生化学, **30**(4), pp. 247-249, 1984.
8) 小島節子：TBPE-K溶媒抽出法による環境試料中の非イオン界面活性剤の定量, 名古屋市公害研究所報, **17**, pp. 57-62, 1987.
9) 東京都環境保全局：平成8年度公共用水域の水質測定結果(総括編), 1997.
10) Wakabayashi, M., M. Kikuchi, A. Sato, T. Yoshida : Bioconcentration of alcohl ethoxylates in carp (*Cyprinus carpio*), Ecotoxicology and Environmental Safery, **13**, pp. 148-163, 1987.
11) Schmitt, T. M., M. C. Allen, D. K. Brain, K. F. Guin, D. E. Lemmel and Q. W. Osburn : HPLC determination of ethoxylated alcohol surfactants in wastewater, JAOCS, **67**(2), pp. 103-109, 1990.
12) Kiewiet, A. T., J. M. D. Steen, J. R. Parsons : Trace analysis of ethoxylated nonionic surfactants in samples of influent and effluent of sewage treatment plants by high-performance liquid chromatography, Anal. Chem., **67**, pp. 4409-4415, 1995.
13) 小林規矩夫, 沼田一：高速液体クロマトグラフィーによる環境試料中のポリオキシエチレンアルキルフェニルエーテルの定量, 全国公害研会誌, **6**, pp. 58-62, 1981.
14) 菊地幹夫, 池袋清美, 本波裕美：東京都内河川水中の非イオン界面活性剤濃度, 東京都環境科学研究所年報, pp. 71-74, 1994.
15) 小島節子, 渡辺正敏：名古屋市内の水環境中のアルキルフェノールポリエトキシレート(APE)および分解生成物の分布, 水環境学会誌, **21**, pp. 302-309, 1998.
16) Ahel, M., W. Giger, C. Schaffner : Behaviour of alkylphenol polyethoxylate surfactants in the aquatic environment- II Occurrence and transformation in rivers, Water Res., **28**, pp. 1143-1152, 1994.
17) Ahel, M., E. Molnar, S. Ibric, C. Ruprecht, C. Schaffner and W. Giger : Surfactant-derived alkylphenolic compounds in sewage effluents and ambient waters in Switzerland before and after risk reduction measures, Proceedings of International Conference on Environmental Endocrine Disrupting Chemicals, **22**, 1999.
18) Weeks, J. A., W. J. Adams, P. D. Guiney and C. G. Naylor : Risk assessment of nonylphenol and its ethoxylates in U. S. river water and sediment, Spec. Publ. R. Soc. Chem., **189**, pp. 276-291, 1996.
19) Field, J. A. and R. L. Reed : Nonylphenol polyethoxy carboxylate metabolites of nonionic surfactants in U. S. paper mill effluents, municipal sewage treatment plant effluents, and river waters, Environ. Sci. Tech., **30**, pp. 3544-3550, 1996.
20) Bennie, D. T., C. A. Sullivan, H. B. Lee, T. E. Peart and R. J. Magnire : Occurrence of

alkylphenols and alkylphenol mono- and diethoxylates in natural waters of Laurentian Great Lakes basin and the upper St. Laurence River, *The Science of the Total Environment*, **193**, pp. 263-275, 1997.
21) Crescenzi, C., A. D. Corcia and R. Samperi : Determination of nonionic polyethoxylate surfactants in environmental waters by liquid chromatography/electrospray mass spectrometry, *Anal. Chem.*, **67**, pp. 1797-1804, 1995.
22) Kreštak, R., S. Terzić and M. Ahel : Input and distribution of alkylphenol polyethoxylates in a stratified estuary, *Marine Chemistry*, **46**, pp. 89-100, 1994.
23) Kreštak, R. and M. Ahel : Occurrence of toxic metabolites from nonionic surfactants in the KrKa River estuary, *Ecotoxicology and Environmental Safety*, **28**, pp. 25-34, 1994.
24) Ding, W. H., S. H. Tzing and J. H. Lo : Occurrence and concentrations of aromatic surfactants and their degradation products in river waters of Taiwan, *Chemosphere*, **38**, pp. 2597-2606, 1999.
25) Renner, R. : European bans on surfactant trigger transatlantic debate, *Environ. Sci. Tech*, **31**, pp. 316A-320A, 1997.
26) Jobling, S. and J. P. Sumpter : Detergent components in sewage effluent are weakly oestrogenic to fish : An *in vitro* study using rainbow trout (*Oncorhynchus mykiss*) hepatocytes, *Aquatic Toxicology*, **27**, pp. 361-372, 1993.
27) 高田秀重:界面活性剤関連物質の水環境中での分布と挙動, 水環境学会誌, **16**, pp. 308-313, 1993.
28) Ahel, M., J. McEvoy and W. Giger : Bioaccumulation of the lipophilic metabolites of nonionic surfactants in freshwater organisms, *Environmental Pollution*, **79**, pp. 243-248, 1993.
29) Lee, H. B. and T. E. Peart : Occurrence and elimination of nonylphenol ethoxylates and metabolites in municipal wastewater and effluents, *Water Qual. Res. J. Canada*, **33**, pp. 389-402, 1998.
30) Scarlett, M. J., J. A. Fisher, H. Zhang and M. Ronan, : Determination of dissolved nonylphenol ethoxylate surfactants in waste waters by gas stripping and isocratic high performance liquid chromatography, *Water Res.*, **28**, pp. 2109-2116, 1994.
31) Giger, W., M. Ahel, M. Koch, H. U. Lanbscher, C. Schaffner and J. Schneider : Behaviour of alkylphenol polyethoxylate surfactants and of nitrilotriacetate in sewage treatment, *Water Sci. Tech.*, **19**, pp. 449-460, 1987.
32) Soto, A. M., C. Sonnenschein, K. L. CHng, M. F. Fernandez, N. Olea, F. O. Serrano : The e-screen assay as a tool to identify estrogens, An update on estrogenic environmental pollutants, *Environmental Health Perspectives*, **103**, pp. 113-122, 1995.
33) Jobling, S., D. Sheahan, J. A. Osborne, P. Matthiessen, J. P. Sumpter : Inhibition of testicular growth in rainbow trout (*Oncorhynchus mykiss*) exposed to estrogenic alkylphenolic chemicals, *Environ. Toxicol. Chem.*, **15**, pp. 194-202, 1996.
34) Rebecca Renner : European bans on surfactant trigger transatlantic debate, *Environ. Sci. Technol.*, **31**, pp. 316a-320a, 1997.
35) Blackburn, M. A., M. J. Waldock : Concentrations of alkylphenols in rivers and estuaries in England and Wales, *Water Res.*, **29**, pp. 1623-1629, 1995.
36) Ahel, M., C. Schaffner, W. Giger : Behaviour of alkylphenol polyethoxylate surfactants in the aquatic environment-III. Occurrence and elimination of their persistent metabolites during infiltration of river water to groundwater, *Water Res.*, **30**, pp. 37-46, 1996.
37) Ahel, M., T. Conrad, W. Giger : Persistent organic chemicals in sewage effluents. 3. Determinations of nonylphenoxy carboxylic acids by high-resolution gas chromatography/mass spectrometry and high-performance liquid chromatography, *Environ. Sci. Technol.*, **21**, pp. 697-703, 1987.
38) Ahel, M., W. Giger : Determination of alkylphenols and alkylphenol mono- and diethoxylates

in environmental samples by high-performance liquid chromatography, *Anal. Chem.*, **57**, pp. 1577-1583, 1985.
39) Naylor, C. G., J. P. Mieure, W. J. Adams, J. A. Weeks, F. J. Castaldi, L. D. Ogle, R. R. Romano : Alkylphenol ethoxylates in environment, *J. Am. Oil Chem. Soc.*, **69**, pp. 695-703, 1992.
40) Isobe, T., H. Nishiyama, N. Nakada, H. Takada : Distribution of alkylphenols in aquatic environment in Tokyo, Japan. in *International Conference on Environmental Endocrine Disrupting Chemicals*. 1999.
41) 建設省：水環境における内分泌攪乱化学物質に関する実態調査結果(前期調査)，1998.
42) Di Corcia, A., R. Samperi, A. Marcomini : Monitoring aromatic surfactants and their biodegradation intermediates in raw and treated sewages by solid-phase extraction and liquid chromatography, *Environ. Sci. Technol.*, **28**, pp. 850-858, 1994.
43) Brunner, P. H., S. Capri, A. Marcomini, W. Giger : Occurence and behaviour of linear alkylbenzenesulfonates, nonylphenol, nonylphenol mono- and nonylphenol diethoxylates in sewage sludge treatment., *Water Res.*, **22**, pp. 1465-1472, 1988.
44) Naylor, C. G. : Environmental fate and safety of nonylphenol ethoxylates, *Textile Chemist Colorist*, **27**, pp. 29-33, 1995.
45) Ahel, M., W. Giger, C. Schaffner : Behaviour of alkylphenol polyethoxyrate surfactants in the aquatic environment I , Occurrance and transformation in sewage treatment, *Water Res.*, **28**, pp. 1131-1142, 1994.
46) Lee, H. B., T. E. Peart : Determination of 4-nonylphenol in effluent and sludge from aewage -treatment plants, *Anal. Chem.*, **67**, pp. 1976-1980, 1995.
47) Stephanou, E., W. Giger : Persistent organic chemicals in sewage effluents: 2. Quantitative determination of nonylphenols and nonylphenol ethoxylates by glass chapillary gas chromatography, *Environ. Sci. Technol.*, **16**, pp. 800-805, 1982.
48) Kubeck, E., C. G. Naylor : Trace analysis of alkylphenol ethoxylates, *JAOCS*, **67**, pp. 400-405, 1990.
49) Lye, C. M., C. L. J. Frid, M. E. Gill, D. W. Cooper, D. M. Jones : Estrogenic alkylphenols in fish tissues, sediments, and waters from the U. K. Tyne and Tees estuaries, *Environ. Sci. Technol.*, **33**, pp. 1009-1014, 1999.
50) 磯部友彦，佐藤正章，小倉紀雄，高田秀重：GC-MSを用いたノニルフェノールの分析と東京周辺の水環境中における分布，水環境学会誌，**22**，pp. 118-126, 1999.
51) 高田秀重，佐藤正章，中島英明：都市水域におけるアルキルフェノール類の挙動，第30回水環境学会年会講演集，博多，1996.
52) Marcomini, A., W. Giger : Simultaneous determination of linear alkylbenzenesulfonates, alkylphenol polyethoxylates, and nonylphenols by high-performance liquid chromatography, *Anal. Chem.*, **59**, pp. 1709-1715, 1987.
53) Bennet, E. R., C. D. Metcalfe : Distribution of alkylphenol compounds in great lakes sediments, United States and Canada, *Environ. Toxicol. Chem.*, **17**, pp. 1230-1235, 1998.
54) Chalaux, N., J. M. Bayona, J. Albaiges : Determination of nonylphenols as pentafluorobenzyl derivatives by capillary gas-chromatography with electron-capture and mass-spectrometric detection in environmental matrices, *J. of Chromatography A.*, **686**, pp. 275-281, 1994.
55) Valls, M., J. M. Bayona, J. Albaiges : Broad spectrum analysis of ionic and non-ionic organic contaminants in urban wastewaters and coastal receiving aquatic systems, *Intern. J. Environ. Anal. Chem.*, **39**, pp. 329-348, 1990.
56) Marcomini, A., B. Pavoni, A. Sfriso, A. A. Orio : Persistent metabolites of alkylphenol polyethoxylates in the marine environment, *Mar. Chem.*, **29**, pp. 307-323, 1990.
57) Ahel, M., W. Giger : Partitioning of alkylphenols and alkylphenol polyethoxylates between

文　献

water and organic solvents, *Chemosphere*, **26**, pp. 1471-1478, 1993.
58) Schaffner, C., R. Reiser, A. Albrecht, M. Sturm, A. F. Lotter, W. Giger : Nonylphenol and nonylphenolmonoethoxylate in dated recent lake sediments : Hhistoric record of risk reduction measures, *International Conference on Environmental Endocrine Disrupting Chemicals.*, 1999.
59) Ekelund, R., A. Bergman, A. Granmo, M. Berggren : Bioaccumulation of 4-nonylphenol in marine animals-A Re-evaluation, *Environ. Pollut.*, **64**, pp. 107-120, 1990.
60) Wahlberg, C., L. Renberg, U. Wideqvist : Determination of nonylphenol and nonylphenol ethoxylates as their pentafluorobenzoates in water, Sewage-sludge and biota, *Chemosphere*, **20**, pp. 179-195, 1990.
61) Muller, S., P. Schmid, C. Schlatter : Distribution and pharmacokinetics of alkylphenolic compounds in primary mouse hepatocyte cultures, *Environmental Toxicology and Pharmacology*, **6**, pp. 45-48, 1998.
62) Muller, S., P. Schmid, C. Schlatter : Evaluation of the estrogenic potency of nonylphenol in non-occupationally exposed humans, *Environmental Toxicology and Pharmacology*, **6**, pp. 27-33, 1998.
63) Muller, S., P. Schmid, C. Schlatter : Pharmacokinetic behavior of 4-nonylphenol in humans, *Environmental Toxicology and Pharmacology*, **5**, pp. 257-265, 1998.
64) 高田秀重, 磯部友彦, 中田典秀, 熊田英峯, 間藤ゆき枝, 西山肇：プラスチック製食器からのノニルフェノールの溶出, 環境科学会年会講演要旨集, ホリデイ・イン　クラウンプラザ豊橋, 1999.
65) Ball, H. A., M. Reinhard, P. L. McCarty : Biotransformation of halogenated and nonhalogenated octylphenol polyethoxylate residues under aerobic and anaerobic conditions, *Environ. Sci. Technol.*, **23**, pp. 951-961, 1989.
66) Field, J. A., R. L. Reed : Nonylphenol polyethoxy carboxylate metabolites of nonionic surfactants in U. S. paper mill effluent, municipal sewage treatment plant effluents, and river waters, *Environ. Sci. Technol.*, **30**, 12, pp. 3544-3550, 1996.
67) Shöberl, P., E. Kunkel, K. Espeter : Vergleichende untersuchungen uber den mikrobiellen metabolismus eines nonylphenol- und eins oxoalkohol-ethoxylates, *Tenside Detergents*, **18**, 2, pp. 64-72, 1981.
68) Reinhard, M., N. Goodman, K. E. Mortelmans : Occurrence of brominated alkylphnol polyethoxy carboxylates in mutagenic wastewater concentrates, *Environ. Sci. Technol.*, **16**, 6, pp. 351-362, 1982.
69) Ahel, M., W. Giger, C. Schaffner : Behaviour of alkylphenol polyethoxyrate surfactants in the aquatic environment—II, Occurrance and transformation in sewage treatment, *Water Res.*, vol. **28**, 5, pp. 1131-1142, 1994.
70) Lee, H. B., T. E. Peart : Occurrence alkylphenoxyacetic acids in Canadian sewage treatment plant effluents, *Water Quality Res. J. Canada*, vol. **33**, 1, pp. 19-29, 1998.
71) Routledge, E. J., J. P. Sumpter : Estrogenic activity of surfactants and some of their degradation products asessed using a recombinant yeast screen, *Environmetal Technology and Chemistry*, **15**, 3, pp. 241-248, 1996.
72) Lee, H. B., T. E. Peart, D. T. Bennie, R. J. Maguire : Determination of nonylphenol polyethoxylates and their carboxylic acid metabolites in sewage treatment plant sudge by supercritical carbon dioxide extraction, *J. Chromatogr. A*, **785**, pp. 385-394, 1997.
73) Sheldon, L. S., R. A. Hites : Organic compounds in the delaware River, *Environ. Sci. Technol.*, **12**, 10, pp. 1188-1194, 1978.
74) Ding, W. H., Y. Fujita, R. Aeschimann, M. Reinhard : Identification of organic residues in tertiary effluents by GC/EI-MS, GC/CI-MS and GC/TSQ-MS, *Fresenius J. Anal. Chem.*, **354**, pp. 48-55, 1996.
75) Di Corcia, A., A. Costantino, C. Crescenzi, E. Marinoni, R. Samperi : Characterization of

recalcitrant intermediates from biotransformation of the branched alkyl side chain of nonylphenol ethoxylate surfactants, *Environ. Sci. Technol.*, **32**, 16, pp. 2401-2409, 1998.
76) 二宮勝幸, 水尾寛己, 樋口文夫：魚の死亡事故の原因究明に関する研究報告書, 横浜市公害研究所公害研資料, No. 91, pp. 96-100, 1991.
77) 五井邦宏：「水環境と洗剤研究委員会」96年度第1回学習会資料, 1996.
78) 田中輝子：「名栗川」の非イオン系界面活性剤汚染問題に関わって, 合成洗剤研究会誌, No. 20, pp. 29-30, 1996.
79) 小澤敬：「水環境と洗剤研究委員会」96年度第1回学習会資料, 1996.
80) 小澤敬：大泡て！合成洗剤による水質事故, (社)神奈川県環境保全協議会報, 第76号, pp. 50-52, 1997.

第3章 非イオン界面活性剤の動態と水道への影響

 非イオン(ノニオン)界面活性剤の環境中での動態については,特に国内では,濃度分布に関する情報を含め十分な情報が蓄積されていない.その大きな理由は,10年ほど前までは直鎖アルキルベンゼンスルホン酸塩(以下LAS)をはじめとする陰イオン(アニオン)界面活性剤に比べその生産量が少なく,環境汚染物質としての認識が必ずしも十分になされてこなかったことにある.しかし,近年では生産量が陰イオン系に匹敵するようになり,また,アルキルフェノールエトキシレート(以下APE)の生分解物による内分泌撹乱作用が問題とされていることから,非イオン界面活性剤の環境動態を把握することの重要性は明らかである.本章では,このような背景から,非イオン界面活性剤の環境中での動態を考えるうえで重要な,生分解性,吸着特性,下水処理場での挙動などについて基礎的情報を述べる.また,動態は水道水として水を利用する観点からも重要であり,水道水の利水障害について述べる.

3.1 生分解性

3.1.1 生分解とは

 環境中に放出された化学物質はその用途や物性に応じて大気,水域,土壌のいずれかに分布する.これらの物質の環境中での動態を検討することは,生態影響や環境を経由しての人に対する安全性を評価するうえで重要な要素である.

環境中に放出された物質は分布先で物理的,化学的,あるいは生物的作用を受ける.物理的作用は吸着,沈殿などで,化学的作用は光や熱あるいは加水分解に代表され,生物的作用は微生物の働きが中心となる.化学物質の環境中での挙動を考察するうえでは,これらの作用のすべてについて注目することが必要となるが,水中に放出された物質については,加水分解などとともに微生物の作用が重要な役目を果たすと考えられている.なかでも微生物(酵素)の作用はその物質が環境中で物質循環系に取り込まれる際にきわめて大きな役割を果たしている.この微生物による化学物質の変換(分解)を生分解とよぶ(図-3.1).

すなわち,微生物自身が産生する酵素の働きによって有機物を低級脂肪酸などに変換して自らの生物体を構成する成分の一部として取り込んだり,炭酸ガス(CO_2)や水(H_2O)などの無機物に分解してエネルギーを得たりする現象を生分解と称し,この際,菌体成分として分解された物質を取り込む現象を"資化"という.

化学物質が環境中に放出された場合でも分解されて消滅したり無害化されること(環境受容性)が確認されれば,最終的には生態系や人の健康に対して何らかの悪影響を及ぼすことはないと考えられる.したがって,『化学物質の審査および製造等の規制に関する法律(化審法)』においても最初の評価項目として分解性試験が設定されている.

「生分解」は大別して2つに分けられる.ひとつは"一次的分解"とよばれ,その物質のもつ特性を失う程度の分解,もうひとつは炭酸ガスや水などの無機物に分解する"究極的分解"である.分子の一部分が変化を受けて一次分解されることによって,その物質の生態影響などが急激に低下することが多く,ノニルフェノール(以下 NP)系界面活性剤を例外としてほかの非イオン界面活性剤では一次分解によって生態影響の低下がみられる.

微生物には,酸素存在下で活動する好気性菌と酸素が欠乏した条件下に生息する嫌気性菌があり,前者は水中の溶存酸素を利用して

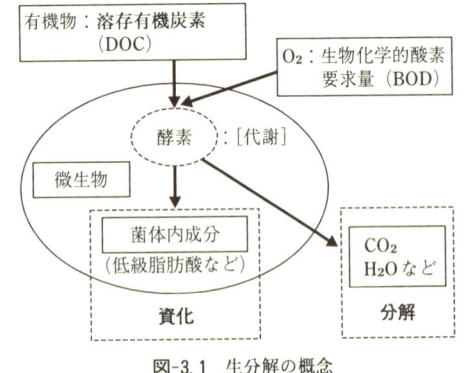

図-3.1 生分解の概念

3.1 生分解性

有機物を酸化的に変換（分解）し，後者は酸化および還元して変換する（炭酸ガスおよびメタンへの分解など）．嫌気性菌による炭酸ガスなどへの酸化では，水中に存在する硝酸イオンや硫酸イオンなどが分子中に有している酸素が利用される．その際，硝酸イオン中の窒素や硫酸イオン中の硫黄分は窒素ガスや硫化水素に還元される．通常の環境のほとんどは好気性であるため，有機物の生分解を論じる場合，好気条件での現象が対象となっている．本章においても，好気条件での生分解について述べる．

3.1.2 生分解性評価の意義

界面活性剤の多くは，使用された後に水環境中に放出される．排水中に放出された汚濁物質は界面活性剤に限らず，下水処理を受けることが望ましい．特殊な例は別として，日本における下水処理は活性汚泥による生物処理が主体である．

したがって，下水処理を受けた場合の当該物質の被処理特性を検討するには生分解性を確認することは不可欠である．試験の結果，易分解性と評価された物質は下水処理により分解され除去されると理解されている．被処理特性を考察するうえでは，検体あるいは分解生成物の活性汚泥に対する吸着性なども重要な因子である．すなわち，これらは吸着除去や沈殿除去の可能性の指標となる．

しかし，残念ながら日本の下水道普及率は 55% 程度であり，下水処理を経ないで表流水中に放出される排水も少なからず存在する．このようなケースで水中の有機物の動態に影響を及ぼす要因としては加水分解や紫外線の作用も考えられるが，多くの物質にあっては最も重要なのは微生物の作用と考えられている．上流の清水域では河川水中の微生物の種類や量はむしろ少ないために，生物学的作用は必ずしも大きくはないが，排水が流入する水域では多様な微生物が生息しており有機物の消長に多大な影響を及ぼしている．

このように活性汚泥法による下水処理や河川などでの有機物の動態を評価し，考察するのに最も有用なのが生分解試験である．

3.1.3 生分解試験方法

（1） 分解試験（検体の微生物への曝露）

界面活性剤に限らず，有機物の生分解試験方法は，有機物と微生物を接触させ

る「曝露過程」と，分解の程度を測定するための「分析方法」の部分からなる．この，有機物が生分解を受ける際の曝露条件の違いによって試験方法が分類されている．

　被験物質である有機物が，生分解されるかどうかを試験する方法は「生分解ポテンシャル試験」，ある環境中での分解の可能性やその程度を検討するための試験方法を「シミュレーション試験」とよぶ．ポテンシャル試験は，さらに「易分解性試験」と「本質的分解性試験」に分けて認識されている．易分解性試験は比較的高濃度の検体に低濃度の微生物を無機塩を含む培養液中で接触させて試験する．したがって，この試験は微生物にとって必ずしも十分な条件ではないので，分解が確認されれば，その物質は通常の環境中で容易に分解されるものと考えられる．分解されない場合でも，必ずしも自然環境中での分解の可能性を否定するものではないと解釈されている．

　そこで，当該物質が本来的に生分解され得るか否かを検討する方法として，「本質的分解性試験」が位置づけられている．本質的分解性試験では易分解性試験に比較して，検体濃度の低下，微生物濃度の向上，微生物の馴化（微生物を被検物質に馴らすこと）などを行って，微生物にとって条件を良くして試験する．これらの条件で分解されない場合は難分解性と考えられる．

　シミュレーション試験は，化学物質などによって汚染される可能性があると考えられる環境で実際に分解されるかどうかを検討するために用いられる．例えば，下水処理場や河川，湖沼など現場の状況を考慮し，微生物源もそれらの環境から採取するなど流入先の条件を模した試験系を設定して検討する．

　多くの物質の生分解性を比較検討するためには共通の方法で試験する必要があり，世界的に多用されているのが経済協力開発機構（以下 OECD）で採択した方法であり，易分解性，本質的分解性，シミュレーション試験のそれぞれに相当する方法が取り入れられている[1]．概要を表-3.1に示す．

　これらの易分解性試験や本質的分解性試験は，それぞれの物質がどの程度まで究極的に分解されるかを評価することを目的として設計されている．したがって，シミュレーション試験であるカップルユニット試験のケースを除いて環境中での分解速度を再現するものではない．特定の環境での分解速度を推定するためには当該環境についてのシミュレーション試験における，定常的条件下での検討などが必要となる．実際の環境中での生分解速度を知ることは困難であるが，多くの

3.1 生分解性

表-3.1 OECD 生分解度試験方法概要

試験方法	試験概要 試験濃度	測定指標	分解性判断基準
易分解性試験			
301 A DOC ダイアウェイ試験	振とう培養法 10〜40 mg/L(DOC)	溶存有機炭素(DOC)	DOC 除去率≧70%
301 B CO_2 生成試験	通気撹拌培養 10〜20 mg/L(DOC)	炭酸ガス発生量 (CO_2)	CO_2 生成率≧60%
301 C MITI(Ⅰ)試験	閉鎖式酸素消費量測定 100 mg/L	生物化学的酸素要求量 (BOD)	BOD 除去率≧60%
301 D クローズドボトルテスト	密閉式静置培養 2〜10 mg/L	BOD	BOD 除去率≧60%
301 E 修正スクリーニングテスト	振とう培養法 10〜40 mg/L(DOC)	DOC 減少率	DOC 除去率≧70%
301 F 呼吸測定試験	閉鎖式酸素消費量測定 100 mg/L	BOD	BOD 除去率≧60%
本質的分解性試験			
302 A SCAS 試験	半連続式活性汚泥試験 20 mg/L(DOC) (毎日添加/引抜き)	DOC 減少率	DOC 除去率≧70%
302 B Zahn-Wellens/ EMPA テスト	活性汚泥試験(バッチ式) 50 mg/L(DOC)	DOC 減少率	DOC 除去率≧70%
302 C MITI(Ⅱ)試験	閉鎖式酸素消費量測定 30 mg/L	BOD	BOD 除去率≧60%
304 A 土壌中分解試験	土壌静置培養試験 (放射活性検体を使用)	$^{14}CO_2$	当該試験の設計によって判定
シミュレーション試験			
303 A カップルユニット試験	連続式活性汚泥試験 (下水処理場モデル) 20 mg/L(DOC)	DOC 減少率	物質収支,分解度で判定

測定指標の概要と特徴については表-3.2参照.

試験がなされている陰イオン界面活性剤の LAS での検討結果では,一次分解の半減期が河川水中で 0.5〜3 時間程度と報告されており,実験室試験結果よりむしろ分解が速いとも考えられている[2]. これは濃度や微生物相などの条件の違いによるものと解釈される. アルコールエトキシレート(以下 AE)もほぼ同等と推定される.

各生分解試験により,分解性であると判定された物質は活性汚泥法などの生物処理による下水処理によって分解除去され,また,環境中においても分解されて

長期間残留することはないと解釈されている.

(2) 分解度の測定

分解度の確認は,分解に伴って発生する現象および物質(図-3.1参照)を表-3.2に示す指標を測定することによって行う.表-3.1のようにOECDで採択されている生分解試験においては,究極的分解度を求めるための指標を測定することが規定されているように,多くの場合,生分解度は究極分解度で議論されている.一次分解に伴ってその物質の特性が大きく変わるため,水生生物への影響なども劇的に変化する例がみられる.したがって,直接分析による一次分解の測定によっても環境安全性を評価するうえでは有用な情報を得ることができる.

易分解性試験や本質的分解性試験では,分解の程度を求めることが主たる目的であり,測定する指標はひとつの項目で評価することができる.しかし,分解に

表-3.2 生分解度の測定指標と特徴の概要

指 標	特 徴
被検物質(検体)濃度 (直接分析)	・高速液体クロマトグラフ法(HPLC),ガスクロマトグラフ法(GC),比色分析などによって分解されていないもとのままの検体を定量する. ・分解度は初濃度に対する減少率として算出. ・一次的分解が測定される.
DOC	・もとのまま,あるいは分解生成物として残っている検体を有機物として定量する. ・分解度は,初濃度に対する減少率として算出. ・究極的分解度が測定される.
BOD	・微生物が,検体を分解または酸化する際に消費した酸素の量を測定する. ・菌体内に資化され,低級脂肪酸などに転換された成分は実質的には分解されているが BOD としては測定されない(分解したとは計測されない).したがって,一般に低めの分解度を示す. ・分解度は完全分解時の理論酸素消費量(ThOD)に対する観測されたBODの割合として算出. ・究極分解が測定される.
最終的分解生成物 ・炭酸ガス発生量 ・無機イオン(SO_4 など)	・検体が分解されて最終的に生成する炭酸ガスや安定な無機イオン(硫酸イオンなど)を適切な手法で定量する. ・分解度は完全分解時の理論的生成量に対する検出された割合として算出. ・究極的分解度が測定される.
放射性同位元素	・^{14}C など放射性同位元素で標識した検体を合成して,分解生成物($^{14}CO_2$ など)を測定する.環境で想定されるような低濃度での挙動を高感度で試験できる. ・分解生成物に応じた分解挙動を追跡,測定する.

伴う検体の分子構造の変化や，消失に至る過程を解析する場合には複数の指標で追跡することが有用である．すなわち，直接分析による一次的分解度と究極分解の指標を同時に測定して両者の分解度の差が小さい場合は分解中間生成物が生じている可能性が小さいことを示唆し，生物化学的酸素要求量(以下BOD)や炭酸ガス発生量による分解度に対して溶存有機炭素(以下DOC)から算出される分解度が大きい場合は，資化による代謝成分の菌体内への取込みが進んでいることなどが考えられる．さらに，このような一般的な指標に加えて，試験した検体に特有な無機イオンの生成，例えば，スルホン酸塩系の界面活性剤にあっては，硫酸イオンの生成を測定してほかの指標とともに総合的に解析するなら，生分解の経過や機序を詳細に考察することができる．

さらに，検体の分解経路(化学構造の変化)を確認する場合は，分解が進行している途中で試験液中から分解中間生成物を回収して，赤外線吸収(以下IR)スペクトルや核磁気共鳴(以下NMR)スペクトルなどを測定して，その化学構造を解析する方法が有効である．

3.1.4 非イオン界面活性剤の生分解性

代表的な界面活性剤の生分解性については多くの研究結果が報告されており，SwisherやTalmageの成書などにまとめられているので詳細な測定データを調査する場合はそれらが参考になる[3,4,5]．

多様な非イオン界面活性剤のなかで家庭用の洗浄剤に配合されて環境中に放出される可能性のあるのはAEが最も多く，次いで脂肪酸アルカノールアミドとアルキルグルコシドなどであり，いずれも易分解性の物質である．これらは長鎖の脂肪族アルコール，あるいは脂肪酸が疎水基(親油基)として，水酸基を有するポリオキシエチレン(以下POE)や短鎖アルコール，あるいは糖が親水基として機能している．

また，原油や重油の流出事故の際に，分散剤として用いられる油濁処理剤に配合されている界面活性剤の主体は長鎖脂肪酸とPOEとのエステルであり，良好な生分解性を示す．

実際の環境中でのこれらの界面活性剤の生分解挙動を正確に把握することは，分解中間生成物の確認や追跡などの点で困難もあるが，モデル的な試験の結果か

ら推定することができる.主として,家庭排水に含まれて界面活性剤がまず流入するのは下水処理場であり,下水処理によって90数％が分解と吸着によって除去される.河川水中などでの半減期は陰イオン界面活性剤のLASで1,2日,底質で10～20日程度との報告があり[6],相対的生分解性の比較から考察するならAEも同程度と考えられる.生分解速度は,系の微生物相や温度に影響を受け清水域より汚濁水域の方が速く,低水温期は遅くなる.

ノニルフェノールエトキシレート(以下NPE)は,洗濯用洗剤,台所用洗剤,住居用洗剤,シャンプー類など家庭用の洗剤には使用されていないが,工業用途や農薬の展着剤(消毒液の表面張力を低下させて農薬を植物の表面に付着しやすくするために使用)の一部などに用いられている.NPEは疎水基であるアルキル基が多様な構造の異性体の混合物であり,4級炭素構造の部分が究極的には生分解されず,難分解物を生成することが指摘されている.

3.1.5 生分解性と化学構造

生分解性の違いは,主としてその物質の化学構造に起因する.上記の易分解性界面活性剤類は,直鎖のアルキル基を疎水基としており,NPEは分岐したアルキル基を有している.非イオン界面活性剤の生分解経路は図-3.2に示すように一般に理解されている[7,8,9].アルキル基は末端が酸化(ω-酸化とよばれている)された後,炭素が2個ずつはずれるβ-酸化とよばれる機構で短鎖化される.

β-酸化とはすでにカルボニル化されている炭素に対して,1つ離れた2つ目の炭素(この炭素をカルボニル化炭素に対してβ位の炭素と称する)が酸化されて切断される反応であることからこのようによばれる.アルキル基の分解のメカニズムはこのβ-酸化が最も主要な反応と考えられているが,ほかにカルボニル炭素の隣の炭素が酸化されることによって短鎖化される反応も提示されている.この反応は隣(α位)の炭素が酸化されることからα-酸化と称される.これらのアルキル基の短鎖化反応は,脱水素反応を伴うことから,水素をもたない4級炭素ではその部分で反応が停止する.したがって,アルキル基の分岐度が大きくなるに従って,生分解は遅くなる傾向を示し,3級炭素の構造は分解されるが4級炭素を有するアルキル基は生分解されないこととなる.

AEの生分解経路に関する研究を総括すると,2つの経路が報告されている.

3.1 生分解性

②
↓
① ⇒ $CH_3CH_2\cdots\cdots CH_2-O-CH_2CH_2-(O-CH_2CH_2)n-OH$ 1)

アルキル基末端の酸化 ①　　　　　　　　中央エーテル開裂 ②

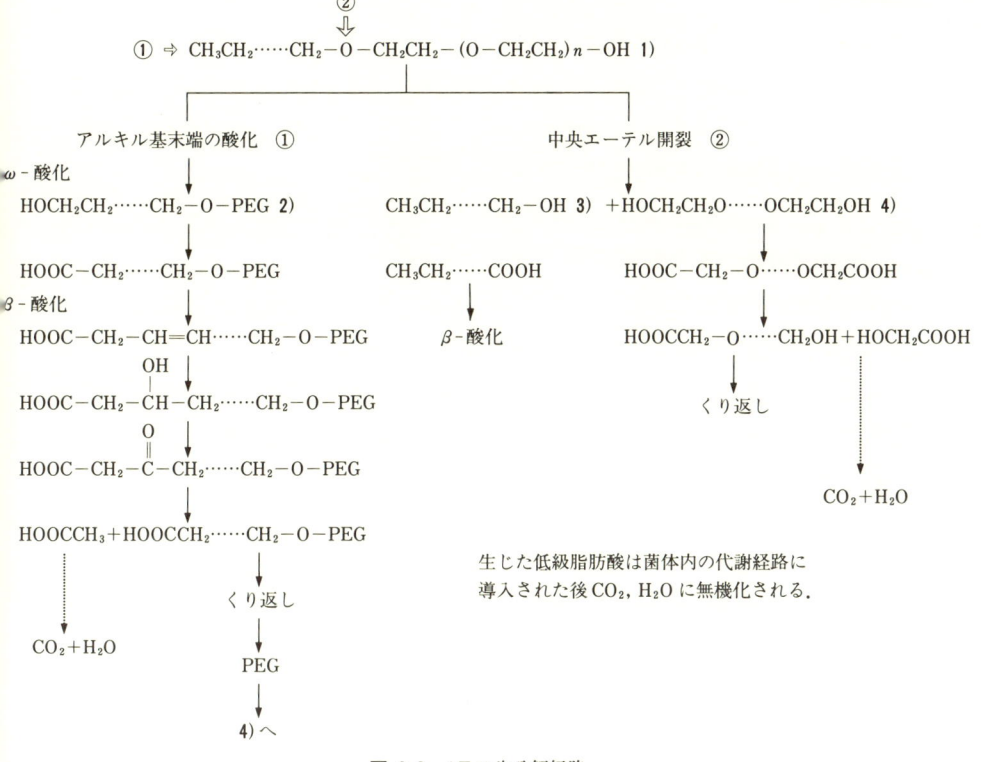

ω-酸化
$HOCH_2CH_2\cdots\cdots CH_2-O-PEG$ 2)　　　$CH_3CH_2\cdots\cdots CH_2-OH$ 3) $+HOCH_2CH_2O\cdots\cdots OCH_2CH_2OH$ 4)

$HOOC-CH_2\cdots\cdots CH_2-O-PEG$　　　$CH_3CH_2\cdots\cdots COOH$　　　$HOOC-CH_2-O\cdots\cdots OCH_2COOH$

β-酸化
$HOOC-CH_2-CH=CH\cdots\cdots CH_2-O-PEG$　　β-酸化　　$HOOCCH_2-O\cdots\cdots CH_2OH+HOCH_2COOH$

OH
|
$HOOC-CH_2-CH-CH_2\cdots\cdots CH_2-O-PEG$　　　　　　くり返し

O
||
$HOOC-CH_2-C-CH_2\cdots\cdots CH_2-O-PEG$

$HOOCCH_3+HOOCCH_2\cdots\cdots CH_2-O-PEG$　　　　　　CO_2+H_2O

CO_2+H_2O　　　くり返し

PEG

4) へ

生じた低級脂肪酸は菌体内の代謝経路に
導入された後 CO_2, H_2O に無機化される．

図-3.2　AE の生分解経路

① エーテル結合はそのままで，アルキル基の末端の酸化(ω-酸化)によって開始してアルキル基の消失が EO 鎖の短鎖化の発生に先行する．

② アルキル基とエチレンオキシド(以下 EO)鎖との接続部分のエーテル結合の開裂によって開始して，生じた長鎖アルコールの水酸基の酸化から β-酸化に続く経路とポリエチレングリコール(以下 PEG)の短鎖化が発生する．

この 2 種類の反応は，微生物が多様である下水処理場の活性汚泥のような場では同時に進行している可能性も想定され，いずれが主たる経路となるかは微生物相の違いに依存すると考えられている．

NPE(n)の生分解は，EO 鎖の短鎖化によって開始し，一時的に生成する短鎖体〔NPE(1), NPE(2)〕やその酸化体〔NPEC(1), NPEC(2)〕を経て，最終的にはベンゼン環まで分解されることが報告されている．多くの異性体の混合物である NPE のアルキル基も，直鎖成分については生分解されるものと考えられる[10]．

NPE の一次的生分解速度は AE と大差はないが，究極分解の挙動はすでに述べたような理由で異なり，OECD の易分解性試験法の 28 日間の試験において，NPE(10)などでは 50% 前後の値を示すことが多い．EO 鎖は，基本的に分解されるので EO 鎖長の大きい方が高い究極分解度を示す．最近の研究によれば，NPE のような分岐炭素構造を有する物質も，事前に化学触媒と過酸化水素を用いて酸化処理すると，生分解性となることが報告されている．これは，酵素による生物的反応に対して，抵抗性の強い 4 級構造が，化学的な酸化作用によって崩壊して低分子化されたことなどに起因するものと解釈される．このような知見は紫外線による前処理などと同様に特定の工場排水など閉鎖系で使用される難生分解性化合物を含むの廃水の処理に応用できる可能性をもっている[11]．

　非イオン界面活性剤を形成している成分の相対的分解速度を比較すると，直鎖のアルキル基が最も速やかであり，EO 鎖はややゆっくり進行し鎖長の増加に伴って遅くなる傾向がみられる[12]．プロピレンオキシド(以下 PO)鎖も同様に，鎖長の増加に従って分解が遅延し，EO 鎖より高分子化の影響は強く現れる．一般に，有機物の生分解性に対する影響因子のひとつとして，分子量もあげられており，当該物質の生体膜透過性や酵素の活性部位への適合性などが影響している可能性が考えられる．アルキル基の長さは，通常界面活性剤に使用される範囲では分解開始のタイミングに影響するとの知見もあるが大きな差はみられない．

3.2　懸濁物質や底質への吸着

3.2.1　吸着等温式

　水環境中における懸濁物質や堆積物への非イオン界面活性剤の吸着現象は，固-液界面における吸着機構に支配されている．この現象を説明する関係式が吸着等温式であり，吸着等温式は，一定温度条件下で単位重量の吸着媒によって吸着された物質の量と，物質を溶質とする溶液の平衡濃度との間の関係を示す[13]．

　環境分野での吸着現象の説明に吸着等温式として最も用いられる Freundlich の式は，実験的に求められた吸着等温線を説明するための経験式である．

$$Q = kC^{1/n} \tag{3.1}$$

直線関係に書き直すと,
$$\log Q = \log k + (1/n)\log C \tag{3.2}$$
である. ただし, Q：吸着媒単位重量当たりの吸着量, C：溶液の平衡濃度, k, n：定数(k は吸着容量を, $1/n$ は吸着等温曲線の曲がり度を, それぞれ表す).

この式は希薄溶液に対してはよくあてはまるが, C が大になると Q が無限に大きくなり実際的でない. これに対して, 吸着モデルを基に飽和吸着量の考え方を導入したのが Langmuir の式である.
$$Q = Q_m\{bC/(1+bC)\} \tag{3.3}$$
直線関係に書き直すと,
$$C/Q = 1/bQ_m + C/Q_m \tag{3.4}$$
または, $1/Q = 1/Q_m + (1/bQ_m)(1/C)$ (3.5)
である. ただし, Q_m：吸着媒単位重量当たりの飽和吸着量(すなわち, 単分子層形成量), b：定数(Q および C は前述).

Langmuir の式は単分子層吸着モデルに基づいて理論的に導かれたが, 多分子層吸着モデルに基づいて導かれたのが Brunauer Emmett Teller(以下 BET)の式である.
$$Q = Q_m BC/(C_s - C)\{1+(B-1)(C/C_s)\} \tag{3.6}$$
直線関係に書き直すと,
$$C/(C_s - C)Q = 1/BQ_m + \{(B-1)/BQ_m\}(C/C_s) \tag{3.7}$$
である. ただし, C_s：溶液の飽和濃度, B：定数(Q, Q_m および C は前述).

非イオン界面活性剤の懸濁物質や堆積物への吸着は, これらの吸着等温式を用いて解析されている.

3.2.2 吸着等温式による解析

Urano らは, 陰イオン系の LAS をはじめ 5 種類の界面活性剤について, 臨界ミセル濃度(以下 cmc)以下の濃度における微生物[14]および河川堆積物[15]への吸着を検討し, 非イオン系の AE および APE についても検討した. 用いられた AE は $C_6AE(6)$(2章 p.36 脚注参照)を, APE は $C_9APE(10)$を, それぞれアルキル鎖および EO 鎖の平均ユニット数として有し, どちらの吸着媒の場合でも, 結果は Freundlich の吸着等温式で表現できた. 微生物での吸着等温線について, 3 種類

の微生物での結果をあわせ図-3.3に示す．微生物の種類による違いはみられなかった．AEおよびAPEのkは，それぞれ22および11であり，nはどちらも1.4（$1/n$で示すと0.71）であった（単位はQ；mg/g乾燥重量，C；mg/L）．吸着定数の比較から，非イオン系は陰イオン系よりもはるかに吸着しやすく，吸着しやすさは，AE＞APE＞LAS＞アルコールエトキシサルフェート（以下AES）＞α-オレフィンスルホン酸塩（以下AOS）の順であるとしている．

河川堆積物については神奈川県内の4河川の試料が検討され，いずれの堆積物でもFreundlichの吸着等温式に適合した．さらに，比表面積，陽イオン交換能など堆積物の特性と吸着能との関係が検討され，吸着等温式(3.1)のQの代わりに堆積物の有機炭素（以下OC）含量当たりの吸着量（Q_{oc}）を用いても，吸着等温式が成り立ち，堆積物のOC含量とkとが比例関係にあること（図-3.4）が見いだされた．これから，$k=k_{oc}X$〔X：堆積物中のOC含量（gC/g堆積物）〕としてk_{oc}が導かれた．これは，非イオンおよび陰イオン活性剤の吸着に堆積物中の有機物質が関与することを示している．AEおよびAPEのk_{oc}として，それぞれ12および6.1が得られ，5種類の活性剤のk_{oc}についても，微生物への吸着の場合と同様の順序であることが示されている．また，堆積

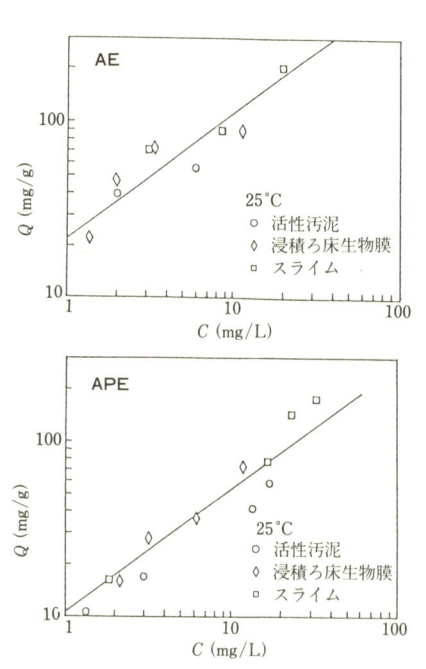

図-3.3 AEおよびAPEの微生物への吸着等温線（文献14）より改図）

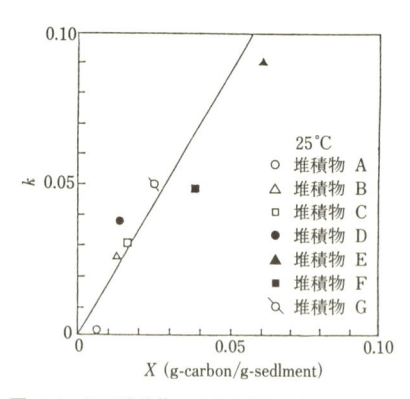

図-3.4 河川堆積物のOC含量（X）とFreundlich式の吸着定数kとの関係（LASの場合）（文献15）より改図）

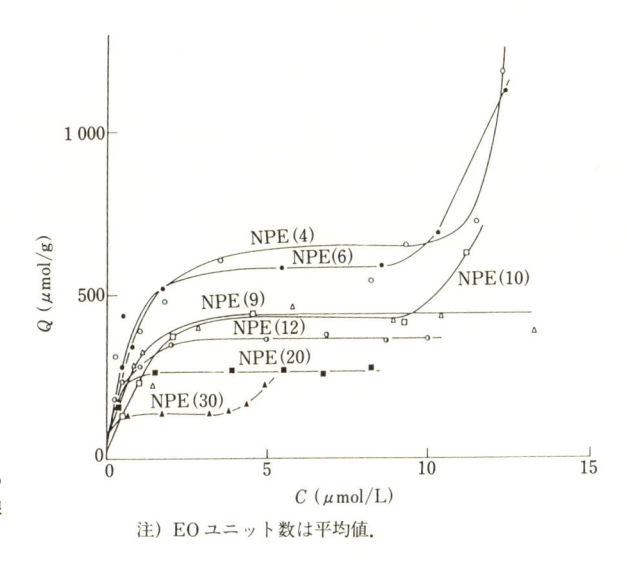

図-3.5
異なる EO ユニット数をもつ
NPE の活性炭への吸着等温線
（文献 16）より改図）

注）EO ユニット数は平均値.

成分の吸着への寄与が検討され，陰イオン系，非イオン系ともに，吸着に関与する主な有機成分は堆積物中の微生物層であることが指摘された．

Narkis and Ben-David[16] は，排水中の非イオン活性剤を吸着によって除去する研究のなかで，異なる EO ユニット数をもつ NPE の活性炭への吸着現象（図-3.5）をいくつかの吸着等温式モデルで検討した．そして，図-3.5 で示される飽和曲線に対しては Langmuir の式を，S 字型曲線に対しては BET 式を，それぞれあてはめ，得られた式(3.3)および式(3.6)の Q_m（単分子層飽和吸着量）と EO 平均ユニット数との関係を考察した．表-3.3 に示されるように，Q_m は，親水性部位である EO 平均ユニット数が増加するに従い減少している．これは，粉状活性炭への吸着のしやすさが NPE 分子全体の疎水性の減少により弱まることを示しており，非イオン活性剤の活性炭への吸着が，疎水結合によってなされている

表-3.3 EO ユニット数が異なる $C_{13}AE$ の堆積物への吸着における吸着定数

同族体	吸着媒	Freundlich 式の吸着定数	
		k	n
$C_{13}AEO(3)$	堆積物 12	73	0.92
$C_{13}AEO(6)$	堆積物 12	11	0.77
$C_{13}AEO(9)$	堆積物 12	1.9	0.61

ことを示唆している．また，EO平均ユニット数が小さくcmcが低いNPE(4)やNPE(6)では，高濃度側で，BET式から予測される以上に吸着する現象がみられたことから，この場合には，単分子による多層吸着よりもミセルによる吸着が生じていることが推察された．吸着媒による除去効果の違いに関しては，粉状と粒状活性炭とでは，比表面積が大きい粉状の方が Q_m が大で吸着能が大きいことが示された．

一方，Liuら[17]がAPE〔C_8APE(12)，C_9APE(10.5)，C_8APE(9.5)〕やAE〔C_{12}AE(4)〕を用いて行った土壌への吸着についての検討では，cmcよりも低濃度ではFreundlichの吸着等温式に適合し，cmc以上ではQがプラトーに達することが示された（図-3.6）．Qの最大値はLangmuir式のQ_mに相当すると考えられる．APEのなかでアルキル鎖長が同じC_8APE(12)とC_8APE(9.5)のkおよびnを比較すると，kは1.1と7.2，nは1.79と1.34（$1/n$では0.56と0.75）となり（単位はQ；g/g乾燥重量，C；mol/L），C_8APE(12)に比べてC_8APE(9.5)のkは6.5倍，$1/n$は1.3倍となった．また，cmc以上で得られたQの最大値でも後者の方が高かった．これらの結果においても，EOユニット数が小さいC_8APE(9.5)の方が高い吸着能を有することが認められる．

Brownawellら[18]は，C_{13}AEのEOユニット数が異なる場合の堆積物吸着能を詳しく検討している．吸着曲線はFreundlichの吸着等温式に適合した．C_{13}AE(3)，C_{13}AE(6)およびC_{13}AE(9)の吸着定数を表-3.3に示す．表のkおよびnから明らかなように，EOユニット数が小さいほど堆積物への吸着能は大きく，

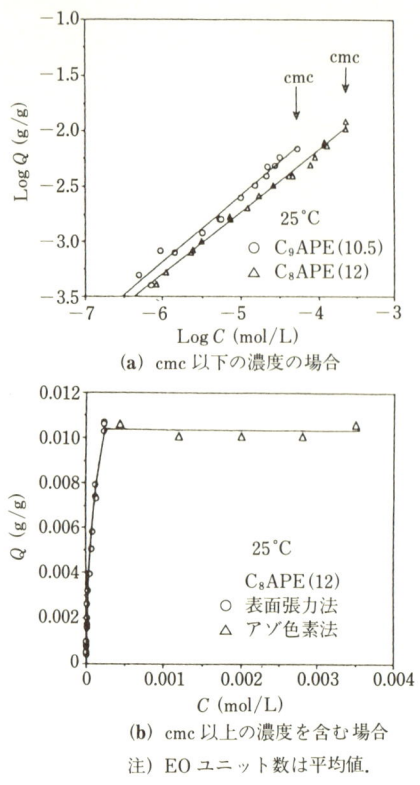

図-3.6 APEの土壌への吸着等温線の一例
（文献17）より改図）

(a) cmc以下の濃度の場合

(b) cmc以上の濃度を含む場合

注）EOユニット数は平均値．

Liu らが検討した APE の場合と同様の結果が得られた．一方，異なる堆積物の吸着能について $C_{13}AE(6)$ を用いて比較した場合には，OC 含量が高い堆積物ほど高い吸着能を有するという関係が必ずしも得られなかった．その理由としては，堆積物中にモンモリロナイトなど水中で膨潤する粘土鉱物が多く含まれる場合には，AE に対する吸収作用が働くために，OC 含量の効果がマスクされることがあげられている．EO ユニット数の減少とアルキル基に含まれるメチレンユニット数の増加のいずれが，吸着能の増大により多く寄与するかについては，吸着エネルギーの観点から後者の寄与が大きいことが示唆されている．また，pH が減少する（水素イオンが増加する）と吸着能が増加し，その効果は EO ユニット数が大きい AE で強く現れたことから，EO ユニットと堆積物表面との間の，水素結合を介したインターラクションも存在することが推察された．

3.2.3 吸着機構解明の意義と今後の課題

以上の解析結果は，水環境中の懸濁物質や底質への非イオン界面活性剤の吸着が，主として有機成分との疎水結合によってなされており，水環境中に出現するような cmc 以下の低濃度の場合，経験式である Freundlich の吸着等温式に適合することを示している．疎水結合による吸着が優先するということは，非イオン界面活性剤分子が電気的に中性であるという性質からも由来すると考えられる．疎水性に依存した吸着機構については，その重要性を吉村[19]も考察している．非イオン界面活性剤の吸着機構についての認識は，環境中や下水処理過程における同界面活性剤の挙動を考えるうえできわめて重要である．

非イオン界面活性剤の吸着に関しては速度論的解析[20]もなされているが，これを含めこれまでの主要な研究は，非イオン界面活性剤の吸着機構を室内実験で解明するものであり，対象となる非イオン界面活性剤は AE および APE に限られている．また，LAS などの陰イオン界面活性剤の場合とは異なり，環境動態と結びつけたフィールドでの調査研究はほとんど行われていない．今後は，非イオン界面活性剤全般の吸着現象に関するフィールドでの解析が重要な研究課題となろう．

3.3　下水処理場での挙動と処理効率

　下水処理場の多くは，スクリーンや沈砂池などのいわゆる一次処理と微生物の働きを利用する二次処理によって構成されており，ここでは，日本の処理場のほとんどを占める活性汚泥法での処理での挙動を中心に述べる．
　下水処理による有機物の除去の主体は微生物による分解，すなわち生分解である．したがって，非イオン界面活性剤についてもほかの有機物と特段に異なるものではなく，活性汚泥への吸着と生分解によって除去される．この際の除去機序は生分解試験の結果が再現されていると解釈される．ただ，シミュレーション試験である連続式活性汚泥法による結果は別として，OECDの生分解度試験（表-3.1）や『化審法（化学物質の審査および製造等の規制に関する法律）』などで規定している易分解性試験法での結果は分解速度の面では同列に論じることができない．これは検体濃度と微生物濃度のバランスに大きな違いがあるためである．

3.3.1　AEの除去

　一般に家庭用洗剤などに使用されているAEはアルキル基が直鎖であり，基本的に易分解性物質として認識されており生物処理で効率的に除去される．活性汚泥法でのAEの除去を，ガスクロマトグラフ法（以下GC）あるいは高速液体クロマトグラフ法（以下HPLC）分析を用いて検討した結果，除去率は90〜>99%との報告がみられる[21,22]．ここで除去率90%の事例は処理水中の懸濁物質濃度が93 mg/Lと高かったケースでの値であり，ほかの例では97〜>99%と高い値を示して生物処理で十分よく除去されることがわかる．この結果は生分解試験の結果から推定される被処理性と一致するものである．
　また，河川に流出したAE（放射活性検体を使用）が底質に吸着されたケースを想定した試験結果によれば半減期が2.8〜8.6日で分解されることが示されている[23]．

3.3.2　NPEの除去

　アルキルフェノール（以下AP）に関する検討はNP以外については知見がきわ

めて限られているのでここでは NP 関連物質について述べる．ただし，オクチルフェノールエトキシレート(以下 OPE)あるいはオクチルフェノール(以下 OP)などについても同様な現象がみられるものと考えられる．

生分解試験によれば 3.1 で示されているように NPE は微生物によって EO 鎖の短鎖化〔NPE(2)などの生成〕や酸化〔ノニルフェノキシカルボン酸(以下 NPEC)の生成〕を経て NP を生成する可能性が指摘されている．したがって，NPE の挙動を正確に考察するためにはこれらの中間代謝産物についても把握する必要があるが，代謝物類すべてについて物質収支を明確にした形では，必ずしも十分なデータが得られているとはいえない．そのため，現時点では NPE の除去率について求められた結果は紹介することができるが，トータルでの評価には難点がある．しかし，現象としては上記のような経路で変化を受けてさらにベンゼン環の開裂と酸化およびアルキル基の直鎖成分の分解が進むものと考えられる．

NPE の活性汚泥法での除去率としては米国での調査では 92〜97%(冬期 92.5%，夏期 97.2%)の値が得られている[24]．また，散水ろ床法での除去性についての検討結果では 70〜75% との報告がみられる[25]．

代謝生成物の挙動を考察するうえでは，それぞれの成分についての検討結果が重要な示唆を与える．NPEC や NP についての炭酸ガス生成量を測定する生分解試験によればエトキシカルボン酸(以下 EC)鎖とベンゼン環とさらにアルキル基(多くの異性体の混合系であり，直鎖成分も含まれる)の一部が分解されることを示す結果が得られている[26]．また，半連続式活性汚泥法による NP についての試験によれば，10〜15°C では，除去率の低下と汚泥への吸着，残留がみられるが，28°C では 95% が除去され，汚泥への蓄積もなかったと報告している[27]．この試験では溶媒抽出と HPLC/蛍光検出器によるベンゼン環の分析をみており，環が検出されず分解されたことを示している．これらの結果からは低水温期には除去率が低下する傾向にあることがうかがえる．

米国とスイスの各 6 箇所の活性汚泥法による処理水中の残留成分を分析した結果では両国の結果に大きな差はなく，NP が 1.5〜2.7%，NPE が 17〜20%，NPEC が 80% 程度であったことが報告されている[28]．このデータは NP が油性が大きいために汚泥に吸着されやすく，NPEC は水溶性が大きいことを示しているように思われる．

これらの成分の除去性が処理施設のコンディションの影響を受けることが指摘されている点と前記の知見をあわせて考察するなら，放流水中から代謝物質が検出されている現状ではそこまで十分に分解除去されるには至っていないものの，条件が整えばNPEおよび関連化合物は活性汚泥法によって比較的高い除去率が得られる可能性があると考えられる．すなわち，各検討の結果からは平均10 molのEO鎖をもつNPEを例にとれば炭素数9のアルキル基，6のベンゼン環，20のEO鎖のうち4級分岐をもつアルキル基を除いて生分解される可能性があることが示唆される．

3.3.3 APの除去

水域でのアルキルフェノール(以下AP)の濃度分布を決定する大きな要素は，その水域への下水処理水の流入状況と下水処理水中のAP濃度である．スイス，英国などの欧州の河川ではAP濃度が高く，APEの使用に対して規制が行われている．一方，米国では国内河川のモニタリングの結果，AP濃度が低いことから，現在のところAPEに対する規制は行われていない．このような環境濃度の相違が生じるのは，下水処理過程でのAPの除去効率の相違であると考えられている[29]．それゆえ，下水処理過程におけるAPやAPEの動態と除去効率は重要である．

(1) 消化処理過程におけるAPの生成

NPEが下水処理の好気的プロセスでエトキシ鎖が短くなり，最終的に嫌気的な処理を受けると，NPE(1)がNPに変化するという過程は，スイスの研究グループにより1980年代の初めに明らかにされた[30〜32]．スイスでは下水汚泥の農地還元が活発に行われているため下水汚泥中に含まれるさまざまな汚染物質の濃度分布，起源，そして農地還元後の消失に関して研究が多数行われていた．Gigerのグループも下水汚泥中のLASやポリ塩化ビフェニル(以下PCB)などについて研究を行ってきて，その一環としてNPを発見した．彼らはスイスの約30箇所の下水処理場から活性汚泥とそれを嫌気的に処理した消化汚泥を採取し，そのなかのNPの測定を行った[32]．彼らの調査結果を図-3.7[32]に示す．1983年および86年の調査でも活性汚泥に比べて消化汚泥中のNPの濃度分布が高濃度分布に偏っている．Gigerらのこの調査は下水処理過程でAPEからAPが生成することを

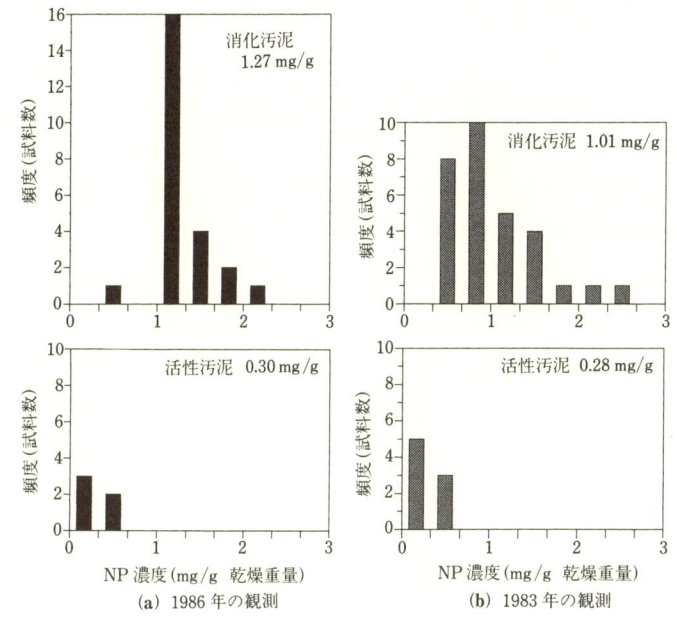

図-3.7 消化汚泥および活性汚泥中のNP濃度の頻度分布（スイス）（文献32）の図を改変）

明らかにしたパイオニア的研究である．図-3.8に日本の下水処理場から採取した汚泥中のNP濃度を示す．日本の処理場においても消化汚泥中のNP濃度のほうが活性汚泥中より高いことが明らかである．図-3.9には各国の下水汚泥中のNP濃度分布[32〜36]を示す．活性汚泥中の濃度が最大で0.7 mg/gであるのに対し

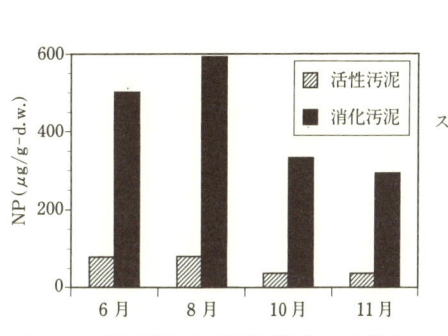

図-3.8 消化汚泥および活性汚泥中のNP濃度（日本）

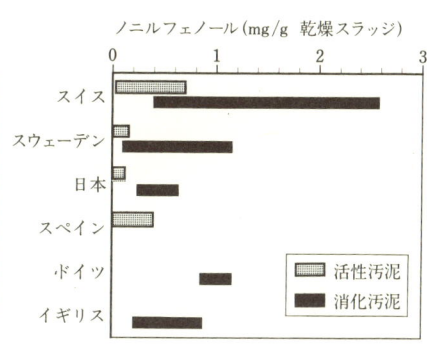

図-3.9 各国の下水汚泥中のNP濃度（データは文献32〜36に記載のものを使用）

て消化汚泥中では最大 2.6 mg/g であり，消化過程における NP の生成は明らかである．

(2) AP の下水処理効率と処理水中の濃度

Brunner ら[32]は下水処理の各ステップにおいて NP の測定を行い，下水処理場における物質収支を計算した．彼らの物質収支の計算結果を図-3.10 に示す．

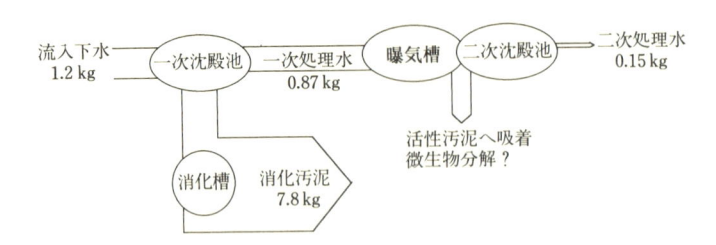

図-3.10 下水処理場における NP の収支（スイス）数字は 1 日当たりの量（文献 32）の図を改図）

流入下水 1.2 kg → 一次沈殿池 → 一次処理水 0.87 kg → 曝気槽 → 二次沈殿池 → 二次処理水 0.15 kg
活性汚泥へ吸着 微生物分解？
消化槽 → 消化汚泥 7.8 kg

消化過程において NP が生成されていることは明らかであるが，二次処理過程での NP の除去が起こっていることもみてとれる．消化汚泥が水域に直接排水されることはまれであることから水域への影響を考える場合，二次処理水中の NP 濃度と二次処理過程での除去効率と除去過程に注目する必要がある．第 2 章 2.4 の表-2.10 に示すように，二次処理（活性汚泥法）排水中の NP 濃度は全体として数 μg/L のオーダーにあり，高い場合には数十 μg/L に達する場合があった．スイスにおける報告値のうちで 10 μg/L を超えるものはいずれも 1980 年代に APE に対して規制が行われる前のデータである．スイスでは，1986 年に APE の洗濯用洗剤への配合が禁止されたため，1997 年の時点では下水処理水中の濃度は 0.2〜1.2 μg/L と報告されている．イギリスにおける 330 μg/L という高い濃度はこの処理場に APE を多用する羊毛工場の排水が流入することによる．エア川でこの処理水の流入直下でニジマスに対する内分泌撹乱作用が明らかにされたことは Colborn らの「Our stolen future」のなかでも紹介されている．このような極端な例を除くと現在の下水処理水中の NP 濃度レベルはほぼ数 μg/L であると考えられる．

下水処理過程における NP の除去効率をまとめた結果を表-3.4[37〜40]に示す．ここに示した除去率は一次処理水中の濃度と二次処理水中の濃度の比較から計算したものであり，二次処理過程での AP 生成の可能性もあるので，実際に除去され

ているのは表に示した数字よりも大きいであろう．スイス，イタリア，カナダの処理場における除去率が低く，日本および米国の処理場における除去効率は79〜100％と非常に高かった．

表-3.4 二次処理過程におけるNPの除去率(％)

	試料数	NP 平均	NP 範囲	文献
日 本	10	93	79〜99	—
スイス	11	65	9〜94	37
イタリア	12	85	55〜97	38
カナダ	3	60	50〜77	39
米 国*	14	97	93〜100	40

* 一次処理における除去も含む．

除去は活性汚泥への吸着と汚泥の沈降による除去によると考えられている．NPを含む合成下水と活性汚泥を用いた下水処理系での研究の結果でも99％のNPの除去効率が報告されている[41]．しかし，同時に活性汚泥相のNP濃度を測定した結果，汚泥から検出されたNPは，はじめに存在していたNP量の20％にすぎないことが報告された[41]．リアクター内壁への吸着や汚泥からのNPの抽出法や分析法について考慮する必要があるが，NPの微生物分解の可能性が示唆される．同様に，活性汚泥処理実験装置を用いたNPEの収支に関する研究結果からもNPの分解が示唆されるデータが得られている[42]．NPEとNPを合計したNP類として計算した場合，流入量の23％が排出量(下水処理水としての排出量＋汚泥として引き抜かれる量)として検出されたと報告されている[42]．この場合はアルキルフェノキシカルボン酸(以下APEC)などのほかの形態を考慮する必要があるが，NPの微生物分解が示唆される結果とも考えられる．今後，NPの微生物分解に関して研究を進める必要があろう．

（3） APの物理化学的性質と除去効率

最後に下水処理の一次処理過程におけるAPの挙動を考察した我々の研究例を紹介する．日本の5つの下水処理場の一次処理水と二次処理水中のAP濃度の比較から計算したNPとOPの活性汚泥処理における除去効率を表-3.5に示す．NPの除去効率は79〜99％，平均93％であったのに対して，OPの除去効率は

表-3.5 二次処理(活性汚泥法)におけるAP類の除去率の比較

処理場	NP	OP
A	93％	47％
	98％	59％
B	79％	90％
	84％	94％
C	94％	98％
	99％	87％
D	97％	96％
	95％	88％
E	98％	91％
	98％	95％
average	93％	84％
s.d.	7％	17％

第3章 非イオン界面活性剤の動態と水道への影響

47〜96%,平均84%であり,OPの除去効率がNPの除去効率に比べて低いことが明らかとなった.NPとOPを下水処理過程で同時に測定した例はほとんどないが,カナダの下水処理場においてもOPの除去効率(30〜71%)がNPの除去効率(50〜77%)に比べて低いことが報告されている[39].OPの除去効率が低いことはOPの疎水性がNPに比べて低いため汚泥粒子への吸着と汚泥の沈降による除去の効率が低いためと考えられる.このことは下水処理水中のNP,OPの粒子相と溶存相の分配の測定結果から支持される.図-3.11に一次処理水と二次処理水中のNPとOPの分配を示す.NP,OPともに一次処理水中では粒子相に分配が偏っているが,二次処理水中では分配は溶存相に偏っている.これは一次処理水中の懸濁物量が高いため粒子相に多く分配するが,二次処理水中では汚泥の沈降により懸濁物量が減少するために分配が溶存相に偏るためと考えられる.NPとOPで比較すると,一次処理水中でも二次処理水中でもNPのほうが粒子への分配が高いことが明らかである(表-3.6).このことは,NP,OPのオクタノー

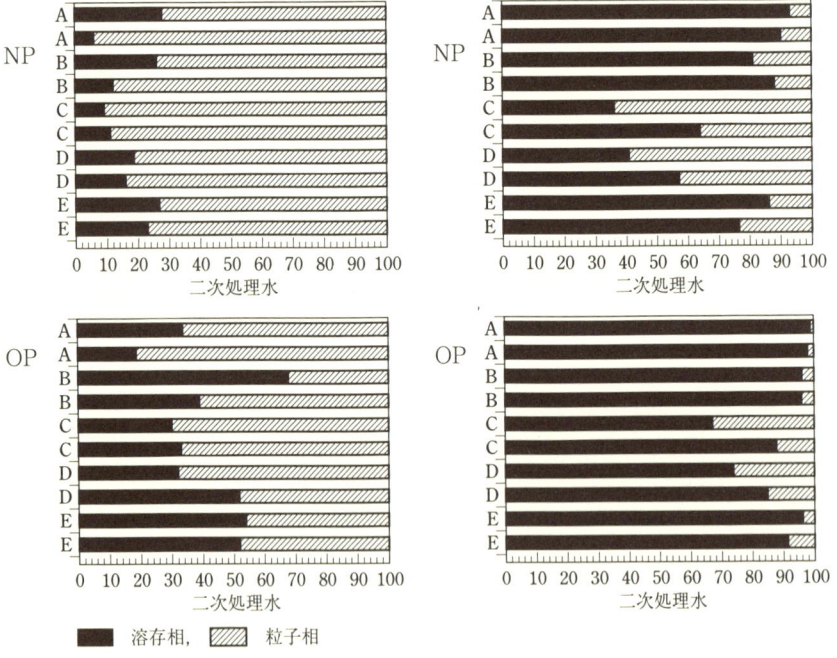

■ 溶存相, ▨ 粒子相

図-3.11 一次および二次下水処理水中のNPとOPの粒子相と溶存相の間での分配

表-3.6 NPとOPの粒子相と溶存相との間での分配

	n	NP(%)	OP(%)
一次処理水	10	82±8	59±15
二次処理水	10	29±20	11±11
$\log K_{ow}$		4.2	3.7

ル/水分配係数(P_{ow})がそれぞれ$10^{4.2}$, $10^{3.7}$とNPのほうが大きいこと[43]と整合性がある. 以上の観測結果より, 下水処理過程におけるAPの除去は汚泥粒子への吸着に大きく支配されていることが明らかである. ただし, 吸着しやすいものが単に吸着して粒子の沈降により除去されやすいために除去効率が高いとも考えられるが, 活性汚泥表面で微生物分解が進行することを考えると, 吸着しやすいものは吸着により微生物分解も促進されて除去効率が高いとも考えられる. APの微生物分解について今後研究を進める必要がある.

3.4 水道における非イオン界面活性剤の問題

水道水は飲料水であり, また生活用水でもあるので, 安全性と利用上の障害がないことが要求される. そのため, 水道水の利用目的に障害をきたす水質については, 水道水質基準としてその項目を定め, 基準値を設けて水質管理を行っている.

現行の水道水質基準のなかで界面活性剤に対する規制は, 陰イオン界面活性剤を対象としており, その指標にメチレンブルー活性物質(以下MBAS)を定め, MBASとして基準値0.2 mg/Lが設定されている. これを規制する根拠は水の発泡による利水障害に対してであり, 健康影響項目としてではない.

陰イオン界面活性剤の指標をMBASとしたのは, 水道水質基準の制定時は陰イオン界面活性剤が合成洗剤生産量のほとんどを占めていたこと, 陰イオン界面活性剤の主成分はABSであること, ABSは複合品であり, 標準品が得にくいが総量としてMBASで測定できること, また, 水質管理の面では測定操作が複雑でなく, 簡易に測定できる代替指標による方法が望ましいなどの理由からである.

しかしながら, 近年は非イオン界面活性剤生産量が増加傾向にあり, 平成8年(1996)現在の年間生産量は家庭用と工業用をあわせて44万トンで, 全界面活性剤の約40%にも及んでいる[44]. 使用された非イオン界面活性剤の一部が環境中に流出していると仮定しても, 水道水源環境へ負荷を与える合成化学物質としては無視できない状況にあると判断される.

第3章 非イオン界面活性剤の動態と水道への影響

非イオン界面活性剤は陰イオン界面活性剤に比べて発泡性が高い傾向があるため,水道水源へ排出された場合は,発泡や凝集阻害など,利水障害の面で水道へ影響を及ぼす可能性がある.

また,ヒトへの健康影響については,エーテル型界面活性剤は,製造時の副生成物として発ガン性を有する1,4-ジオキサンが含まれている可能性があり,さらにエーテル型界面活性剤の一種であるAPEの生分解生成物として,内分泌撹乱化学物質の疑いのあるAP(OP, NP)などの存在が明らかになっている.

これまで非イオン界面活性剤の環境影響については多くの論議がされてきたが,環境基準や水道水質基準などの基準は設定されていない.この理由としては,以前は使用量が少なかったこと,非イオン界面活性剤の種類が多く,かつ種々の物性をもつ混合物であり,それぞれ単独の標準物質がないこと,また金属との錯体形成を利用した比色法など,既存の簡易試験法ではすべての性状の非イオン界面活性剤を測定できないことなどから公共用水域や水道水を対象とした検出実態や浄水過程での処理性などの情報が少ないことである.

水環境,ならびに水道水源水域において,非イオン界面活性剤とその関連物質に対する適正な水質管理を実施していくには,まず非イオン界面活性剤を相対的に評価する指標を確立したうえで,管理目標値を設定しなければならない.そのためには評価の基礎となる試験法をまず確立しなければならず,また非イオン界面活性剤原体のみならず分解物も含めた総合的な環境動態やヒトへの健康影響に対するリスクの算定,さらには発泡など,水道利用上の障害性の観点からの情報も蓄積していかなければならない.

3.4.1 非イオン界面活性剤の発泡性と利水障害

(1) ロスマイルス試験による発泡性の評価

水道水の泡立ちを測定する方法については上水試験方法では定められていないが,発泡試験法については日本工業規格のJIS K 3362「ロスマイルス試験」で定められている[45].本法は図-3.12に示したロスマイルス試験装置を用いて,20℃で恒温にした界面活性剤溶液200 mLを900 mmの落差から約30秒間で液面に落下させ,そのときに生じた泡の高さを目視で計測し,落下直後の泡の高さを起泡力,5分後の泡の高さを泡の安定度と定義している.

3.4 水道における非イオン界面活性剤の問題

図-3.13は非イオン界面活性剤1 mg/L水溶液のEO付加モル数とロスマイルス試験で測定した起泡力と泡の安定度の関係を示している．落下直後の発泡性はEO(2)～EO(3)の低付加モル数で弱く，AE(5)以上の高付加モル数になると強まる．また，AE型のC_{10}, C_{12}ではEO(5)以上，APE型のOPEではEO(10)以上で起泡力に差がなくなるが，APE型のNPEではモル数が大きくなるにつれて起泡力が高まる．また，泡の安定性は起泡力の強い界面活性剤ほど泡が残りやすく，いずれの種類でもEO(10)以上になると1 mg/L水溶液で10 mm程度の起泡力となる[46]．これに対して陰イオン界面活性剤のドデシルベンゼンスルホン酸ナトリウムで同一条件により実験した結果では，起泡力が2 mm，泡の安定性は0 mmであり，一般的には陰イオン界面活性剤に比べて非イオン界面活性剤のほうが発泡しやすい[46]．

図-3.14は各界面活性剤濃度を段階的に調整し，ロスマイルス試験によって発泡限界濃度を測定した実験結果を示している[46]．非イオン界面活性剤の起泡性は濃度の増加とともに上昇するが，起泡性の高いNPE(15)やC_{12}AE(15)は0.05 mg/L以上の濃度になると発泡が起こり，非イオン界面活性剤の発泡限界濃度は0.05 mg/L付近とみることができる．また，陰イオン界面活性剤の種類による発泡性には差異がみられるが，およその発泡限界濃度は0.05～0.1

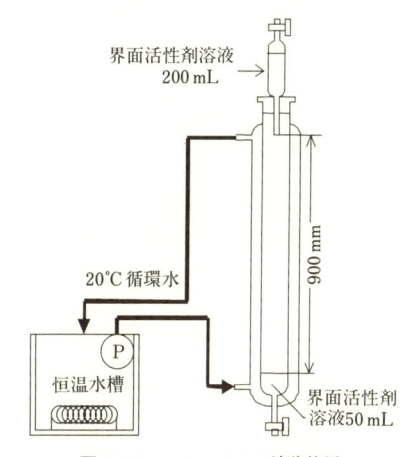

図-3.12 ロスマイルス試験装置

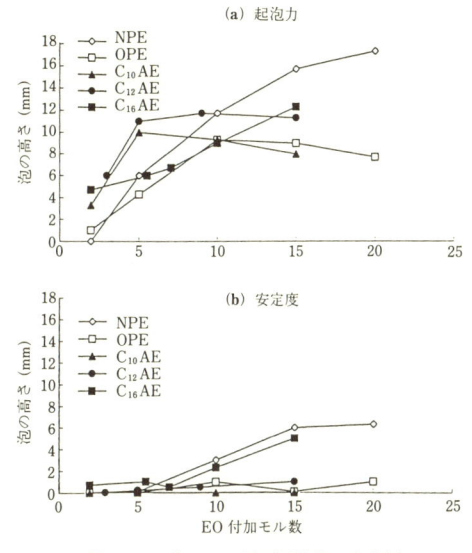

図-3.13 非イオン界面活性剤の発泡性

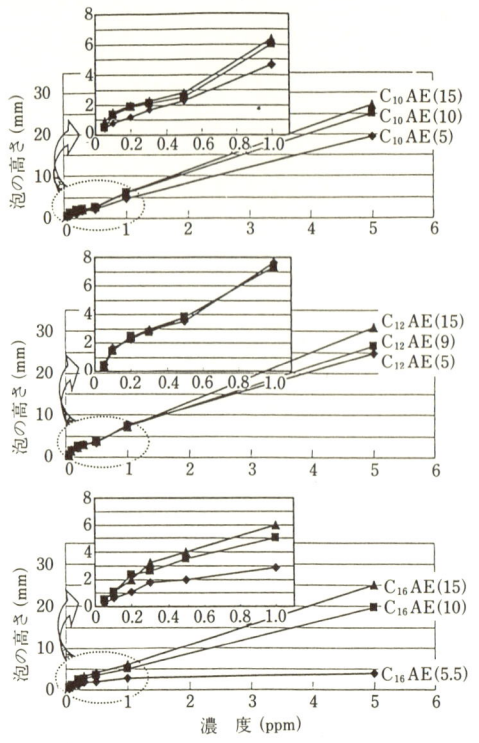

図-3.14 AE系非イオン界面活性剤の発泡性（起泡力）

mg/L である．

（2） 非イオン界面活性剤に対する水質試験法

上水試験法では非イオン界面活性剤の測定法としてカリウムテトラチオシアン酸亜鉛法およびテトラチオシアノコバルト（Ⅱ）酸（以下CTAS）法が採用されている[47]．しかし，両試験法とも前処理が煩雑であることからCTAS法の操作をより簡便にした 4-(2-ピリジルアゾ)-レゾルシノール(以下PAR)法が現場での水質管理に適用されている．

PAR法では標準物質としてヘプタオキシエチレングリコールモノ-n-ドデシルエーテル〔$C_{12}AE(7)$〕を用いた場合，定量下限値は0.02 mg/Lであり，カリウムテトラチオシアン酸亜鉛法やCTAS法の定量下限値が0.05 mg/Lに比べて感度が高い．

非イオン界面活性剤の平均EO付加モル数とPAR法で測定される発色強度との関係は供試濃度を0.2 mg/Lとした場合，APEは図-3.15，AEは図-3.16のようになる[48]．試験に用いた界面活性剤は異なるEO付加体の混合物であるため，モル当たりの吸光度を比較することはできないので，質量濃度を統一した条件での比較に留まるが，APEは平均EO(10)，AEは平均EO(7)～EO(8)で最大の発色を示し，EO(2)～EO(3)以下，またEO(10)以上の付加モル数では急速に発色強度が低下する．アルキル鎖長による発色強度の差はなく，また同じ平均EO付加モル数のAEとAPEにも発色強度の差はない．

これらの結果からPAR法ではAEとAPEを分別定量はできないが，平均EO付加モル数が同じであれば両者を同一感度で総量として測定でき，また，EO(10)

3.4 水道における非イオン界面活性剤の問題

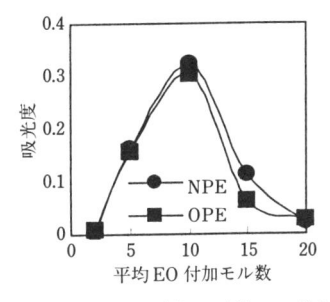

図-3.15 APE の平均 EO 付加モル数と吸光度の関係

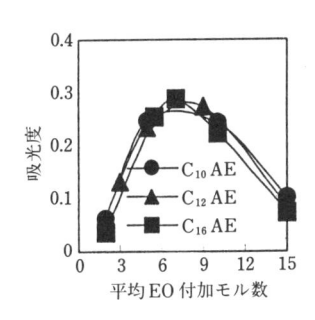

図-3.16 AE の平均 EO 付加モル数と吸光度の関係

以下では起泡力と PAR 法での発色強度との間に比例関係が成り立つことから，生物浄化作用や下水処理などの影響で EO(10) 以下 EO 鎖長分布比が高い水道原水を対象に発泡と汚染状況を監視するための簡易総量測定法としての有用性は高い．しかしながら，内分泌攪乱作用など，人への健康影響が疑われる NP，OP，EO(1)～EO(3) などの分解物は発泡による監視もできず，PAR 法などでの発色強度もきわめて低いため，毒性に対する水質監視試験法としての簡易総量測定法の有用性は低い．したがって，水道水源および浄水処理過程で毒性の観点から非イオン界面活性剤とその分解物をより適正に管理するには，試験法としてより高感度分離分析が可能である LC/MS などを確立，導入していく必要がある．

(3) 水道水源河川における界面活性剤濃度と発泡性

水道水源である利根川水系で界面活性剤の分解性が低い冬期を対象に行った界面活性剤濃度と発泡性の実態調査結果を**表-3.7**に示す[48]．いずれの河川でも PAR 法で測定した非イオン界面活性剤濃度よりも MBAS 濃度の方が高く，

表-3.7 利根川水系における界面活性剤濃度と発泡性 (1998.1)[48]

採水地点	PAR (mg/L)	MBAS (mg/L)	MBAS/PAR	発泡性 (mm)
利根川・利根大橋	0.02	0.07	3.5	0
福 川・福川水門	0.21	0.64	3.0	2
石田川・古利根橋	0.16	0.40	2.5	1
早 川・太 子 橋	0.21	0.53	2.5	1
広瀬川・武 士 橋	0.08	0.18	2.3	1
利根川・五 料 橋	n.d.	0.04	2.3	0
烏 川・岩 倉 橋	0.05	0.15	3.0	1
小山川・新 明 橋	0.15	0.47	3.1	1

MBAS/PAR は 2.5〜7.0 であった. これまで陰イオン界面活性剤濃度/非イオン界面活性剤濃度はおよそ 10 と考えられてきた[49]が, 今回の調査ではいずれの地点でも MBAS/PAR は 10 を下回っている. したがって, 単純に濃度比だけでみても, いずれの河川でも非イオン界面活性剤による汚染の程度は陰イオン界面活性剤のそれに近づきつつあると推定することができる.

得られたデータをもとに非イオン界面活性剤濃度(PAR 法)と発泡性の関係, ならびに陰イオン界面活性剤(MBAS)と発泡性の関係を整理すると図-3.17, 3.18 のようになる[48]. 河川水中の PAR 濃度および MBAS 濃度と発泡性の間には, 必ずしも高い相関関係は見いだせない. しかし, 発泡を根拠に設定された陰イオン界面活性剤(MBAS)基準値 0.2 mg/L と非イオン界面活性剤の発泡限界を 0.05 mg/L と考えた場合, 両者の検出濃度がともに下回った地点でも発泡が観察されている. このことから, 今後, 発泡規制基準を設定する場合は, 非イオン界面活性剤濃度と陰イオン界面活性剤濃度の双方を考慮しなければならないことになる.

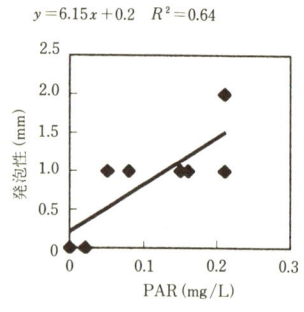

$y = 6.15x + 0.2$ $R^2 = 0.64$

$y = 2.31x + 0.16$ $R^2 = 0.67$

図-3.17 非イオン界面活性剤濃度と発泡性の関係

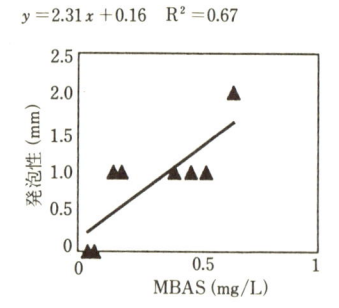

図-3.18 陰イオン界面活性剤濃度と発泡性の関係

3.4.2 浄水処理における非イオン界面活性剤の浄水処理特性

水道の通常の浄水処理プロセスは, 原水取水―前塩素注入―凝集―沈殿―ろ過―後塩素―配水のフローで構成されている. また, 水質汚染が著しい水源から原水を取水している水道では, 高度浄水処理プロセスを導入する浄水場が多く, 原水取水―凝集―沈殿―オゾン―活性炭―ろ過―後塩素―配水のフローで運転しているケースが多い. したがって, 水道原水中に界面活性剤が流入した場合は, 水道

3.4 水道における非イオン界面活性剤の問題

水の発泡抑制の観点からは凝集・沈殿処理による界面活性剤の除去性に関する情報が必要であるし，また，水道水の安全性の面からは，塩素処理やオゾン処理による分解性とその分解生成物に関する情報も必要である．

公共用水域に流入した非イオン界面活性剤は，水中の懸濁成分に吸着，または溶解して存在している．水中の懸濁成分は通常，凝集・沈殿・ろ過処理によって除去されるので，懸濁成分に界面活性剤が吸着していれば，凝集・沈殿・ろ過処理による除去が期待できる．

無機懸濁成分であるカオリンとベントナイトでAPEとAEの吸着性を比較した結果では，APEの方が吸着しやすく，特にベントナイトへの吸着性は高い[50]．また，無機懸濁成分の表面電位は負に帯電しているので，非イオン界面活性剤や陽イオン界面活性剤は電気的親和性が高いため吸着しやすいが，陰イオン界面活性剤は電気的に反発しあうので，ほとんど吸着しない[50]．しかしながら，水中の濁質成分が少なく，非イオン界面活性剤が溶解成分として存在している場合は，凝集・沈殿処理による除去効果はあまり期待できない[48]．

塩素処理による非イオン界面活性剤の分解性は，APEよりはAEの方が，さらにはEO付加モル数が少ないよりは多い方が分解されやすい傾向にあるが，相対的な分解性は低い．最も塩素消費量の高い$C_{12}AE(15)$でも1 mg/L当たりの24時間接触後の塩素消費量は0.02 mg/L程度であり，それによって生成される有機ハロゲン化合物はトリハロメタン濃度で0.18 μg/L，TOX濃度(全有機ハロゲン化合物，塩素換算)で0.23 μg/L程度である[48]．したがって，水道原水中に検出される非イオン界面活性剤濃度レベルであれば，これが前駆物質になって生成される水道水中の塩素処理副生成物はごくわずかであり，塩素処理副生成物濃度にはほとんど寄与していないと考えてよい．

発泡を生じた水道原水が浄水場に流入した場合，通常，発泡を抑制する処理対策としては，数ppm～10 ppm程度の粉末活性炭を注入して処理を行う．

NPEとAEの活性炭吸着実験[48]で求めたFreundlich吸着等温線のFreundlich係数($1/n$)は，EO(5)～EO(20)では0.1～0.13となり，界面活性剤間の差は認められない．また，単位活性炭当たりの吸着量を表すK値は，AEで約250 mg/mg，NPEで約300 mg/mgであり，AEよりNPEの方がわずかに吸着性がよいが，EO付加モル数間の差異はほとんどなく，いずれの非イオン界面活性剤も活

性炭による吸着除去効果は高い．

　オゾン処理による非イオン界面活性剤の分解性実験は，NPE を対象に行われている[50]．NPE 水溶液の紫外部吸収は 225 nm および 275 nm 付近にあるが，オゾン処理を行うことによってこれらのピークは消失する．オゾン注入率が 50 ppm，接触時間 30 分で処理を行ったとき，NPE 濃度は 416 mg/L から 0.3 mg/L（除去率 99.3％）へ大幅に減少するが，NPE 処理水の化学的酸素要求量（以下 COD）は 83.0 mg/L から 50.5 mg/L（除去率 39.1％），全有機炭素（以下 TOC）は 24.0 mg/L から 20.0 mg/L（除去率 16.0％）であり，NPE 濃度の減少率に比べて有機物減少率は低い．したがって，かなり過剰なオゾン注入条件下でも，NPE は少量しか二酸化炭素へ酸化されないことがわかる．

　Narkis ら[51]の報告では，NPE など 8 種類の非イオン界面活性剤をオゾン処理した結果，非イオン界面活性剤のオゾン分解速度は，濃度，COD，TOC に対して一次反応を示し，一次反応定数と平均 EO 付加モル数との間には相関関係があり，EO 鎖数の多いものほど分解しやすいことを明らかにしている．

　浄水場におけるオゾン処理はカビ臭の分解や色度除去などの目的で使用されており，オゾン注入率は数 ppm 程度である．オゾンは強い酸化力を有するが，完全に有機物を分解するには至らない．そのため水道では安全対策からオゾン処理で生成する酸化副生成物の吸着除去の目的で，後段に粒状活性炭処理や生物活性炭処理を設置するよう規定している．したがって，実際に注入されているオゾン注入率が低濃度で非イオン界面活性剤の分解が不十分であっても，後段の活性炭処理によって除去できると考えられる．

3.4.3　水道水の安全性からみた非イオン界面活性剤の問題

　水道原水中に検出された非イオン界面活性剤が水道水中に残留し，これが人の健康へ影響を及ぼしたという事例は，これまでの調査研究では報告されていない．しかしながら，APE の生物酸化処理過程からは，内分泌撹乱作用が疑われている NP や OP が分解物として生成されることが明らかになっており，これらの分解物は低濃度ながら水道水源でも検出されている[52]．水道の安全性を確保していくうえで，内分泌撹乱化学物質への対応をどうとるかについては，毒性など今後の研究成果によるところが大きい．

3.4 水道における非イオン界面活性剤の問題

しかし,水道独自の問題としては,現在水道で導入している化学酸化処理によっても,これらの分解物が生成されるか否かの確認や,分解物自身の酸化分解性については十分な情報が蓄積していないので研究を進めていかなければならない.また,浄水処理過程におけるNPやOPの挙動や非イオン界面活性剤とその分解物の総合的な評価についても,今後明らかにしていかなければならない.

また,POE系の非イオン界面活性剤およびその硫酸エステルの製造過程で副成される1,4-ジオキサンは,ラットを用いた動物実験において肝臓ガン,鼻腔上皮腫瘍が発生することを根拠に[53],世界ガン研究機関(IARC)では動物に対する発ガン物質として2Bにランクしている.1,4-ジオキサンは1,1,1-トリクロロエタンの安定剤として用いられていた経緯があり,工業用薬品としても使用されている.

表-3.8は河川表流水,伏流水,ならびにこれらから取水している水道原水を

表-3.8 表流水,伏流水中の1,4-ジオキサンの測定結果[54]

水源の種類	1,4-ジオキサン (μg/L)	陰イオン界面活性剤 (μg/L)	非イオン界面活性剤 (μg/L)	1,1,1-トリクロロエタン (μg/L)	TOC (mg/L)
河川水	0.8	130	10	0.2	4
河川水	0.21	210	n.d.	—	3
伏流水	0.21	210	n.d.	—	3
浄水場原水	0.2	—	—	—	—
浄水場原水	0.2	—	—	—	—
河川水	22	60	20>	—	—
浄水場原水	0.2	—	—	—	—
河川水	0.79	100	20	0.5	5.8
河川水	0.1>	70	30	—	—
河川水	0.1>	110	40	—	—
河川水	0.3	140	50	—	—
河川水	0.3	20	20>	—	—
河川水	2.6	190	70	—	—
河川水	13	—	—	—	—
河川水	0.23	140	n.d.	n.d.	2.9
河川水	0.21	210	n.d.	n.d.	3

対象に1,4-ジオキサンと界面活性剤,1,1,1-トリクロロエタンの実態調査を行った結果を示している[54]. いずれの調査地点においても1,4-ジオキサンは低濃度ながら検出されており,汚染が広範囲に及んでいると推定される. また,1,4-ジオキサン検出濃度と非イオン界面活性剤検出濃度,ならびに1,1,1-トリクロロエタンとの間には,必ずしも明瞭な相関関係は認められず,ほかからの由来とも考えられる. したがって,今後は1,4-ジオキサンと非イオン界面活性剤との関連性や汚染経路についてさらに調査研究を継続していく必要がある.

文 献

1) OECD Guidelines for the testing of chemicals, The OECD Expert group on degradation and accumulation, Paris.
2) Britton, L. N. : Surfactants and environment, *J. Surfactants and Detergents*, **1**, pp. 109-117, 1998.
3) Swisher, R. D. : Surfactant biodegradation, 2nd ed., Surfactant Science Series, Vol. 18, Marcel Dekker, Inc., New York, 1987.
4) Talmage, S. S. : Environmental and human safety of major surfactants, Lewis Publishers, Boca Raton, Florida, 1994.
5) Little, A. D. : Human safety and environmental aspects of major surfactants, A report to the Soap and Detergent Association, Arthur D. Little, Cambridge, MA., 1977.
6) Rapaport, R. A., R. J. Larson, C. C. McAvey, A. M. Nielsen, M. Trehy : The fate of commercial LAS in the environment, The proceedings of the 3rd CESIO International Surfactants Congress & Exhibision, pp. 78-87, London, June, 1992.
7) Nooi, J. R., M. C. Testa and S. Willemse : Biodegradation mechanisms of fatty alcohol nonionics. Experiments with some ^{14}C-labelled stearyl alcohol/EO condensates, *Tenside*, **7**, pp. 61-65, 1970.
8) Kravetz, L. : Biodegradation pathways of nonionic ethoxylates, Influence of the hydrophobe structure, Am Chem Soc Symp. Ser., **433**, pp. 96-106, 1990.
9) Cain, R. B. : Biodegradation of detergents, *Current Opinion in Biotechnology*, **5**, pp. 266-274, 1994.
10) Tanghe, T., G. Devrise and W. Verstraete : Nonylphenol degradation in lab scale activated sludge units is temperature dependent, *Water Research*, **32**, pp. 2889-2896, 1998.
11) Kitis, M., C. D. Adams and G. T. Daigger : The effects of fenton's reagent pretreatment on the biodegradability of nonionic surfactants, *Water Research*, **33**, pp. 2561-2568, 1999.
12) Sturm, R. N. : Biodegradability of nonionic surfactants ; Screening test for predicting rate and ultimate biodegradation, *J. Am. Oil Chem. Soc.*, **50**, pp. 159-167, 1973.
13) 日本化学会編:新実験化学講座18 界面とコロイド, p.527, 丸善, 東京, 1977.
14) Urano, K. and M. Saito : Adsorption of surfactants on microbiologies, *Chemosphere*, **13**, pp. 285-292, 1984.
15) Urano, K., M. Saito and C. Murata : Adsorption of surfactants on sediments, *Chemosphere*, **13**, pp. 293-300, 1984.
16) Narkis, N. and D. -B. Ben : Adsorption of non-ionic surfactants on activated carbon and mineral clay, *Water Res.*, **19**, pp. 815-824, 1985.
17) Liu, Z., Edwards, D. A. and Luthy, R. G. : Sorption of non-ionic surfactants onto soil, *Water*

Res., **26**, pp. 1337-1345, 1992.
18) Brownawell, B. J., H. Chen, W. Zhang and J. C. Westall : Sorption of nonionic surfactants on sediment materials, *Environ. Sci. Technol.*, **31**, pp. 1735-1741, 1997.
19) 吉村孝一：界面活性剤の水圏微生物に対する吸着性と生分解性, 用水と排水, **35**, pp. 113-124, 1993.
20) Adeel, Z. and Luthy, R. G. : Sorption and transport kinetics of a nonionic surfactant through an aquifer sediment, *Environ. Sci. Technol.*, **29**, pp. 1032-1042, 1995.
21) Talmage, S. S. : Environmental and human safety of major surfactants, Alcohol ethoxylates and alkylphenol ethoxylates, A Report to the Soap and Detergent Association, 1994.
22) McAvoy, D. C., S. D. Dyer, N. J. Fendinger, W. S. Eckhoff, D. L. Lawrence and W. M. Begley : Removal of alcohol ethoxylates, Alkyl ethoxylate sulfates, and linear alkylbenzene sulfonates in waste water treatment, *Environmental Toxicology and Chemistry*, **17**, pp. 1705-1711, 1998.
23) Federle, T. W., G. M. Pstwa : Biodegrandation of surfactants in saturated subsurface sediments : A field study, *Ground Water*, **26**, pp. 761-770, 1988.
24) Naylor, C. G., L. P. Mieure, W. J. Adams, A. J. Weeks, F. J. Castalidi, L. D. Ogle, and R. R. Romano : Alkylphenol ethoxylates in the environment, *J. Am. Oil Chem. Soc.* **69**, pp. 695-703, 1992.
25) Brown, D., H. de Henau, J. T. Garrigan, P. Gerike, M. Holt, E. Kunkel, E. Matthijs, J. Waters and R. J. Watkinson : Removal of nonionics in sewage treatment plants Ⅱ, *Tenside*, **24**, pp. 14-19, 1987.
26) Staples, C. A., J. B. Williams, R. L. Blessing and P. T. Varineau : Measuring the biodegradability of nonylphenol ether carboxylates, Octylphenol ether carboxylates, and nonylphenol, *Chemsphere*, **38**, pp. 2029-2039, 1999.
27) Tanghe, T., G. Devriese and W. Verstraete : *Wat. Res.*, **32**, pp. 2889-2896, 1998.
28) Schmedding, D. and V. L. Tatum : Alkylphenol ethxylate surfactants : A critical review of the science, TAPPI (Tech. Assoc. Pulp Rap. Ind) Proceedings of 1998 International Environmental Conference & Exhibit., pp. 461-471, 1998.
29) Renner, R. : European bans on surfactant trigger transatlantic debate, *Environ. Sci. Technol.*, **31**, No. 7, pp. 316 a-320 a, 1997.
30) Giger, W., E. Stephanou, C. Schaffner : Persistent organic chemicals in sewage effluents ; 1. Identifications of nonylphenols and nonylphenolethoxylates by glass capillary gas chromatography/mass spectrometry, *Chemosphere*, **10**, No. 11, 12, pp. 1 253-1 263, 1981.
31) Giger, W., P. H. Brunner, C. Schaffner : 4-Nonylphenol in sewage sludge; accumulation of toxic metabolites from nonionic surfactants, *Science*, **225**, pp. 623-625, 1984.
32) Brunner, P. H., S. Capri, A. Marcomini, W. Giger : Occurence and behaviour of linear alkylbenzenesulfonates, nonylphenol, nonylphenol mono- and nonylphenol diethoxylates in sewage sludge treatment., *Water Res.*, **22**, No. 12, pp. 1465-1472, 1988.
33) Wahlberg, C., L. Renberg, U. Wideqvist : Determination of nonylphenol and nonylphenol ethoxylates as their pentafluorobenzoates in water, Sewage-sludge and biota, *Chemosphere*, **20**, No. 1, 2, pp. 179-195, 1990.
34) Chalaux, N., J. M. Bayona, J. Albaiges : Determination of nonylphenols as pentafluorobenzyl derivatives by capillary gas-chromatography with electron-capture and mass-spectrometric detection in environmental matrices, *J. of Chromatography A*, **686**, No. 2, pp. 275-281, 1994.
35) Sweetman, A. J. : Deveropement and application of a multi-residue analytical method for the determination of n-alkanes, Linear alkylbenzenes, polynuclear aromatic hydrocarbons and 4-nonylphenol in digested sewage sludges, *Water Res.*, **28**, No. 2, pp. 343-353, 1994.
36) Jobst, H. : Chlorophenols and nonylphenols in sewage sludges, Part 1; Occurrence in Sewage

Sludges Of Western German Treatment Plants From 1987 To 1989, *Acta Hydrochimica Hydrobiologia*, **23**, No. 1, pp. 20-25, 1995.
37) Ahel, M., W. Giger, C. Schaffner : Behaviour of alkylphenol polyethoxyrate surfactants in the aquatic environment—Öü, Occurrance and transformation in sewage treatment, *Water Res.*, **28**, No. 5, pp. 1131-1142, 1994.
38) Di Corcia, A., R. Samperi, A. Marcomini : Monitoring aromatic surfactants and their biodegradation intermediates in raw and treated sewages by solid-phase extraction and liquid chromatography, *Environ. Sci. Technol.*, **28**, No. 5, pp. 850-858, 1994.
39) Lee, H. B., T. E. Peart : Determination of 4-nonylphenol in effluent and sludge from sewage-treatment plants, *Anal. Chem.*, **67**, No. 13, pp. 1976-1980, 1995.
40) Naylor, C. G. : Environmental fate and safety of nonylphenol ethoxylates, *Textile Chemist Colorist*, **27**, No. 4, pp. 29-33, 1995.
41) 藤田正憲, 加来啓憲, 森一博, 池道彦：下水処理系における非イオン界面活性剤ノニルフェノールエトキシレートの消長, 第33回日本水環境学会年会講演要旨集, p. 287, 1999.
42) 小森行也, 田中宏明, 高橋明宏, 矢古字靖子：活性汚泥処理実験装置を用いた内分泌攪乱物質の実態調査, 第8回環境化学討論会講演要旨集, pp. 138-139, 1999.
43) Ahel, M., W. Giger : Partitioning of alkylphenols and alkylphenol polyethoxylates between water and organic solvents, *Chemosphere*, **26**, pp. 1471-1478, 1993.
44) 中村好伸：非イオン界面活性剤—歴史, 種類と性質, 用途, 水環境学会誌, **21**, No. 4, pp. 192-196, 1998.
45) 日本工業標準調査会審議：起泡力と泡の安定度, JIS-K-3362, 1990.
46) 真柄泰基, 国包章一, 相沢貴子, 安藤正典, 他：非イオン界面活性剤の発泡性に関する調査, 厚生科学研究, 水道における化学物質の毒性, 挙動及び低減化に関する研究報告書, pp. 120-142, 1998.
47) 厚生省生活衛生局水道環境部監修：上水試験方法, pp. 404-409, 1993.
48) 真柄泰基, 相沢貴子, 安藤正典, 他：界面活性剤の水道水源水域及び利水過程における挙動と適正管理に関する研究, 環境庁環境保全研究成果集, **8**, pp. 1-34, 1999.
49) 菊地幹夫, 渡辺のぶ子, 小笠原道正, 紺野良子, 桜井博, 中島秀和：東京都内河川水中の界面活性剤の濃度分布と挙動, 水質汚濁研究, **11**, pp. 248-256, 1998.
50) 厚生省生活衛生局水道環境部監修：上水試験方法解説, 非イオン界面活性剤, pp. 520-529, 1933.
51) Narkiss, Nava et al : Ozonation of non-ionic surfactants in aqueous solution. *Wat. Sci. Tech.* **17**, pp. 1069-1080, 1985.
52) 国包章一：内分泌攪乱作用が疑われている化学物質の水道における実態調査, 水環境学会誌, **22**, No. 8, pp. 17-19, 1999.
53) U.S. EPA, Office of drinking water : Health advisories, pp. 231-238, 1987.
54) 真柄泰基, 国包章一, 相沢貴子, 安藤正典, 他：1,4-ジオキサンの水道における存在状況調査, 厚生科学研究, 水道における化学物質の毒性, 挙動及び低減化に関する研究報告書, pp. 99-119, 1998.

第4章 非イオン界面活性剤の生態毒性

非イオン(ノニオン)界面活性剤は、昭和58年(1983)には横浜市で魚浮上事故を、平成6年(1994)には埼玉県で水道水源を汚染する事故を引き起こしている。また、非イオン界面活性剤のひとつであるアルキルフェノールエトキシレート(以下APE)あるいはその分解中間生成物が環境中に残留していることがわかってきた。ここでは非イオン界面活性剤生産量の約4割を占めているアルコールエトキシレート(以下AE)とAPEを中心に水生生物への毒性について述べる。

4.1 生態系と生態毒性

4.1.1 生態系とは

私たちの身の回りには、いろいろな種類の生物がおり、互いに関係をもって生活している。この生物の集団を生物群集という。生物群集と、それをとりまく光、温度、水、大気などの無機的環境とから生態系ができている。

生物群集は、その役割から生産者、消費者、分解者の3つに分けられ、そしてこれらの間で物質が循環している。この関係を河川を例にして模式図で図-4.1に示す。生産者は独立栄養を営む植物の藻類などで、光合成によって炭酸ガスから有機物を合成する。消費者は、従属栄養の水生昆虫や魚類などで、生産者の合成した有機物を直接あるいは間接的に取り込む。消費者は、植物を直接食べる水生昆虫やアユなどの一次消費者と水生昆虫を食べるカマツカなどの二次消費者な

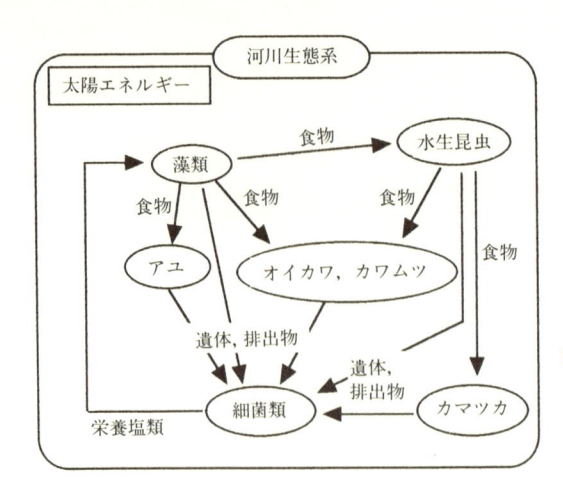

図-4.1 河川生態系における生物群集と物質循環

どに分けられる．分解者は菌類や細菌類などの微生物で，生物の遺体や排出物中の有機物を無機物に分解する．このように生態系の中で生物は互いに関わり合って生きている．

4.1.2 生態毒性

　生態系がある化学物質により汚染された場合，どのような影響が出るだろうか．これを明らかにするには，生態系を構成する個々の生物に対する直接的な毒性はどの程度か，生態系での物質の循環やエネルギーの流れはどの程度まで乱されるか，あるいはその化学物質が水中から生物に濃縮されたり，食物連鎖を通じて上位の生物に濃縮されるかなどの視点から検討することが必要である．

　生態系を構成する生物は多くの種類からなり，また互いに関わり合いをもって生活している．そこで試験にあたっては，どのような生物を試験生物として用いるかという選択が非常に重要である．一般的にはその生態系を構成する生物のなかでキーストーンとなる生物種に注目する．それはそのような生物が何らかの原因で大幅に減少したり死滅した場合に，生態系に大きな影響が及ぶからである．水産業やフィッシングとしての，資源保護や貴重種・希少種の保全・保護を必要とする立場から生物種を選ぶ場合もある．また，入手や実験室での飼育のしやすさ，経済性，生物学的・毒性学的基礎データなども生物種を選ぶうえで重要なポイントである．飼育の難しい生物ではなかなか再現性のあるデータを得ることが

難しい．このようなことから，河川や湖沼の汚染による水生生物への影響を検討するには，バクテリア，藻類，ミジンコ類，水生昆虫類，魚類などが試験生物のセットとして選ばれる．これは，1種類の生物を用いた試験の結果からだけでは生態系を構成する種々の生物への影響を見積もることが難しいためである．また，個別の生物を単独で用いて，毒性を明らかにするだけでは生態系での影響が解析できるとは限らないことから，モデル生態系をつくり，そのなかでどのような現象が起こるかを解析することも試みられている．

生態毒性試験を分類すると，単独生物への急性または慢性毒性試験，モデル生態系での影響試験あるいは生物濃縮試験などとなる．標準化されているいくつかの試験についてその概要を述べる．

① 急性毒性試験

短期間の汚染が水生生物に及ぼす影響を検討するために，急性毒性試験が行われる．これは数時間から数日間にわたって水生生物を汚染物質に曝露し，致死，遊泳阻害などの影響をみる．公定の試験方法としては，日本工業規格 JIS K 0102「工場排水試験方法」(71 魚類による急性毒性試験)や JIS K 0229-1992「化学物質などによるミジンコ類の遊泳阻害試験方法」などがある．また米国の「Standard Methods for the Examination of Water and Wastewater」や経済協力開発機構(以下 OECD)の定める「OECD Guidelines for Testing of Chemicals」などがある．OECD Guidelines の定める魚類急性毒性試験の方法と条件の概要について表-4.1[1] に示した．

② 慢性毒性試験

低濃度であっても，長期間にわたって汚染が継続することによって現れる影響を明らかにするには，世代交代が速い生物(例えば，単細胞微細藻類)では数日間，世代交代が遅い生物(例えば，魚類)では数箇月にわたって試験生物を汚染物質に曝露し，その成長の阻害や繁殖の阻害などをみる．試験方法としては，「Standard Methods for the Examination of Water and Wastewater」や「OECD Guidlines for Testing of Chemicals」などが一般的である．

③ 濃縮性試験

汚染物質の水生生物への濃縮性を明らかにするために用いられる．日本の化学物質審査規制法の定める試験方法では，致死濃度の 1/100, 1/1 000 以下の濃

第4章 非イオン界面活性剤の生態毒性

表-4.1 魚類急性毒性試験の方法と条件[1]

項　目	方法および条件
生　物　種	ゼブラフィッシュ, ファットヘッドミノー, コイ, ヒメダカ, グッピー, ブルーギル, ニジマス. 他の種を用いてもよい.
試験期間	96時間.
試験濃度	少なくとも5種類の濃度と対照区. 助剤を用いた場合は, 助剤対照区も設ける. 濃度公比は 2.2 を超えないことが望ましい. 試験上限濃度は 100 mg/L.
生　物　数	少なくとも7尾/区.
試験方式	止水式, 半止水式, または流水式.
助剤の使用	有機溶剤, 界面活性剤, 分散剤を 100 mg/L 以下で使用可.
希　釈　水	脱塩素水道水, 天然水または規定の調製水. 全硬度 $10\sim250$ mg $CaCO_3$/L, pH 6.0 $\sim$ 8.5.
生物密度	止水式および半止水式では魚体重 1 g 以下/L. 流水式ではさらに高密度にできる.
試験温度	その魚種に適した温度の範囲で $\pm2°C$.
照　　明	12~16 時間明周期.
曝　気	被験物質の消失がなければ曝気してもよい.
観　察 または 測　定	死亡数および症状;24時間ごと(3, 6時間も観察するのが望ましい). 水温, 溶存酸素濃度および pH;少なくとも毎日1回. 半止水式では pH は換水の前後に測定する. 被験物質濃度;測定する.
結果の算出	96時間での 50% 死亡濃度(LC_{50})(可能なら他の時間も), 0% 死亡最高濃度および 100% 死亡最低濃度.
基準物質	なし.
試　験 成立条件	・対照区での死亡率が終了時に 10% を超えない (10 尾より少ない数を使った場合は1尾を超えない). ・試験期間中可能な限り一定条件を維持する. ・試験期間中溶存酸素濃度は飽和酸素濃度の 60% 以上でなければならない. ・被験物質濃度は試験期間中十分に維持されていなければならない. 設定濃度からの変動が 20% 以上の場合は測定濃度に基づいて結果を算出する.

度でコイを原則として 8 週間にわたって曝露し, 試験化学物質がコイにどの程度濃縮されたかをみる. そのほかにも「OECD Guidlines for Testing of Chemicals」にいくつかの方法が定められている.

4.2 界面活性剤の魚類, 無脊椎動物などへの急性毒性

界面活性剤の水生生物への致死濃度については多くの報告があり, 例えば, 成魚, 稚魚, 仔魚の 50% 致死濃度(以下 LC_{50})や卵の孵化阻害濃度が求められて

いる．しかしこれらの値は相互に異なっており，この原因には界面活性剤の化学構造の違い，試験方法の違い（観察時間，水温・硬度などの水質，流水式・止水式などの換水方法など），生物の種類と発育段階などがある[2]．

4.2.1 界面活性剤の化学構造の違いによる魚類への毒性の差

合成洗剤に使われる界面活性剤について，魚への毒性を LC_{50} で比較したのが表-4.2[3] である．同一の魚種についてみると，界面活性剤の種類によって数倍の毒性の差がある．AE は，最も一般的に使われている直鎖アルキルベンゼンスルホン酸塩（以下 LAS）と比べると，海水魚のボラに対する場合を除いて，毒性が強い傾向にある．なお脂肪酸ナトリウム（純石けん分）の LC_{50} は数十 mg/L であり，毒性は低い．

表-4.2　数種の魚に対する界面活性剤の急性毒性

魚　種	96 h-LC_{50}, mg/L				備　考
	LAS	アルコールエトキシサルフェート(AES)	α-オレフィンスルホン酸塩(AOS)	AE	
ヤマメ	4.4	3.2	0.56	2.2	淡　水
ニジマス	4.7	4.4	0.78	2.3	淡　水
コ　イ	4.4	5.6	1.0	1.5	淡　水
ボ　ラ	1.3	1.5	0.70	2.9	海　水

〔文献 3）より作成〕

洗剤などに使われている AE は，多くの同族体の混合物であり，親油基のアルキル基の鎖長や親水基のポリオキシエチレン（以下 POE）基の鎖長〔エチレンオキシド（以下 EO）付加モル数〕には分布がある．この同族体組成は，AE の急性毒性と大きくかかわる．同一魚種のメダカを用いた 48 時間 50％ 致死濃度（以下 48 h-LC_{50}）の結果[4]を表-4.3 に示す．アルキル基の鎖長と POE 基の鎖長に分布のない純物質の 48 h-LC_{50} は，$C_{12}AE(4)$（2 章 p.36 脚注参照）で 3.0 mg/L，$C_{12}AE(8)$ で 3.5 mg/L，$C_{12}AE(16)$ で 25 mg/L となり，EO 付加モル数が大きいと毒性が低くなる．$C_{12}AE$ で，POE 基の鎖長に分布がある場合でも，同様に EO 平均付加モル数が大きいと毒性は低くなる．アルキル基が $C_{16\sim18}$ の AE では，EO 平均付加モル数の違いによって毒性に大差はないが，これは分布の広いことが毒性に強く関与しているのではないかと考えられる．また $C_{12}AE$ と $C_{16\sim18}AE$ を比較する

第4章 非イオン界面活性剤の生態毒性

表-4.3 界面活性剤のメダカに対する急性毒性

界面活性剤	48 h-LC$_{50}$, mg/L
C$_{11.7}$LAS	10
C$_{12}$LAS	12
C$_{14\sim18}$AOS	1.8
C$_{16\sim18}$AOS	0.81
C$_{12}$AS*	46
C$_{14}$AS*	2.5
C$_{16}$AS*	0.61
C$_{14}$AES(3)	6.0
C$_{16\sim18}$AES(3)	1.5
C$_{12}$AES(1)*	42
C$_{12}$AES(3)*	68
C$_{12}$AE(3)*	2.4
C$_{12}$AE(4)*	3.0
C$_{12}$AE(8)*	3.5
C$_{12}$AE(16)*	25
C$_{12}$AE(6.5)	3.3
C$_{12}$AE(13)	12
C$_{12}$AE(25)	82
C$_{16\sim18}$AE(10)	3.5
C$_{16\sim18}$AE(20)	4.5
C$_{16\sim18}$AE(30)	4.6
C$_8$APE(10)	27
C$_9$APE(10)	10

注1) *印は純物質である。それ以下は異性体・同族体の混合物である。
〔文献4)より作成〕

と，アルキル鎖長によって毒性が異なり，鎖長が長くなると毒性が強くなることがわかる。

アルキル基が C$_8$ または C$_9$ の APE($n=10$)でメダカでの48 h-LC$_{50}$ は 10～27 mg/L である(表-4.3)。APE においてもアルキル基の鎖長が長い場合のほうが毒性が強い。

4.2.2 試験方法の違いによる魚類への毒性の変化

AE では試験水の硬度が変化しても毒性は変わらない[5]。しかし陰イオン(アニオン)界面活性剤のLAS や脂肪酸ナトリウム(純石けん分)では硬度の変化に伴って毒性が変化する。

また，界面活性剤への曝露期間の違いによっても毒性に差がでる。ニジマスの致死データで比較すると，界面活性剤への曝露期間が長くなると，より低濃度で影響が現れてくる(図-4.2)[6]。AE の LC$_{50}$ でみると，1日と28日では2倍程度の違いがある。

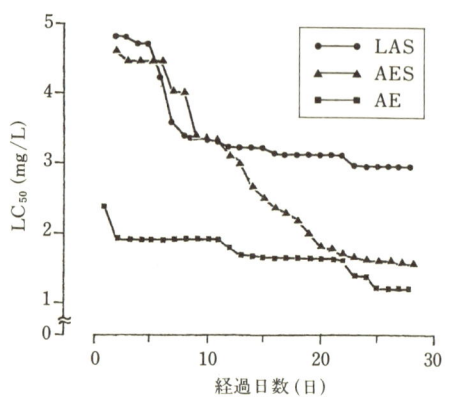

図-4.2 界面活性剤のニジマスに対する LC$_{50}$ の経日変化[6]

4.2.3 生物の種類による毒性の差

日本で身近にみられる魚について，同一の AE による 96 時間 50% 致死濃度（以下 96 h-LC$_{50}$）を表-4.2 に示した[3]．魚種の違いにより，2 倍程度の差がでている．

4.2.4 水生生物への致死濃度

AE に関する急性毒性データを整理して，そのほかの界面活性剤のデータとともに図-4.3，4.4 に示した．AE は，最も多く使われている LAS と比べてやや急性毒性が強いことがこの図からもわかり，それは淡水産無脊椎動物で著しいことがわかる．しかし，この図は生物の種差や同族体・異性体組成の違いや試験方法

図-4.3 AE およびその他の界面活性剤の魚類に対する LC$_{50}$ [27]

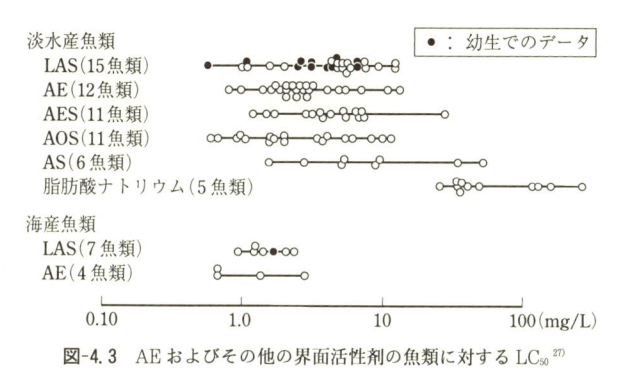

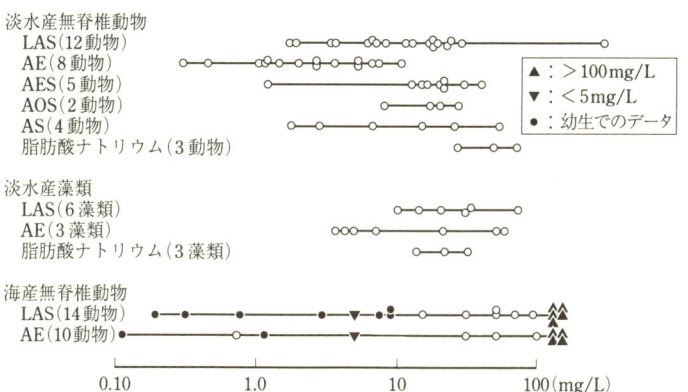

図-4.4 AE およびその他の界面活性剤の無脊椎動物に対する LC$_{50}$ と淡水産藻類への成長阻害濃度[27]

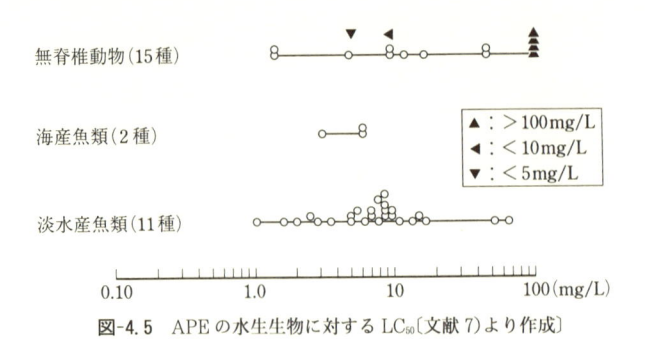

図-4.5 APE の水生生物に対する LC_{50}〔文献 7)より作成〕

の違いなどを含んでの値であることに注意が必要である.

APE に関する急性毒性データを整理して図-4.5 に示した. APE は AE よりも急性毒性はやや低い.

4.2.5 そのほかの非イオン界面活性剤の毒性

日本では数年前からアルキルポリグルコシド(以下 APG)が台所用洗剤の原料として用いられてきている. 都島ら[8]の報告から, メダカに対する 96 h-LC_{50} は, 淡水で 96～115 mg/L, 海水で 50 mg/L であり, また mysid shrimp(海産エビ)に対しては 15 mg/L であり, APG の急性毒性は比較的弱いことがわかる. 彼らは, この結果と APG が究極的生分解性を有することから, APG の環境安全性は高いと報告している.

4.3 魚類などへの慢性毒性

環境汚染の水生生物への悪影響を考えるうえでは, 慢性毒性のデータは欠かせない. 致死濃度以下であっても, 長期間にわたって水生生物が界面活性剤に曝露されると, 例えば, 魚では仔魚・稚魚の成長に影響がでることが報告されている.

AE についてニジマス仔魚を用いた約 1 箇月間の毒性試験が行われており(図-4.2, 表-4.4), その結果によれば 0.5 ないし 0.7 mg/L が最大無影響濃度(以下 NOEC)であり, 最小影響濃度(以下 LOEC)は 1 mg/L であった[6,9]. また, 単細胞藻類を用いて生長速度や生長量を指標として影響をみた場合, AE では数～数

表-4.4 $C_{12}AE(6.5〜7)$ の慢性毒性

生物	毒性試験		NOEC-LOEC (mg/L)	文献
	期間	影響		
ニジマス（前期仔魚）	28日(室内)	生存，成長，行動	0.5〜1.0	9
ニジマス（後期仔魚）			0.7〜1.0	6

十 mg/L で成長が阻害された(**4.4** 参照).

4.4 モデル生態系での水生生物への影響

Gillespie, Kline, Dorn, Harrelson らのグループ[10〜16]は，種々の AE についてモデル生態系の流水式メソコズムを用いて水生生物影響を検討している．一例を紹介すると，Dorn ら[15]は流水式メソコズムを用いて $C_{12〜13}AE(6.5)$ の 30 日間の曝露に対する付着生物，大型水生植物，無脊椎動物および魚類に及ぼす影響を調べた(**表-4.5**). 付着生物では 5.15 mg/L の曝露に対しても有意な影響はみられなかったが，かいあし類，枝角類についてはすべての実験濃度(0.32, 0.88, 1.99, 5.15 mg/L)において有意な影響が観察され，無脊椎動物に対する LOEC は 0.32 mg/L であった．淡水魚の fathead minnow の 30 日間の曝露に対する LC_{50}, NOEC, LOEC はそれぞれ 1.27, 0.88, 1.99 mg/L であった．また，生殖，摂餌行

表-4.5 $C_{12.5}AE(6.5)$ の慢性毒性

生物		毒性試験		NOEC-LOEC** (mg/L)	文献
		期間	影響		
淡水魚	Bluegill sunfish (幼魚)	30日 [屋外メソコズム]	生存，成長	0.88〜1.99 (LC_{50} 1.30)	15
	Fathead minnow (成魚)		生存，再生産	0.88〜1.99 (LC_{50} 1.27)	
			生殖および摂餌行動	0.32〜0.88	
無脊椎動物*			種組成，生息密度，流下数	0.32 (LOEC)	
Myriophyllum			クロロフィル a，バイオマス 膜機能	>5.15	
付着生物			クロロフィル a，バイオマス 種組成		

* Simuliidae, Copepoda, Cladocera, Chironomidae, Nematoda, Annelida.
** NOEC：最大無影響濃度, LOEC：最小影響濃度.

動についての NOEC は 0.32 mg/L で，最も鋭敏なエンドポイントであった．したがって，このメソコズムの NOEC は 0.28 mg/L であると報告している．

メソコズムを用いての実験から，魚類や無脊椎動物などに及ぼす長期的影響は，致死濃度と同様に生物種により大きく異なるが，全体として無脊椎動物に影響が強く現れ，植物への影響は小さかった．単細胞微細藻類を単独で用いて AE による成長への影響をみた場合，数〜数十 mg/L で成長が阻害される結果（図-4.4）とも一致する．また AE の化学構造との関係を検討すると，アルキル基の炭素数が多いほど影響が強くなる傾向がみられ，これは致死濃度での傾向と一致する．

メソコズムを用いて報告されているデータは，EO の付加モル数 6〜7 のものであり，それ以外の EO 付加モル数での影響についてはわからなく，また河川水中に存在する AE の化学構造も不明であるが，これまでの結果から AE の NOEC は 0.1 mg/L のオーダーであると思われる．

4.5 分解中間生成物の毒性

APE の分解中間生成物では水生生物への毒性が増大し，また分解中間生成物のノニルフェノール（以下 NP）などにはエストロゲンの作用がある[17]．NP の NOEC は，淡水の甲殻類であるオオミジンコ（$Daphnia\ magna$）への慢性毒性試験（21 日間の生存・生長・再生産への影響試験）から $24\ \mu g/L$ と求められた[18]．NP に曝露したニジマスの雄ではビテロジェニンの生成と精巣の成熟阻害がみられる．ビテロジェニン生成の明らかな上昇でみると，NP の LOEC は $20\ \mu g/L$ となる[19]．またメダカを用いた試験も行われており，$50\ \mu g/L$ の NP に曝露した雄のメダカでは精巣と卵巣の両方をもつ（testis-ova）個体が出現した[20]．NP などの内分泌撹乱作用についてのデータはまだ非常に限られたものであるが，詳細は第 5 章を参照されたい．

4.6 水生生物への濃縮

4.6.1 AEの水生生物への濃縮

淡水魚 bluegill に対する AE の濃縮に関する Bishop らの研究[21]によれば，^{14}C でラベルした $C_{14}AE(7)$ に 0.02 mg/L および 0.2 mg/L で曝露したところ，120 時間後に両濃度における全魚体濃縮率は 700 となり，平衡に達した．

また若林ら[22]は ^{14}C で標識した 3 種の AE を用いてオートラジオグラフィーと液体シンチレーションカウンターでコイ(*Cyprinus carpio*)への吸収，体内分布と排泄を研究している．0.2〜0.6 mg/L の AE にコイを曝露したところ，^{14}C は魚体に急速に吸収され，そして体表，鼻腔・口腔，えら，脳，肝臓，膵臓，腎臓，胆汁，腸内容物に比較的高濃度となった．排泄の半減期は，30〜80 時間であり，排泄は速やかだった．吸収速度と排泄速度から計算した平衡状態での濃縮率は $C_{12}AE(4)$ では 310，$C_{12}AE(8)$ では 210，$C_{12}AE(16)$ では 4.3 となった．また ^{14}C の化学形を検討し，AE の多くが体内では代謝物で存在すると報告している．

これらの結果から，AE は濃縮性の高い部類の化学物質ではないが，LAS よりも濃縮性は高いことがわかる．AE の魚への濃縮性は化学構造によって異なることはすでに述べたが，おそらく生物種によっても異なるはずである．

4.6.2 APEの水生生物への濃縮

Granmo らはポリオキシエチレン鎖を ^{14}C でラベルした NPE(10) の 5 mg/L 溶液に *Gadus morrhua L.*（タラの一種）を止水式で 48 時間曝露し，えら，血液，肝臓，腎臓，胆のうにおける濃縮率を測定した[23]．魚体中の ^{14}C は曝露開始から 8 時間で平衡濃度に達し，そのときの値はえらと血液で最も低く約 20，肝臓と腎臓では約 100，胆のうでは約 800 に達した．清浄水中での排泄をみると，24 時間後にはえら，血液と腎臓では ^{14}C の 60% 以上がなくなり，一方胆のうでは約 60% 増加した．この結果から，APE の魚への濃縮性は化学構造とおそらく生物種によって異なるが，APE は濃縮性の高い部類の化学物質ではないことがわかる．

^{14}C でラベルした NP を用いて，流水の海水中でエビ(*Crangon grangon L.*)，

二枚貝(*Mytilus edulis L.*), 魚 stickleback(*Gasterosteus aculeatus L.*)への濃縮が研究されている. 濃縮率は魚で1 300, 二枚貝で3 400となり, これまでに報告されている値と比べて5倍または340倍高い値となった[24].

以上をまとめると,

AEの急性毒性は, 化学構造や生物種により大きく異なるが, 魚類では1 mg/L, 無脊椎動物ではそれよりもやや低い濃度から現れる. AEの慢性毒性も, 化学構造や生物種により大きく異なるが, 魚類や無脊椎動物では急性毒性濃度の1/10程度から影響が現れる. また, AEは魚類への濃縮性は低いことがわかっている.

APEの急性毒性は, 魚類や無脊椎動物で1 mg/L程度から現れる. またAPEは魚類への濃縮性は低いことがわかっている.

ノニルフェノールエトキシレート(NPE)の分解中間生成物のひとつであるNPについては, オオミジンコでの繁殖試験のNOECは24 μg/Lであり, またニジマスの雄でのビテロジェニンの生成からみたLOECは20 μg/Lである. しかしNPについては魚や二枚貝で1 000を超える濃縮率も報告されており, さらに検討を必要とする.

文献

1) 前田正伸:現行生態影響試験法の概要(OECD法等), 生態影響と評価に関するセミナー '96, エコトキシコロジー研究会, 1996.
2) 菊地幹夫:界面活性剤の生分解性および水生生物に対する毒性, 水環境学会誌, 16, pp. 302-307, 1993.
3) 若林明子, 菊地幹夫, 永沼義春, 川原浩:洗剤に用いられる界面活性剤の魚毒性に関する研究, 東京都公害研究所年報, pp. 114-118, 1984.
4) Kikuchi, Mikio, Meiko Wakabayashi: Lethal Response of some surfactants to medaka *Oryzias latipes* with relation to chemical structure, *Bulletin of the Japanese Society of Scientific Fisheries*, 50, pp. 1235-1240, 1984.
5) 若林明子, 鬼塚 聡:魚類の急性毒性に影響を与えるいくつかの因子について, 東京都環境科学研究所年報, pp. 102-104, 1986.
6) 若林明子, 溝呂木昇:界面活性剤のニジマスに対する亜急性影響について, 東京都環境科学研究所年報, pp. 129-131, 1988.
7) Arthur D. Little, Inc. (黒岩幸雄監訳):界面活性剤の科学―人体および環境への作用と安全性―, フレグランスジャーナル社, 東京, 1981.
8) Toshima, Y., T. Koike, N. Nishiyama, T. Tsugukuni: Biodegradation and aquatic toxicity of alkyl polyglycoside, *J. Jpn. Oil Chem. Soc.* (*YUKAGAKU*), 44, pp. 108-115, 1995.
9) 菊地幹夫, 若林明子:ニジマスの初期生活段階毒性試験によるいくつかの界面活性剤の毒性評価(その1), 東京都環境科学研究所年報, pp. 104-107, 1995.

文　　献

10) Gillespie, W. B. Jr., J. H. Rodgers Jr., Norman O. Crossland : Effects of a nonionic surfactant (C_{14-15}-AE-7) on aquatic invertebrates in outdoor stream mesocosms, Environ. Toxicol. Chem., **15**, pp. 1418-1422, 1996.
11) Kline, E. R., R. A. Figueroa, J. H. Rodgers Jr., P. B. Dorn : Effect of a nonionic surfactant (C_{14-15}AE-7) on fish survival, growth, and reproduction in laboratory and in outdoor stream mesocosms. Environ. Toxicol. Chem., **15**, pp. 979-1002, 1996.
12) Dorn, P. B., J. H. Rodgers Jr., S. T. Dubey, W. B. Gillespie Jr., A. R. Figueroa : Assessing the effects of a C_{14-15} linear alcohol ethoxylate surfactant in stream mesocosms, Ecotoxicol. Environ. Saf., **34**, pp. 196-204, 1996.
13) Harrelson, R. A., J. H. Rodgers Jr., R. E. Lizotte Jr., P. B. Dorn : Responses of fish exposed to a C_{9-11} linear alcohol ethoxylate nonionic surfactant in stream mesocosms, Ecotoxicology, **6**, pp. 321-333, 1997.
14) Gillespie, W. B. Jr., John H. Rodgers Jr., Philip B. Dorn : Responses of aquatic invertebrates to a C_{9-11} non-ionic surfactant in outdoor stream mesocosms, Aquat. Toxicol., **37**, pp. 221-236, 1997.
15) Dorn, P. B., John H. Rodgers Jr., William B. Gillespie Jr., Richard E. Lizotte Jr., Dunn, W. A. : The effects of a C_{12-13} linear alcohol ethoxylate surfactant periphyton, macrophytes, invertebrates and fish in stream mesocosms. Environ. Toxicol. Chem., **15**, pp. 1418-1422, 1997.
16) Gillespie, W. B., J. H. Rodgers, P. B. Dorn : Responses of aquatic invertebrates to a linear alcohol ethoxylate surfactant in stream mesocosms, Ecotoxicol. Environ. Saf., **41**, pp. 215-221, 1998.
17) Routledge, E. J., John P. Sumpter : Estrogenic activity of surfactants and some of their degradation products assessed using a recombinant yeast screen, Environ. Toxicol. Chem., **15**, pp. 241-248, 1996.
18) Comber, M. H. I., T. D. Williams, K. M. Stewart : The effects of nonylphenol on Daphnia magna. Water Res., **27**, pp. 273-276, 1993.
19) Jobling, S., David Sheahan, Julia A. Osborne Peter Matthiessen, John P. Sumpter : Inhibition of testicular growth in rainbow trout (Oncorhynchus mykiss) exposed to estrogenic alkylphenolic chemicals, Environ. Toxicol. Chem., **15**, pp. 194-202, 1996.
20) Gray, M. A., Chris D. Metcalfe : Induction of testis-ova in Japanese medaka (Oryzias latipes) exposed to p-nonylphenol, Environ. Toxicol. Chem., **16**, pp. 1082-1086, 1997.
21) W., E. Bishop, Maki A. W. : A critical comparison of two bioconcentration test methods, Proc. ASTM 3rd Aquatic Toxicology Symposium, October, pp. 17-18, New Orleans, LA, 1978.
22) Wakabayashi, M., M. Kikuchi, A. Sato, T. Yoshida : Bioconcentration of alcohol ethoxylates in Carp (Cyprinus Carpio), Ecotoxicol. Environ. Safety, **13**, pp. 148-163, 1987.
23) Granmo, Å., S. Kollberg : Uptake pathways and elimination of a nonionic surfactant in cod (Gadus morrhua L.), Water Research, **10**, pp. 189-194, 1976.
24) Ekelund, R., Å. Bergman, Å. Granmo, M. Berggren : Bioaccumulation of 4-nonylphenol in marine animals—A re'evaluation. Environ. Pollution, **64**, pp. 107-120, 1990.
25) 化学品検査協会編：OECD化学品テストガイドライン(OECD Guidelines for testing of chemicals), 第一法規出版, 1981.
26) American Public Health Association, American Water Works Association, Water Environment Federation : Standard methods for the examination of water and wastewater, American Public Health Association (Washington, D. C.), 1998.
27) (社)日本水環境学会：Q&A 水環境と洗剤, ぎょうせい, 1994.
28) 日本水質汚濁研究協会：界面活性剤の水環境に及ぼす影響等に関する調査報告書, 1986.

第5章　非イオン界面活性剤由来の内分泌撹乱化学物質

5.1　内分泌撹乱とは

　化学物質による新たなタイプの環境汚染として「内分泌撹乱化学物質」の問題が注目されている．そのきっかけとなったのは，1996年3月に出版されたColbornらの「Our Stolen Future(奪われし未来)」[1]である．内分泌撹乱化学物質は，一般的には「環境ホルモン」とよばれ，これらの物質が生物の体内に入ると内分泌系を撹乱し，生殖障害など健康や生態系に悪影響を与えるという可能性が指摘されている．環境ホルモン物質と疑われている化学物質のなかに，非イオン(ノニオン)界面活性剤であるアルキルフェノールエトキシレート(以下APE)の分解産物であるノニルフェノール(以下NP)などのアルキルフェノール(以下AP)があげられたことから，非イオン界面活性剤の安全性について注目されている．ここでは，内分泌撹乱化学物質の野生生物やヒトに及ぼす影響と内分泌撹乱(エストロゲン様)化学物質の検出法，APEおよびその分解産物のエストロゲン活性について述べる．

5.1.1　内分泌撹乱化学物質の定義と種類

　「内分泌撹乱化学物質」とは，生体の成長，生殖や行動に関するホルモンの作用を阻害する性質をもっている化学物質のことで，正確には「外因性内分泌撹乱化学物質(Endocrine Disrupting Chemicals, Endocrine Disruptors)」とよばれているが，一般的には「環境ホルモン」ともよばれている．

第5章 非イオン界面活性剤由来の内分泌撹乱化学物質

表-5.1 内分泌撹乱作用が懸念されている主な物質の種類[2]

	産業化学物質	ダイオキシン	農 薬	天然物質	医薬品
用途または発生源	・合成洗剤 ・染料 ・化粧品 ・プラスチック可塑剤 など	・ゴミの焼却 ・金属精錬 ・紙の漂白 など	・除草剤 ・抗真菌剤 ・殺虫剤 など	・クローバー ・大豆 ・ジャガイモ ・ニンジン など	・流産防止薬 など
化学物質	・NP ・OP ・BPA ・フタル酸ブチルベンジル ・コプラナPCB など	・ポリ塩化ジベンゾパラジオキシン ・ポリ塩化ジベンゾフラン	・DDT ・DDE ・DDD ・エンドスルファン ・メトキシクロル ・ヘプタクロル ・トキサフェン ・ディルドリン ・リンデン など	・フォルモノネチン ・クメストロール など	・DES ・エチニールエストラジオール（ピル）など

　内分泌撹乱化学物質の定義もさまざまであるが，環境庁では，「動物の生体内に取り込まれた場合に，本来，その生体内で営まれている正常なホルモン作用に影響を与える外因性の物質」と定義している[2]．定義自体も各国によって微妙に異なるため，環境ホルモン物質もそれにより種類がはっきりしていない．環境庁では，67種類の化学物質をリストアップしている[2]が，「Our Stolen Future」では63物質，(社)日本化学工業協会[3]では海外の諸文献より144の化学物質を列挙している．このように，現在，内分泌撹乱化学物質として約70～150種類に及ぶ物質が疑われているが，これらを大きく分けると，表-5.1[2]に示すように産業化学物質としてのNPやビスフェノールA（以下BPA）など，非意図的生成物質としてのダイオキシン類，農薬としてのジクロロジフェニルトリクロロエタン（以下DDT）とその分解産物のジクロロジフェニルジクロロエタン（以下DDD），メトキシクロル，ディルドリンなど，天然物質としてのフォルモノネチン，クメストロールなど，医薬品としてのジエチルスチルベステロール（以下DES），エチニールエストラジオール（ピル）などに分けられる．

5.1.2 内分泌撹乱化学物質の構造

　内分泌撹乱化学物質は以下に示すような，共通の特徴をもっている[4]．

5.1 内分泌撹乱とは

① ベンゼン環をもっている．

代表的な内分泌撹乱化学物質の化学構造を図-5.1に示す．それらに共通しているのは，トリブチルスズ(以下TBT)を除いて多くの物質はベンゼン環を有していることである．

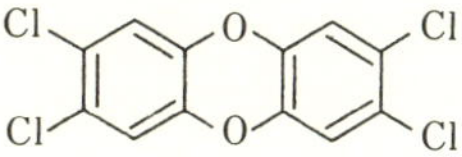

2,3,7,8-TCDD [322] 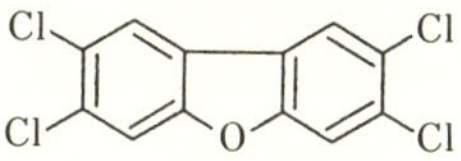　　　2,3,7,8-TCDF [306]

ダイオキシン類

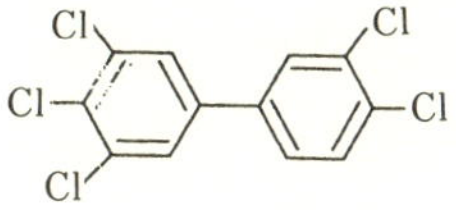

ノンオルソコプラナーPCB　　　DDT [354]
(3,3′,4,4′,5-PCB) [326]

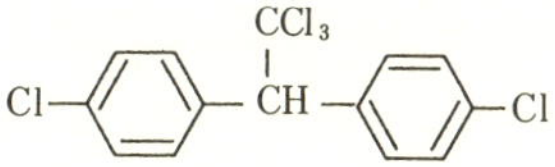

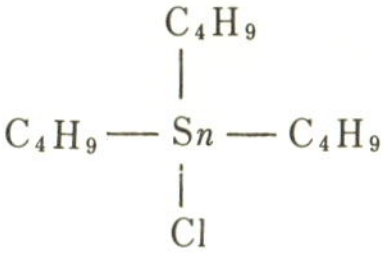

トリブチルスズ(TBT) [326] 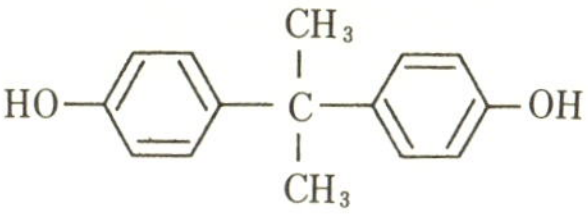　　　ビスフェノールA [228]

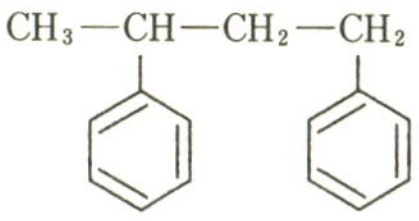

スチレンダイマー [210] 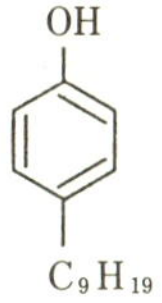　　　p-ノニルフェノール [220]

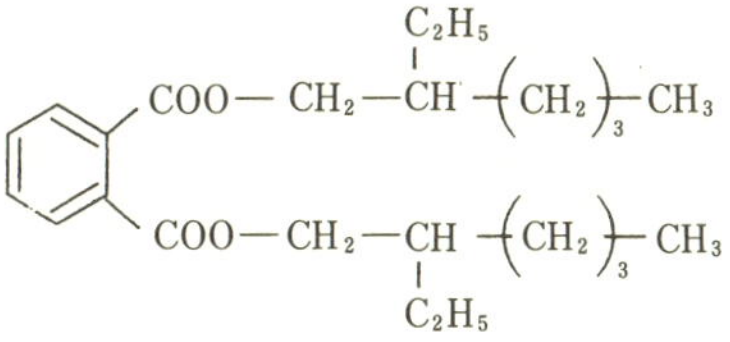

フタル酸ジ〈2-エチルヘキシル〉　　　ブチルヒドロキシトルエン
(DEHP) [391]　　　(BHT) [220]

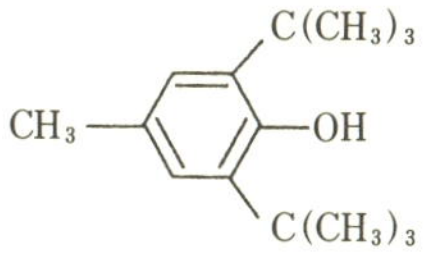

図-5.1　代表的な環境ホルモン(および環境ホルモンと疑われている物質)の
　　　　化学構造([ ]内は分子量)

第5章　非イオン界面活性剤由来の内分泌撹乱化学物質

② 分子サイズが小さく構造も単純.

　生体を構成する分子はタンパク質や多糖類のような複雑な高分子化合物であり，分子サイズが大きい．高分子化合物は分子量が約1万以上の化合物の総称であるが，環境ホルモンはそれと比べると分子量はきわめて小さいものもある．したがって，構造もタンパク質などに比べてきわめて単純である．

③ 水に溶けにくく油に溶けやすい．

　内分泌撹乱化学物質は水に溶けにくく，疎水性の溶媒に溶けやすい脂溶性物質である．

④ 生分解性が低い．

　内分泌撹乱化学物質の分子は，酵素によって切断されやすいエステル結合やアミド結合を有していないため，生体内や環境中で分解しにくく，そのままの化学構造を保ち続ける割合が高い．

　これらのなかには分解しにくいため環境に残留し，イルカや鯨などの大型の水棲哺乳類に食物連鎖で数千万倍に濃縮される物質もある．そして，化学物質のなかには生物の体内に入り女性ホルモンの受容体に結合することにより，女性ホルモンと同じような作用（エストロゲン様作用）を及ぼしたり，また抗アンドロゲン作用（抗男性ホルモン）や抗甲状腺ホルモン様作用をもたらす化学物質が確認されている[5]（エストロゲン作用のメカニズムは 5.2 で述べる）．ポリ塩化ビフェニル（以下 PCB）や DDT，NP，BPA などの化学物質はエストロゲンレセプターに結合することによってエストロゲンと類似の反応がもたらされるため，これらの物質による生殖異常が懸念されている．逆に，ダイオキシン類では，エストロゲン作用を抑制し，卵巣機能を減退させたり，エストロゲンを代謝して体外へ排泄させ生殖異常を引き起こす働きが懸念されている．ジクロロジフェニルジクロロエチレン（以下 DDE）やビンクロゾリンなどはアンドロゲンレセプターに結合し，アンドロゲン作用を阻害する働きが懸念されている（図-5.2）．このような作用を引き起こすと考えられている化学物質は表-5.2 に示すとおりである．

5.1.3　内分泌撹乱化学物質が野生生物に及ぼす影響[1,5]

　内分泌撹乱化学物質の問題になっている脅威は，生物の存続を危うくする生殖や発育への深刻な影響である．生物の種類によって現れる障害は異なるが，雌で

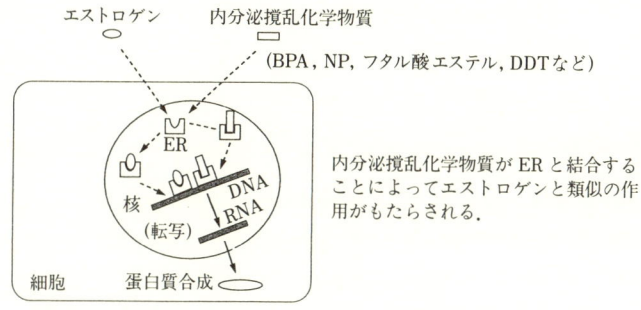

5.1 内分泌撹乱とは

ER(エストロゲンレセプター)：エストロゲンと結合して，遺伝子(DNA)を活性化させる．

(a) エストロゲン様作用のメカニズム

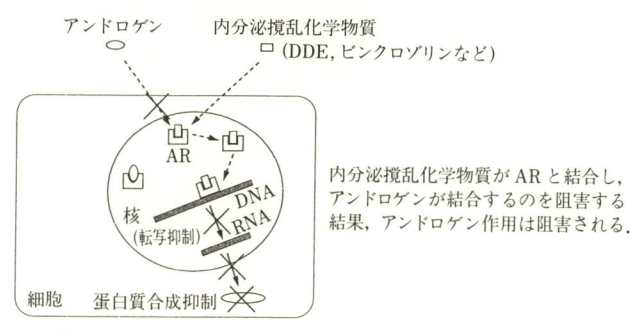

AR(アンドロゲンレセプター)：アンドロゲンと結合して，DNAを活性化させる．

(b) アンドロゲンの作用を阻害するメカニズム

図-5.2 内分泌撹乱化学物質の作用メカニズム

表-5.2 内分泌撹乱化学物質の作用

作　用	症　状	化学物質
エストロゲン作用	生殖異常	BPA, DDT, NP
抗エストロゲン作用	生殖異常	ダイオキシン類
抗アンドロゲン作用	生殖異常	ビンクロゾリン, DDE
甲状腺ホルモン撹乱	学習機能低下	2, 3, 7, 8-TCDD, PCB
副腎皮質ホルモン撹乱	ストレス	未解明

は性成熟の遅れ，生殖可能年齢の短縮，妊娠維持困難・流産などが見いだされ，雄では精巣萎縮，精子減少，性行動の異常などとの関連が報告されている．内分泌撹乱化学物質の野生生物に及ぼす影響の主な事例は以下に示すとおりである

第5章 非イオン界面活性剤由来の内分泌攪乱化学物質

表-5.3 野生生物への化学物質の影響

生 物	場 所	影 響	原因物質
イボニシ	日本の海岸	雄化,個体数の減少	有機スズ化合物
ニジマス	英国の河川	雄化,個体数の減少	NP(断定されず)
ローチ	英国の河川	雌雄同体化	NP(断定されず)
サケ	米国の五大湖	甲状腺過形成,個体数減少	不明
アリゲータ	米国・フロリダ州	雄のペニスの矮小化,卵の孵化率低下,個体数の減少	湖内に流入したDDT等有機塩素系農薬
カモメ	米国の五大湖	雌化,甲状腺の腫瘍	DDT, PCB(断定されず)
メリケンアザラシ	米国・ミシガン州	卵の孵化率の低下	DDT, PCB(断定されず)
アザラシ	オランダ	個体数の減少,免疫機能の低下	PCB
シロイルカ	カナダ	個体数の減少,免疫機能の低下	PCB
ピューマ	米国	停留精巣,精子数の減少	不明
ヒツジ	オーストラリア	死産の多発,奇形の発生	植物性エストロゲン(クローバーによる)

(表-5.3)[5]).

(1) 魚類への影響

イギリスでは,避妊薬のエチニールエストラジオールが下水処理施設を通して流れたことによって,雌雄同体の魚の出現に関与したとの仮説が提出された.雄のニジマスを下水処理施設の下流に置き,血清中のビテロジェニンを定期的に調べた結果,下水処理場からの放流水にはエストロゲン様の化学物質が存在する[6]ことが明らかとなった.

また,Aire川ではローチの雄のビテロジェニン濃度が,汚染されていない場所の産卵雌と同じであり精巣も小さかった.Aire川の近くの羊毛洗浄工場で,界面活性剤として用いられているノニルフェノールエトキシレート(以下 NPE)の分解産物であるNPがエストロゲン作用の原因物質と推定された[7].しかし,上記の異常が観察された場所では,羊毛洗浄工場の排水だけではなく,下水処理場の処理水も存在し,ヒトおよび家畜の体内から出たと思われる天然のエストロゲンおよび経口避妊薬のエチニールエストラジオールも検出されている.エチニールエストラジオールのエストロゲン作用は,NPの10万倍であるという報告も

あり，原因物質は特定されていない．

日本における都市河川の例としては，多摩川で成熟した雄のコイを採取し，生殖腺の組織学的検査，ビテロジェニン発現の有無，性ホルモンレベル，河川水中およびコイの組織中の NP 量の測定が行われている．4回の調査の結果，体長は45～60 cm，6～9年齢，雌 61 匹，雄 28 匹，雌雄同体 1 匹であり，雄の約 30%は精巣が異常に小さく精子形成がきわめて悪く，コイの生殖腺には異常が認められた[8]．ビテロジェニンを発現している雄は約 50% であった．そのときの河川水中の NP の濃度は 0.47 μg/L であった．原因は現在のところ不明である．

（2） 巻貝への影響

海産巻貝(イボニシなど)の雌で雄の生殖器(ペニスおよび輸精管)をもつものが，イギリス，アメリカ，日本でもみつかっている．この現象の原因は，船底防汚塗料として用いられている TBT 化合物である．TBT はきわめて毒性が強く，致死量よりも著しく低い濃度でホルモン様作用を示し，雌に対して雄の性徴(インポセックス)を不可逆的に誘導する[9]ことが明らかとなっている．

（3） 五大湖の野生動物への影響

環境汚染のひどかった五大湖の野生動物の調査より，多くの野生動物種では汚染度と胚発生に負の相関があり，汚染した魚を食べている鳥類では雄の雌化がみられ，性比が不均衡である[10]ことが明らかとなった．野生動物の体内から，DDTやその代謝産物，メトキシクロール，ミレックスなどが見いだされており，一方，これらの化学物質で実験的に生殖異常が誘起できることが報告されている．

魚を食べるメリケンアジサシの生殖率が有機塩素系物質汚染のある Michigan湖の Green Bay で極端に低下しており，対照となるウィスコンシンの Poygan湖からの卵と比べて，Green Bay の卵にはダイオキシン(TCDD, PCDD)類，PCB 類がきわめて多く含まれていた[11]ことが報告されている．

また，五大湖のカモメでは卵殻が薄くなることが報告されている．海鳥の個体群で性比の偏り，生殖器官の形態異常，血中ホルモンレベルの異常，巣作りおよび交尾行動の異常，卵の質の低下などが環境ホルモンの曝露と関係している[12]と考えられている．環境中に存在するのと同じ量の化学物質を鳥の卵に作用させると，野生でみられるのと同じ生殖器官の異常が誘起された．したがって，五大湖周辺およびカリフォルニアの海岸域でみられる鳥の異常は，発生中の胚に対する

（4） フロリダの野生生物への影響

フロリダの Apopka 湖では，ワニの孵化個体には生殖腺の形態異常，血中性ホルモンレベルの異常などの発生異常があり，孵化個体の死亡率が高かったこと，若いワニと幼体が極端に少なく，胚と孵化後の幼体の死亡率がきわめて高かったことが報告されている．この湖の若いワニの血中の性ホルモンレベルが異常であり，雄ではペニスが異常に小さかった[13]．この湖に棲息する淡水産のカメも生殖腺に発生異常があり，血中の性ホルモンレベルも異常であった．

ワニやカメの性は孵卵温度によって決まるが，発生中のカメの卵に PCB を塗布すると，雄に分化する温度で孵卵しても雄から雌への完全な性の転換が起こることが報告されている．これはエストロゲンを塗布したときと同じ現象であり，また，Apopka 湖のワニの卵と組織には p,p'-DDE が高濃度に存在していたことから，これらの物質による影響と考えられている．

現存しているフロリダピューマの多くの雄には精子数が少なく異常精子が多く存在し，しかも潜伏精巣の個体が多い．このような生殖系の異常は，最近まで近親交配によるものと考えられていたが，遺伝学的解析から，フロリダピューマの遺伝学的な多様性は，ほかのネコ科の動物の遺伝的多様性と有意な差はなかった．一方，胎仔期および新生仔期にダイオキシン，PCB 類，DES などに曝露された実験動物でも同じ現象がみられた[14]．したがって，このような現象は発生中に内分泌撹乱化学物質に曝露されたことが原因となっているのではないかという仮説も報告されている．

5.1.4　内分泌撹乱化学物質がヒトに及ぼす影響[15]

ヒトに現れ得る影響としては，先天性奇形，生殖機能低下，悪性腫瘍などがあげられる．先天性奇形には尿道下裂，停留睾丸など，生殖機能では精子数の減少，悪性腫瘍としては子宮，乳腺，精巣，前立腺ガンなど，そのほかにも精神神経症状，免疫低下などが取り上げられている．

しかし，DES のような強力なエストロゲン様物質を妊娠中の母体が摂取することで生じた影響（女児にみられた膣ガンなど）以外は，明確な因果関係を示す報告は得られていない．また，精子数の減少についても，さまざまな研究報告があ

るが，環境ホルモン物質との関係は明らかとなっていない．このように，環境ホルモン物質の野生生物に対する影響については因果関係が明らかとなった事例はあるが，ヒトに対する影響についてはまだ十分に解明されていないのが現状である．

5.2 内分泌撹乱(エストロゲン様)化学物質の検出法

内分泌撹乱化学物質による「ホルモン作用への影響」とは生体内ホルモンの合成，分泌，体内輸送，受容体の識別，結合，そして受容体結合後の情報伝達を含むさまざまな過程を阻害することである．したがって，どこに阻害のポイントを置くかによってその作用も異なってくる．現在わかっている内分泌撹乱化学物質(表-5.1)[2]はエストロゲン受容体と結合してエストロゲン様作用を示す物質(エストロゲン様物質)が大部分であることから，ここではエストロゲン受容体を介した過程での阻害について述べる．

5.2.1 ホルモンの情報伝達機構

ホルモンとは，消化器官の機能調節，血液の成分調節，生殖器官や生殖現象の調整など，生体の生理作用や恒常性の維持に関わる情報分子の総称である．ホルモンがその機能を果たすためには，まずホルモンがもっている情報を組織や器官に伝達する必要がある．内臓器官細胞の機能や成分などを調節するホルモンは，内分泌細胞から分泌された後，血流中でタンパク質と緩やかに結合して運ばれ，遠く離れた標的器官の細胞(標的細胞)に働きかけることで情報を伝達することができる．

ホルモンと結合して細胞に外からの情報を受け取り，細胞内へ伝達するものを受容体という．受容体は，細胞膜上または細胞内に存在する．標的細胞の細胞膜は疎水性のリン脂質の二重層で構成されるため，水溶性ホルモン(ペプチドホルモンなど)は細胞膜を通過できない．このため，水溶性ホルモンの受容体は細胞膜上に存在する．一方，ステロイドホルモンや甲状腺ホルモンなどの疎水性ホルモンは細胞膜を通過できるため，細胞内にある受容体と結合することで直接情報を細胞内に伝えることができる．小型の疎水性分子であるエストロゲン様物質は

細胞膜を通過し，細胞内でエストロゲン受容体と結合するが，受容体と結合してエストロゲンと同じような作用を示すアゴニスト活性（この物質をアゴニストとよぶ）と，エストロゲンが受容体に結合することを阻害するアンタゴニスト活性（この物質をアンタゴニストとよぶ）がある．

図-5.3にエストロゲン受容体の構造を示した．エストロゲン受容体は他のステロイドホルモンや甲状腺ホルモンの受容体と共通した構造をもち，核内で直接DNAに結合して遺伝子の転写調節に働くことから核内受容体スーパーファミリーと呼ばれている．その共通構造はタンパク質のN末端側にデオキシリボ核酸（以下DNA）結合領域，C末端側にホルモン結合領域をもつことである．

図-5.3 エストロゲン受容体の構造

5.2.2 エストロゲン作用の機構

エストロゲン作用の機構とは，その遺伝子DNAの塩基配列情報を器官や機能的な生理作用に置き換える一連の作業のことであり，次のような①～③の過程を経て遺伝子情報の伝達を行い，エストロゲン作用として遺伝子の発現を行う（図-5.2）．

① エストロゲン受容体はホルモン結合領域でエストロゲンと結合するとホモ二量体を形成し，DNA上の特定の塩基配列情報を認識する．この塩基配列はホルモン応答配列と呼ばれ，ホルモン受容体の種類によって配列が異なり，これにより発現する遺伝子の種類が規定される．

② 二本鎖の遺伝子DNAの塩基配列情報の一部を取り出す過程，すなわち，DNAを鋳型（基質）としてメッセンジャーリボ核酸（以下mRNA）を合成する過程を転写という．mRNAの合成には二本鎖のDNAがほどかれることが必要であり，転写はプロモーターと呼ばれるDNA上の特定部位から開始される．転写開始点からさまざまな転写因子や転写酵素RNAポリメラーゼなどの酵素反応が関与して転写が進行する．

③ 合成されたmRNAを鋳型（基質）としてタンパク質を合成する．この過程を翻訳とよぶ．タンパク質の合成が行われ，エストロゲン作用として機能する．

平成8年(1996)に従来知られているエストロゲン受容体 ERα に加えて ERβ が新たに発見された．しかし，ERα とERβ との関係，機能や役割の違いは現在のところよくわかっていない．ERα のDNAの塩基配列は，生物種間でよく保存されているが，完全には一致していない．エスロゲン様作用を評価する場合，発現する遺伝子の種類を規定するホルモ

表-5.4 エストロゲン受容体（ERα）のホルモン結合領域の種差[16]

動　物	相同性
ヒト	100%
ブタ	95
ヒツジ	95
ラット	96
マウス	96
ニワトリ	93
カエル	82
魚（ニジマス）	60

ン応答配列に表-5.4[16]に示すような種差が存在することを考慮する必要がある．

5.2.3　エストロゲン様物質の検出法

現在，多くのエストロゲン様物質が環境中に存在することがわかってきたが，さらに，未知のエストロゲン様物質，代謝産物，分解生成物，そして河川水・処理水などの環境試料(混合物)についてエストロゲン様作用を数量化し，そのリスクを評価することが求められている．エストロゲン様物質の検出法は，培養細胞や酵母を用いた試験管内(以下 *in vitro*)試験系と，生きた実験動物を用いた生体内(以下 *in vivo*)試験系に分けられる．

（1）　試験管内(*in vitro*)試験系

in vivo 試験系と比べて，*in vitro* 試験系は簡便，迅速そして安価にエストロゲン様作用を測定できるという特徴をもつ．

a．バインディングアッセイ　　この方法は受容体との結合親和性を測定する．エストロゲン受容体の場合には，ラットやマウスの卵巣を摘出後に子宮をホモジナイズして調製された受容体を含むフラクション，またはヒト乳ガン由来細胞(MCF-7)のようなエストロゲン受容体が細胞内で発現している培養細胞を用いる．受容体にエストロゲン(トリチウムなどでラベルした17β-エストラジオールなど)を結合させた後，試験化学物質を添加して受容体に結合したエストロゲンと競合させ，エストロゲンが受容体からどのくらい遊離するかを調べる．

b．細胞増殖を指標とする方法[17,18]　　この方法はE-スクリーンとよばれている．MCF-7細胞の増殖がエストロゲン量に依存して促進されることに基づい

ている．MCF-7 細胞を培養し，試験化学物質を添加し，一定時間培養した後に細胞数を計測する．この方法の特徴は，簡便であり，感度が高いことである．表-5.5 に E-スクリーンによって測定された化学物質のエストロゲン様作用の相対的な値を示した[18]．

表-5.5　E-スクリーンによって測定された化学物質のエストロゲン様作用[18]

化合物	濃度	RPP, %
エストラジオール	30 pM	100
フェノール	10 mM	—
4-エチルフェノール	10 mM	—
4-プロピルフェノール	10 mM	—
4-sec-ブチルフェノール	10 mM	0.0003
4-tert-ブチルフェノール	10 mM	0.0003
4-tert-ペンチルフェノール	10 mM	0.0003
4-イソペンチルフェノール	10 mM	0.0003
4-ブトキシフェノール	10 mM	—
4-ヘキシルオキシフェノール	10 mM	—
4-ヒドロキシビフェニル	10 mM	0.0003
4,4-ジヒドロキシビフェニル	10 mM	0.0003
1-ナフトール	10 mM	—
2-ナフトール	10 mM	—
5,6,7,8-テトラヒドロキシナフトール-2	10 mM	—
6-ブロモナフトール-2	10 mM	—
5-オクチルフェノール	100 mM	0.03
4-ノニルフェノール	1 mM	0.003
ノニルフェノール（technical grade）	10 mM	0.0003
tert-ブチルヒドロキシアニソール	50 mM	0.00006
ベンジルブチルフタレート	10 mM	0.0003

RPP：エストラジオールの影響濃度を 100 としたときの相対的な比率

c．エストロゲン転写活性試験　ホルモンがエストロゲン受容体と結合して転写活性を調節し，レポーター遺伝子の発現量を増加させる性質を利用したものである．MCF-7 細胞などの培養細胞[19]や酵母[20]（酵母スクリーン）が用いられている．

MCF-7 細胞はエストロゲン受容体が細胞内で発現しているので，受容体遺伝子を導入する必要はなく，レポーター遺伝子(ルシフェラーゼ遺伝子など)のみを導入する．一方，受容体を発現していない培養細胞や酵母では，エストロゲン受容体遺伝子とレポーター遺伝子(培養細胞ではルシフェラーゼ遺伝子，酵母では β-ガラクトシダーゼ遺伝子を使用することが多い)の両方を導入する必要がある．導入後，試験化学物質を加えるとエストロゲン受容体と結合し，転写装置に働き

かけ，遺伝子発現量としてルシフェラーゼまたはβ-ガラクトシダーゼが生成するので，その酵素活性を測定する．

MCF-7細胞へレポーター遺伝子としてルシフェラーゼ遺伝子を導入したアッセイの特徴は感度が非常に良く，アゴニストとアンタゴニストを区別できることである．一方，酵母には厚い細胞壁があるため，化学物質の透過性が悪く，培養細胞を用いたアッセイと比較すると感度が悪い．

d. 酵母 two-hybride 法 エストロゲン転写活性試験の一種である．転写を仲介する多くの転写因子が存在するが，そのなかで特異的な DNA 配列に結合する DNA 結合ドメイン(以下 DBD)と，転写を活性化する転写活性ドメイン(以下 TAD)が独立して存在することが発見された．2つの X と Y のドメイン(大きなタンパク質を形成する構造単位)が同一のタンパク質内に存在しなくても，近接して相互作用を行えば転写因子として働き，特定の遺伝子の活性化(発現)が起こるというメカニズムに基づいている．

Nishikawa ら[21]は次のような酵母 two-hybride 法を開発した．酵母の転写調節因子である GAL4 の DNA 結合ドメイン(X：GAL4DBD 遺伝子)へエストロゲン受容体(ERα)遺伝子をつなぎ，GAL4 の転写活性ドメイン(Y：GAL4TAD 遺伝子)へ転写因子(コアクチベーター)の TIF2 遺伝子をつなぎ，二つの融合遺伝子を作製した．つぎに，これらの融合遺伝子を酵母 Y190(レポーター遺伝子としてβ-ガラクトシダーゼがつないである)に導入した．この形質転換した酵母 Y190 に 17β-エストラジオールや試験化学物質を添加すると，X と Y の相互作用(転写活性)が起こり，β-ガラクトシダーゼの酵素活性が増加する．β-ガラクトシダーゼの酵素活性を測定する．

(2) 生体内(in vivo)試験系

in vitro 試験系はスクリーニング法として有用であるが，次の段階として，*in vivo* でエストロゲン様作用や生殖障害が発現するかどうかを確認する必要がある．もとの化学物質にエストロゲン様作用がなくても，生体内で代謝されるとエストロゲン様作用をもつようになる化学物質が存在するからである．農薬のメトキシクロルはエストロゲン様作用をもたないが，代謝物の脱 O-メトキシクロルは強いエストロゲン様作用を示す．*in vitro* 試験系で用いられる培養細胞には代謝活性化能がないと考えられているため，代謝物の *in vitro* の検出法については

まだ一般化されていない．一方，in vivo 試験系では，生体内での代謝（蓄積性や分解性など）や，性ホルモンの生合成にかかわる酵素の誘導や阻害などを含めて総括的にエストロゲン様作用を検出することができる．

 a.　卵巣や精巣を摘出した実験動物を用いる試験　生体には内分泌系の正と負のフィードバック機構が備わっている．例えば，排卵前に卵巣からのエストロゲンが増加すると，正のフィードバック機構が働き，視床下部から生殖線刺激ホルモンが分泌され，さらに下垂体で黄体ホルモンの分泌が誘発され，排卵が促進される．フィードバック機構のため，エストロゲン様物質が投与されても，標的臓器である子宮の重量の変化や細胞分裂の変化はほとんど検出できない．しかし，フィードバック機構を破壊してやると，エストロゲン様物質による変化が検出できるようになる．例えば，ラットやマウスの卵巣を摘出するとエストロゲンがほとんど存在しない状態になり子宮は萎縮するが，エストロゲン様物質を投与すると萎縮した子宮が肥大する．子宮の重量を測定することでエストロゲン様作用を検出できる（図-5.4）．

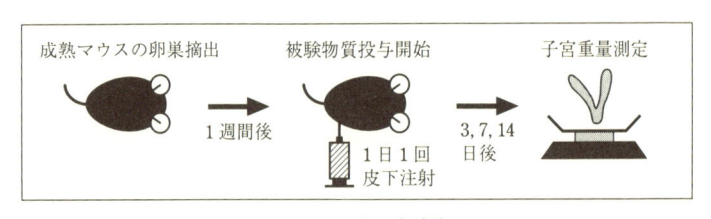

図-5.4　子宮肥大試験

 b.　魚などのビテロジェニン生成を測定する試験[22〜24]　ビテロジェニンは卵生動物（鳥類，両棲類など）や魚類の血液中に出現する雌特異的なタンパク質である．ビテロジェニンはエストロゲンの作用のもとに雌の肝臓で合成され，血液中を通って卵巣に運ばれ，卵巣で卵黄タンパク質に変換される．ビテロジェニン遺伝子は雄では発現することはなく，エストロゲン様物質によって曝露を受けた場合にのみ発現するので，血液中のビテロジェニンを測定することでエストロゲン様作用を検出できる．このため近年，河川水中に混在するエストロゲン様物質のバイオマーカーとして注目されている．試験魚として雄のニジマス，メダカ，コイなどが用いられている．また，雄のニジマスの肝細胞を用い，in vitro でビテ

ロジェニン生成を測定した報告[23,24]もある．
  c．**多世代繁殖試験**　妊娠中から次世代を生むまでの間，試験化学物質を連続して投与し，多世代にわたる奇形発生や生殖障害などの影響を試験する．
  以上，実際に使用されているエストロゲン様作用の *in vitro* と *in vivo* 試験系について紹介してきたが，エンドポイント（影響指標）が異なるさまざまな試験法を組み合わせてスクリーニングを行い，最終的に化学物質の内分泌撹乱作用の有無とそのレベルを判断する必要がある．

5.3 アルキルフェノールエトキシレート（APE）とその分解生成物のエストロゲン様作用

　NPのようなAPは，河川水や底質中で広く検出されている．それらは独自の用途をもっているとともに，排水処理過程や水環境中でAPEの生分解によって生じる分解生成物である．この分解生成物にはAP以外にも，エチレンオキシド（以下EO）鎖が短いAPE〔NPE(1)やNPE(2)など〕，EO鎖の末端が酸化されてカルボン酸となったノニルフェノキシカルボン酸（以下NPEC）のNPEC(1)やNPEC(2)などがあり，最終的に水環境中に排出される．
　ここでは，APEとその分解生成物のエストロゲン様作用に関する報告例（*in vitro* と *in vivo* 試験系）を紹介する．

5.3.1 *in vitro* 試験系の報告例

（1）細胞増殖を指標とする方法
　Whiteら[19]は，ヒト乳ガン由来の細胞（MCF-7とZR-75）の増殖をマーカーとしてエストロゲン様作用を測定した．17β-エストラジオールは10^{-8}，オクチルフェノール（以下OP）は10^{-7}，NPは10^{-5}，NPE(2)は10^{-5}およびNPEC(1)は10^{-6} MでMCF-7細胞の増殖（5日間培養）が促進された．また，ZR-75細胞の増殖（8日間培養）が促進された順と濃度（M）は，17β-エストラジオール(10^{-8})＞OP(10^{-6})＞NPEC(1)(10^{-6})＞NP(10^{-6})＝NPE(2)(10^{-6})であった．

（2）エストロゲン転写活性試験
　Whiteら[19]は，MCF-7細胞にレポーター遺伝子（β-ガラクトシダーゼ遺伝子）

を導入し，β-ガラクトシダーゼの酵素活性をマーカーとしてエストロゲン様作用を測定した．OP は NP よりエストロゲン様作用が 10～20 倍強く，OP＞NPEC(1)＞NP＝NPE(2)の順で活性が強い．オクチルフェノールエトキシレート（以下 OPE）のエストロゲン様作用は EO の付加モル数が低いほど高く，EO(3)以上で著しく低下した．

Routledge ら[20]は，酵母スクリーン試験を用い，界面活性剤とそれらの分解物のエストロゲン様作用を調べた．エストロゲン様作用の強さは 17β-エストラジオール≫4-OP＞4-NP＞NPEC(1)＝NPEC(2)＞NPE(2)の順であった．その活性は 17β-エストラジオールよりも 4-OP で 1.5×10^3，4-NP で 7×10^3，NPEC(1)と NPEC(2)で 2.5×10^4，NPE(2)で 5×10^6 倍以上低かった．その他の界面活性剤である NPE(12)，アルコールエトキシレート（以下 AE）や直鎖アルキルベンゼンスルホン酸塩（以下 LAS），LAS の分解生成物のスルホフェニルカルボン酸（以下 SPC）には活性が認められていない．

（3）魚のビテロジェニン生成の測定[24]

Jobling ら[24]は，雄のニジマスの肝細胞を用い，ビテロジェニン生成をマーカーとしたエストロゲン様作用を測定した．エストロゲン様作用の強さは 4-*tert*-BP＞4-*tert*-OP＞NP＞NPEC(1)＝NPE(2)＞NPE(9)の順であるが，これらの化合物のエストロゲン様作用は 17β-エストラジオールより 10^3～10^6 倍低く，NPE は EO の付加モル数の増加により減少する．

5.3.2 *in vivo* 試験系の報告例

（1）オスのニジマスのビテロジェニン生成と精巣の生長阻害

Jobling ら[22]は，APE 分解生成物(NP，OP，NPE(2)，NPEC(1))で曝露したオスのニジマスのビテロジェニン生成（血漿中濃度）と精巣の成長阻害（体重に対する精巣の重さの比；以下 GSI）を観察した．ニジマスの精巣は 1 年で再生産され，再生産サイクルの間に体重の 0.1～5% または 6% まで成長する．GSI の初期値は 0.2（精巣が体重の 0.2%）であったが，3 週間後，コントロールグループの GSI は 0.9 まで上昇し，この期間中に著しい精巣の生長が観察された．

ビテロジェニン生成と精巣の成長阻害は，精巣の未熟期から 3 週間曝露（曝露濃度 30μg/L）した場合，OP で最も強く現れ，NP，NPE(2)，NPEC(1)ではいず

れも弱い生成と成長阻害が認められた．それらによるエストロゲン様作用の強さは OP＞NP≧NPE(2)＝NPEC(1)の順であり，OPは17β-エストラジオール（曝露濃度2 ng/L）とほぼ同じ活性を示した．ビテロジェニン濃度と精巣の成長阻害(GSI)の相関係数は0.52(n＝105)であった．

明らかな精巣の成長阻害が観察された最小濃度(Lowest Observed Effect Concentration, 以下 LOEC)は OP で 4.8 μg/L, NP で 54.3 μg/L であり，ビテロジェニン生成の LOEC は OP で 4.8 μg/L, NP で 20 μg/L であった．

成熟期のニジマスではNPの曝露でビテロジェニン生成が認められ，ビテロジェニン濃度と相関のある精巣の成長阻害を示した．しかし，OPではビテロジェニン濃度は上昇したけれども，精巣の成長阻害は認められていない．

(2) メダカの性転換

Gray ら[25]は，メダカを孵化後NPで3箇月間曝露し，性転換を観察した．メダカの雄と雌では性器の分化に差がある．雄の性器の分化は体長が6〜8 mm のときに起こり，孵化後およそ13日に相当する．一方，雌の性器の分化は孵化以前に始まっている．生後3箇月のメダカで観察された外見的な性は必ずしも実際の性と一致していない．

NPで3箇月間曝露した後の雄と雌の割合は，曝露濃度が10と50 μg/Lでは雌より雄が多かったが，曝露濃度100 μg/Lでは1：2となり，雌化が確認された(表-5.6)．NPの曝露濃度が50と100 μg/Lでは，精巣組織と真性の卵巣組織をもつ両性(testis-ova)が雄のメダカでのみ観察された．50 μg/Lでは雄の12匹中6匹(50%)が，100 μg/Lでは雄7匹中6匹(86%)が両性であった．両性化したメダカの性器はすべて前の部分が精巣組織で，後の部分は卵巣組織で構成されていた．

上記のエストロゲン様作用の報告例(*in vitro* と *in vivo* 試験系)の概要を**表-5.**

表-5.6　NPで孵化後3箇月間曝露したメダカの性転換[25]

処　理	雌の数	雄の数	性　比 (雄：雌)	精巣と卵巣をもつ雄の数 (testis-ova)
コントロール	6	12	2：1	0
NP—10 ppb	9	10	1：1	0
NP—50 ppb	9	12	2：1	6
NP—100 ppb	13	7	1：2	6

第5章 非イオン界面活性剤由来の内分泌撹乱化学物質

表-5.7 APEとその分解生成物のエストロゲン用作用（in vitro 試験系）

化合物名	影響（エンドポイント）			R_p	文献
17β-エストラジオール 4-OP 4-NP NPE(2) NPEC(1)	ビテロジェニン生成 （ニジマス肝細胞）	影響濃度	10^{-8} M 10^{-7} M 10^{-6} M 10^{-6} M 10^{-6} M		19
17β-エストラジオール 4-OP 4-NP NPE(2) NPEC(1)	細胞増殖 （MCF-7細胞）	影響濃度	10^{-8} M 10^{-7} M 10^{-5} M 10^{-5} M 10^{-6} M		19
17β-エストラジオール 4-OP 4-NP NPE(2) NPEC(1)	転写活性 （MCF-7細胞）	コントロールと比較した倍率	10^{-8} M で 8 倍 10^{-7} M で 3 倍 10^{-5} M で 4 倍 10^{-6} M で 2 倍 10^{-6} M で 4 倍		19
LAS SPC（LASの分解生成物） AE 4-NP 4-OP NPE(2) NPE(12) NPEC(1) NPEC(2)	転写活性 （形質変換酵母） （β-ガラクトシダーゼ活性）	17β-エストラジオールと比較して低減した倍率	活性なし 活性なし 活性なし 7×10^3 1.5×10^3 5×10^5 活性なし 2.5×10^4 2.5×10^4		20
17β-エストラジオール NP 4-tert-BP 4-tert-OP NPE(2) NPE(9) NPEC(1)	ビテロジェニン生成 （ニジマス肝細胞）	平均 EC$_{50}$	1.81×10^{-9} M 16.15×10^{-6} M 2.06×10^{-6} M 2.11×10^{-6} M 17.27×10^{-6} M 82.31×10^{-6} M 15.25×10^{-6} M	1 0.0000090 0.0001600 0.0000370 0.0000060 0.0000002 0.0000063	24

R_p：17β-エストラジオールの影響濃度との比，EC$_{50}$：50% 影響濃度

7と表-5.8に示した．また，in vitro と in vivo 試験で得られた代表的な影響濃度の比較を表-5.9に示した．

in vitro 試験系で，APEの分解生成物のNP，OP，NPE(2)，NPEC(1)，NPEC(2)についてエストロゲン様作用が認められたが，試験法によってその影響濃度は約10倍の違いがみられる（表-5.7, 5.9）．また，試験法によって影響濃度の求め方が異なるが，エストロゲン様作用の強さはおおむね17β-エストラジオール≫OP＞NP≧NPEC(1)＝NPEC(2)≧NPE(2)の順である．AP類ではアル

5.3 アルキルフェノールエトキシレート(APE)とその分解生成物のエストロゲン様作用

表-5.8 APE とその分解生成物のエストロゲン用作用(in vivo 試験系)

化合物名	影響（エンドポイント）			文献
NP	精巣の成長阻害 (ニジマス)	影響濃度	54.3 μg/L	22
OP			4.8 μg/L	
NPE(2)			30 μg/L	
NPEC(1)			30 μg/L	
NP	ビテロジェニン生成 (ニジマス)	影響濃度	20.3 μg/L	22
OP			4.8 μg/L	
NPE(2)			30 μg/L	
NPEC(1)			30 μg/L	
4-NP	testis-ova（両性）の誘導 (メダカ)	LOEC	50 μg/L	25

LOEC：Lowest Observed Effect Concentration.

表-5.9 APE とその分解生成物のエストロゲン様作用の影響濃度

化合物名	in vitro 試験				in vivo 試験		
	細胞増殖[19]	転写活性[19]	Vg 生成[19]	Vg 生成[24]	精巣の成長阻害[22]	Vg 生成[22]	testis-ova 誘導[25]
EE2	10^{-8}	10^{-8}	10^{-8}	1.8×10^{-9}			
4-tert-BP				2.1×10^{-6}			
4-OP	10^{-7}	10^{-7}	10^{-7}	2.1×10^{-6}	2.3×10^{-8}	2.3×10^{-8}	
4-NP	10^{-5}	10^{-5}	10^{-6}	1.6×10^{-5}	2.5×10^{-7}	9.2×10^{-7}	2.3×10^{-7}
NPE(2)	10^{-5}	10^{-6}	10^{-6}	1.7×10^{-5}	9.7×10^{-8}	9.7×10^{-8}	
NPE(9)				8.2×10^{-5}			
NPEC(1)	10^{-6}	10^{-6}	10^{-6}	1.5×10^{-5}	1.1×10^{-7}	1.1×10^{-7}	

Vg：ビテロジェニン，EE2：17β-エストラジオール．　単位：M

キル基の鎖長と分岐によって活性が異なり，NPよりアルキル鎖長が短い4-tert-BPやOPの活性が高い．APEではEOの鎖長が短くなると活性が増大し，長くなると活性が低下し，APE(3)以上になると著しく低下する．

in vivo 試験系では報告事例が少なく，エンドポイントにより影響濃度は異なるが，雄のニジマスのビテロジェニン生成と精巣の成長阻害がともに観察された影響濃度はOPで$4.8 \mu g/L(2.3 \times 10^{-8} M)$であり，NPで$54.3 \mu g/L(2.5 \times 10^{-7} M)$であった．また，メダカの両性化が観察された影響濃度はNPで$50 \mu g/L(2.3 \times 10^{-7} M)$である．

in vitro と *in vivo* 試験系の結果を比較すると，曝露期間の違いもあるが，*in vitro* 試験系より *in vivo* 試験系の影響濃度が10〜100倍低くなっていることに注目する必要がある．今後，水圏の生態系への影響を評価するうえで，*in vitro* 試験系のみでなく *in vivo* 試験系のデータが必要である．さらに，*in vitro* 試験

系でNPとほぼ同レベルのエストロゲン様作用が認められたAPE分解生成物のNPE(2), NPEC(1), NPEC(2)などについても in vivo 試験を行い，最小影響濃度(以下LOEC)もしくは最大無影響濃度(以下NOEC)を求めることも今後の課題のひとつである．

5.3.3 フィールド調査の事例

Harriesら[26]は，平成6年(1994)夏にイギリスの5河川(Great Stour 川, Arun 川, Chelmer 川, Stour 川, Aire 川)で，河川に流入する下水処理場排水などに起因するエストロゲン様物質の影響調査を行った．

処理場排水の流入口から下流に向かって設置した籠に雄のニジマス10匹ずつを入れ，3週間後にビテロジェニンの生成と精巣の成長阻害を観察した．5河川中4河川のニジマスで，血漿中ビテロジェニン濃度が上昇した．処理水または処理水が流入する地点ではニジマスのビテロジェニン濃度は30.2〜51916 μg/mLに達し，曝露前に比べ1000〜10000倍の増加を示した．ビテロジェニン濃度はArun 川の排水の流入口から1.5 km下流の地点でも増加し，Aire 川のMarley下水処理場の5 km下流で最も高かった．Arun 川とAire 川以外の調査地点やStour 川流域の下水処理場の排水ではビテロジェニン濃度の上昇は認められなていない．ビテロジェニンが最も高かったAire 川の曝露前後の濃度を図-5.5に示した．血漿中ビテロジェニン濃度の増加に伴って，Aire 川で飼われた魚はどの地点でも精巣の成長阻害が認められた．

Arun 川，Aire 川，処理場排水中のNP濃度を表-5.10に示した．NP濃度はAire 川流域のMarley下水処理場排水の放流口で330 μg/Lと最も高く，Horsham下水処理場排水で2.9 μg/L, Arun 川で放流口

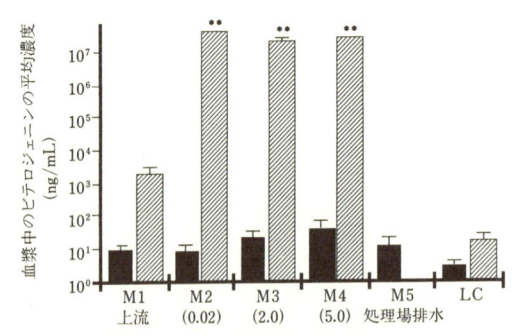

■ 飼育前のビテロジェニン濃度，▨ 3週間後のビテロジェニン濃度，
M1〜M5：地点No., ( )内は Marley 下水処理場からの距離，
LC：実験室で飼われたコントロールの魚，**：LCとの差が有意(p<0.001)

図-5.5 Aire 川で飼われた雄のニジマスのビテロジェニン濃度[26]

5.3 アルキルフェノールエトキシレート(APE)とその分解生成物のエストロゲン様作用

表-5.10 河川水と処理場排水中の NP 濃度[26,27]

河川 (イギリス)	採水場所	抽出溶液中の NP 〔μg/L〕	溶解性 NP 〔μg/L〕
Aire	12 km 上流[*2]	<1.6	<1.6
	Marley 下水処理場排水	330	NS[*1]
	0.4 km 下流[*2]	130	25
	M 3 (2.0 km 下流)[*2]	180	25
	M 4 (5.0 km 下流)[*2]	82	53
Arun	Horsham 下水処理場排水	2.9	1.2
	Wellcross Grange	0.9	<0.2
Lea	Luton	1	0.5
	Harpenden 近辺	<0.9	1.1
	Essenden	1.3	1.6
	Dobbs Weir	5	0.2
	Lower Hall	0.7	0.6

*1 NS=not sampled(採水していない)
*2 Marley 下水処理場からの距離

から 2～3 キロ下流の地点で 2.9 μg/L 検出された．溶解性 NP 濃度は Horsham 下水処理場の排水中で 1.2 μg/L 検出され，Marley 下水処理場の下流では数 km の間大きく上昇(<1.6～53 μg/L)しており，処理場排水の影響を表している．

Harries ら[26]は，フィールド調査の結果から処理場排水中に存在するエストロゲン様物質(例えば AP など)の影響が河川の数 km の下流まで及ぶこと，さらに，精巣の成長阻害が処理場排水の流入地点近くで飼った魚で起こっていることを示している．そして，きわめて稀な事例であるが，Aire 川ではエストロゲン様物質による汚染が全流域まで進行している可能性があると警告している．

上記のフィールド調査において，河川水中の NP 濃度(<1.6～53 μg/L)は 3 週間ニジマスを曝露してビテロジェニン生成が観察された最小濃度 20 μg/L[22]よりは高く，また，広範囲で検出されていることから NP がニジマスの雌化を誘引した原因物質のひとつと推定された．しかしながら，原因物質として NP 以外にも天然のエストロゲンやほかのエストロゲン様物質が存在する可能性がある．その後の英国環境庁の調査[28]では，Aire 川の魚の雌化の現象はヒトや家畜由来のエストロゲンと経口避妊薬のエチニールエストラジオールが主な原因物質であることが示唆された．

魚の雌化と原因物質についての一連の報告[26～28]では，フィールド調査の重要性とともに，フィールド調査から原因物質を特定することの難しさを示している．

第5章 非イオン界面活性剤由来の内分泌撹乱化学物質

フィールド調査の事例は大変少なく,原因物質を特定する方法や評価方法もまだ手探りの状態であるが,実際の水環境で生物がエストロゲン様物質の影響を受けているかいないか,さらに,その影響のレベルを判定するにはフィールド調査が一番確実な方法である.河川水中にはヒトや家畜由来のエストロゲンや表-5.1に示したようなほかのエストロゲン様物質が微量に共存していることが考えられる.当然,それらの相加または相乗作用が懸念されるが,現段階ではそれらの影響について十分わかっていない.

最終的には,非イオン界面活性剤が生態系へ及ぼす影響(安全性)を評価する環境リスクアセスメントが必要であり,環境リスクアセスメントの毒性の範囲を内分泌撹乱作用にまで拡げることが今後の大きな課題であろう.フィールド調査の事例を増やすとともに,共存すると考えられるエストロゲン様物質の影響濃度を明らかにし,それらの環境濃度を影響濃度と同等のレベルで把握し,総合的な内分泌撹乱作用の評価を行う必要がある.

文 献

1) T. Colborn, D. Dumanoski and J. P. Myers:Our Stolen Future, Duttom, New York, 1996.
2) 環境庁:外因性内分泌撹乱化学物質問題への環境庁の対応方針について―環境ホルモン戦略計画 SPEED '98―, 1998.
3) (社)日本化学工業協会:内分泌(エンドクリン)系に作用する化学物質に関する調査研究, 1997.
4) 筏義人:環境ホルモン―きちんと理解したい人のために―, p.43, 講談社, 1998.
5) 環境庁:外因性内分泌撹乱化学物質問題に関する研究班中間報告書, 1997.
6) Sumpter, J. P. : The purification, radioimmunoassay and plasma levels of vitellogenin from the rainbow trout, *Salmo gairdneri*, Proceedings of the Ninth International Symposium on Comparative Endocrinology, Hong Kong University Press, Hong Kong, pp. 355-357, 1985.
7) Purdom, C. E., P. A. Hardiman, V. J. Bye, N. C. Eno, C. R. Tyler and J. P. Sumpter:Estrogenic effects of effluents from sewage treatments works. *Chem. Ecol.*, **8**, pp. 275-285, 1994.
8) 中村將,井口泰泉:多摩川にみる魚類の異変,科学, 68(7), pp. 515-517, 1998.
9) Horiguchi, T., H. Shiraishi, M. Shimizu and M. Morita:Imposex and organotin compounds in *Thais clavigera* and *T. bronni* in Japan. *J Mar Biol Assoc UK*, **74**, pp. 651-669, 1994.
10) Fry, D. M., C. K. Toone, S. M. Speich and R. J. Peard:Sex ratio skew and breeding patterns of gulls:demographic and toxicological considerations. *Stud Avian Biol*, **10**, pp. 26-43, 1987.
11) Kubiak, T. J., H. J. Harris, L. M. Smith, T. R. Schwartz, D. L. Stalling, J. A. Trick, L. Sileo, D. E. Docherty and T. C. Erdman:Microcontaminants and reproductive impairment of the Forster's tern on Green Bay, Lake Michigan―1983. *Arch Environ Contam Toxicol*, **18**, pp. 706-727, 1989.
12) Moccia, R. D., G. A. Fox and A. Britton : A Quantitative assessment of thyroid histopathology of ferring gulls (*Larus argrntatus*) from the Great Lakes and a hypothesis on the causal role of environmental contaminants. *J Wildlife Diseases*, **22**, pp. 60-70, 1986.

文　献

13) Guillette, L. J. Jr., T. S. Gross, G. R. Masson, J. M. Matter, H. F. Percival and A. R. Woodward : Developmental abnormalities of the gonad and abnormal sex hormone concentrations in juvenile alligators from contaminated and control lakes in Florida. *Environ Health Perspect.* **102**, pp. 680-688, 1994.
14) Facemire, C. F., T. S. Gross and L. J. Guillette Jr. : Reproductive impairment in the Florida panther : nature or nature?, *Environ Helath Perspect*, **103** (Suppl 4), pp. 79-86, 1995.
15) 厚生省 : 内分泌撹乱化学物質の健康影響に関する検討会資料, 1998.
16) Fielden, M. R., I. Chen, B. Chittim, S. H. Safe, T. R. Zacharewski : Examination of the estrogenicity of 2, 4, 6, 2', 6'-pentachlorobihenyl (PCB 104), its hydroxylated metabolite 2, 4, 6, 2', 6'-pentachloro-4-biphenol (HO-PCB 104), and a further chlorinated derivative, 2, 4, 6, 2', 4', 6'-hexachlorobiphenyl (PCB 155), *Environ. Health Perspect.*, **105**, pp. 1238-1248, 1997.
17) Soto, A. M., H. Justica, J. W. Wray and C. Sonnenschein : p-Nonyl-Phenol : An estrogenic xenobiotic released from "modified" polystyrene, *Environ. Health Perspect.*, **92**, pp. 167-173, 1991.
18) Soto, A. M., C. Sonnenschein, K. L. Chung, M. F. Fernandez, N. Olea and F. O. Serrano : The E-SCREEN assay as a tool to identify estrogens : An update on estrogenic environmental pollutants, *Environ. Health Perspect.*, **103**, pp. 113-122, 1995.
19) White, R., S. Jobling, S. A. Hoare, J. P. Sumpter, M. G. Parker : Environmentally persistent alkylphenolic compounds are estrogenic, *Endocrinology*, **135**, pp. 175-182, 1994.
20) Routledge, E. J., J. P. Sumpter : Estrogenic activity of surfactants and some of their degradation products assessed using a recombinant yeast screen, *Environ. Toxicol. Chem.*, **15**, pp. 241-248, 1996.
21) Nishikawa, J., K. Saito, J. Goto, F. Dakeyama, M. Matsuo and T. Nishihara : New screening methods for chemicals with hormonal activities using interaction of nuclear hormone receptor with coactivator, *Toxicology and Applied Pharmacology*, **154**, pp. 76-83, 1999.
22) Jobling, S., D. Sheahan, J. A. Osborne, P. Matthiessen, J. P. Sumpter : Inhibition of testicular growth in rainbow trout (*Oncorhynchus mykiss*) exposed to estrogenic alkylphenolic chemicals, *Environ. Toxicol. Chem.*, **15**, pp. 194-202, 1996.
23) Pelissero, C., G. Flouriot, J. L. Foucher, B. Bennetau, J. Dunogues, F. Legac and J. P. Sumpter : Vitellogenin synthesis in cultured hepatocytes; An *in vitro* test for estrogenic potency of chemicals, *J. Steroid Biochem. Mol. Biol.*, **44**, pp. 263-, 1993.
24) Jobling, S., J. P. Sumpter : Detergent components in sewage effluent are weakly oestrogenic to fish; An *in vitro* study using rainbow trout (*Oncorhynchus mykiss*) hepatocytes, *Aquatic Toxicology*, **27**, pp. 361-372, 1993.
25) Gray, M. A. and C. D. Metcalfe : Induction of Testis-ova in Japanese Medaka (*Oryzias latipes*) exposed to p-nonylphenol, *Environ. Toxicol. Chem.*, **16**, pp. 1082-1086, 1997.
26) Harries, J. E. : Estrogenic activity in five United Kigdom rivers detected by measurement of niterogenesis in caged male trout, *Environ. Toxicol. Chem*, **16**, pp. 534-542, 1997.
27) Blackburn, M. A., M. J. Waldock : Concentrations of alkylphenols in rivers and estuaries in England and Wales, *Water Res.*, **29**, pp. 1623-1629, 1995.
28) 近藤勝義 : アルキルフェノールエトキシレートの外因性内分泌かく乱物質問題, 日本油化学会誌, **48**, pp. 449-457, 1999.
29) Nimrod, A. C., W. H. Benson : Environmental estrogenic effects of alkylphenol ethoxylates, *Critical Reviews in Toxicology*, **26**, pp. 335-364, 1996.
30) 長尾哲二 : 内分泌撹乱物質とその周辺, 衛生化学, **44**, pp. 151-167, 1998.
31) 宇都宮暁子 : 直鎖アルキルベンゼンスルホン酸塩(LAS), アルキルフェノールポリエトキシレート, それらの分解生成物及び LAS コンプレックス(LAS-C)の環境毒性評価, *J. of Health Science*, **45**, pp. 70-86, 1999.

32) 金子秀雄,庄野文章,松尾昌:女性ホルモン様物質の検出系,科学, **68**, pp. 598-605, 1998.
33) Wiese, T. E., W. R. Kelce : An introduction to environmental oestrogens, *Chemistry & Industry*, **18**, pp. 648-653, 1997.
34) 菅野純:内分泌撹乱物質の生物影響,ファルマシア, **35**, pp. 219-223, 1999.
35) 西川淳一:エストロゲン様物質の検出系,ファルマシア, **35**, pp. 241-245, 1999.

第6章　非イオン界面活性剤の分析法の実際

非イオン界面活性剤には多くの種類があるが，ここではポリオキシエチレン（以下 POE）鎖をもつ非イオン（ノニオン）界面活性剤およびそのなかで多くを占めるアルコールエトキシレート（以下 AE），アルキルフェノールエトキシレート（以下 APE）の分析法について述べる．

6.1　ポリオキシエチレン（POE）型非イオン界面活性剤の分析法

本法は POE 型非イオン界面活性剤の合計量を定量する方法である．しかし界面活性剤の種類と同族体・異性体組成によって検出の感度が異なるので，いくつかの非イオン界面活性剤が混合した試料の定量値の解釈には注意が必要である．コバルト錯体による定量法と誘導体化ガスクロマトグラフ法またはガスクロマトグラフ/質量分析法（以下 GC/MS）などが一般に用いられている．

6.1.1　コバルト錯体による定量法

POE 型非イオン界面活性剤が，テトラチオシアノコバルト（Ⅱ）酸と青色の錯体（CTAS）を形成し，ベンゼン，ジクロロメタン，1,2-ジクロロエタン，クロロホルムなどの有機溶媒に抽出されることを利用する．

（1）　CTAS 法

水中の界面活性剤を泡沫濃縮装置を用いたガスストリッピング法により酢酸エチル層に濃縮する．あるいはオクタデシルシリカ（以下 ODS）などを用いた固相

試料(泡沫濃縮装置)
　NaCl
　NaHCO₃
　酢酸エチル抽出
↓
酢酸エチル層　　水　層
　　　　　　　↓酢酸エチル抽出
　　　　　酢酸エチル層　水　層
↓
酢酸エチル層
　(i) 水　洗
　(ii) 減圧下溶媒留去
↓
残留物
↓
イオン交換樹脂カラム
　　　↓メタノール溶出
メタノール溶出液
　　　↓減圧下溶媒留去
残留物
　　　↓メタノール,精製水
試験溶液
↓
定　量

図-6.1　CTAS法

抽出により濃縮する．そして得られた濃縮液を，陰イオン(アニオン)，陽イオン(カチオン)交換樹脂を通して妨害物質を除去した後，テトラチオシアノコバルト(Ⅱ)酸アンモニウムと反応させ，その錯化合物をベンゼンなどの有機溶媒を用いて抽出し，波長 322 nm または 620 nm 付近の吸光度を測定する．分析法の概要フローを図-6.1 に示す．

本法は，上水試験方法〔平成5年(1993)〕，衛生試験法〔平成2年(1990)〕，工場排水試験方法〔平成10年(1998)〕などに採用されている．標準物質は各法ともヘプタオキシエチレンドデシルエーテルであり，試料中の POE 型非イオン界面活性剤濃度をこの濃度に換算して表す．定量下限値の比較を表-6.1に示す．

本法は感度が低いこと，陰イオン，陽イオン活性剤などが共存すると定量を妨害することから，濃縮と共存する妨害物の除去が必要であり，操作が煩雑となる．またエチレンオキシド(以下 EO)付加モル数の違いにより分子吸光係数が大きく異なり，

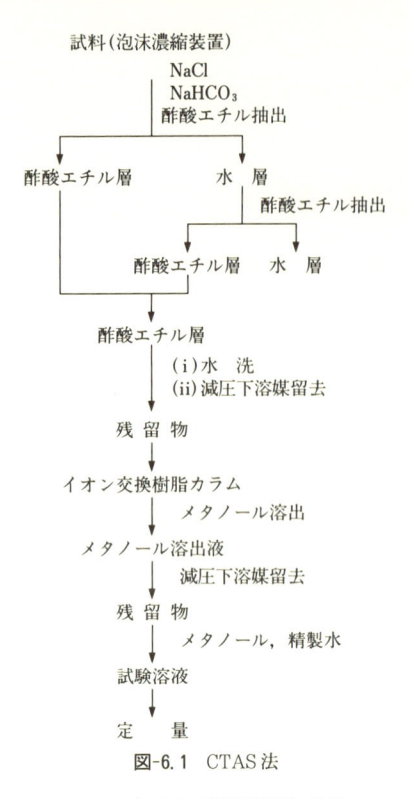

表-6.1　定量下限値の比較

試験法	検水量	定量下限値
上水試験方法	1 L	0.05 mg/L
衛生試験法	1 L	0.05 mg/L (10 mm セル)
		0.02 mg/L (30 mm セル)
工場排水試験方法	1 L	0.1 mg/L

この方法で感度よく定量できるのは，EO 付加モル数が約3以上のものである．溶媒の違いにより錯体として抽出される非イオン界面活性剤の同族体組成(EO 付加モル数)が異なるので注意が必要である．

(2) 4-(2-ピリジルアゾ)-レゾルシノール(PAR)法

CTAS 法では，感度が低いため前処理として濃縮が必要であり，また共存する妨害物の除去が必要など，操作が煩雑であるが，稲葉が発表した PAR 法[2]はこ

6.1 ポリオキシエチレン(POE)型非イオン界面活性剤の分析法

れらの問題点の多くを解決している．PAR 法では CTAS 法での値と連続性を保ちながら，はるかに高感度で測定できる．

分析法の概要は，まず試料から界面活性剤をトルエンにより抽出し，このトルエン層 10 mL に 0.08 M の $Co(NO_3)_2$ に 3 M の NH_4SCN 10 mL を加え，さらに KCl 3.5 g を加えて振とうした後，遠心分離を行う．高濃度の場合はトルエン層を 625 nm で定量する．低濃度の場合はトルエン層 8 mL 分取し，0.01% PAR 水溶液 4 mL を加える．振とう，遠心分離後，トルエン層を除去し，水層を 510 nm で測定する．標準物質にはオクタオキシエチレンデシルエーテルを用いており，定量範囲は 0.05〜500 mg/L である．CTAS 法と PAR 法による検量線の比較を図-6.2 に示す．モル吸光係数は 23 000 であり，CTAS 法の値のおよそ 35 倍である．

この稲葉の方法について，石井ら[3]は試薬の添加量などを検討している．フローを図-6.3 に示す．標準物質はヘプタオキシエチレンデシルエーテルを用い，定量下限値は検水量 350 mL のとき 0.02 mg/L であった．菊地ら[4]はブランク値の吸光度を下げるため PAR の濃度を 10 分の 1 にして使用し，この稲葉の方法は CTAS 法に比べ分析所要時間は 10 分の 1 であることなどを報告している．

図-6.2 CTAS 法と PAR 法による検量線の比較

図-6.3 PAR 法

分液ロート 500 mL
　検水 350 mL
　←── トルエン 7 mL
　振とう 5 分間
　トルエン層分取

共栓付遠心分離管 10 mL
　←── 混合液 {0.08 M $Co(NO_3)_2$ + 3 M NH_4SCN} 3.5 mL
　←── KCl 2 g
　振とう 5 分間
　遠心分離 2 500 rpm，10 分間
　トルエン層 5 mL 分取

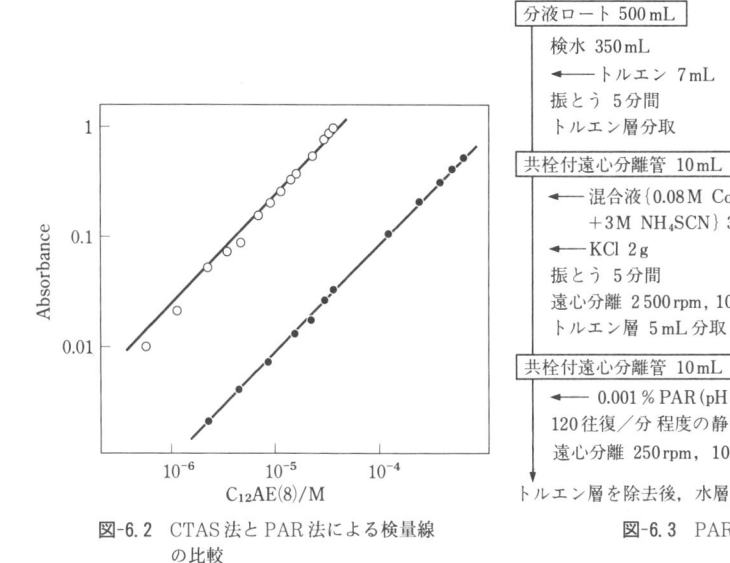

共栓付遠心分離管 10 mL
　←── 0.001 % PAR (pH 9.5) 水溶液 4 mL
　120 往復/分 程度の静かな振とう 3 分間
　遠心分離 250 rpm，10 分間

トルエン層を除去後，水層を吸光光度分析(510 nm)

6.1.2 カリウムテトラチオシアン酸亜鉛法

POE型非イオン界面活性剤がカリウムテトラチオシアン酸亜鉛と付加化合物を形成し，1,2-ジクロロベンゼンにより抽出されることを利用し，付加化合物中の亜鉛を原子吸光光度法で測定する方法である．上水試験方法〔平成5年(1993)〕に採用されている．本法はCTAS法より操作が煩雑であるが，感度が優れている．

分析法の概要をフローで図-6.4に示す．標準物質は，ヘプタオキシエチレンデシルエーテルを用い，定量下限値は，検水量150mLのとき0.05mg/Lである．

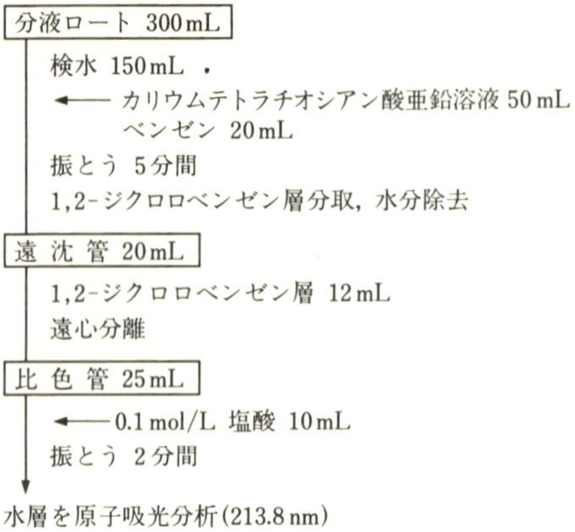

```
分液ロート 300mL
  検水 150mL ．
  ← カリウムテトラチオシアン酸亜鉛溶液 50mL
    ベンゼン 20mL
  振とう 5分間
  1,2-ジクロロベンゼン層分取，水分除去
遠沈管 20mL
  1,2-ジクロロベンゼン層 12mL
  遠心分離
比色管 25mL
  ← 0.1mol/L 塩酸 10mL
  振とう 2分間
水層を原子吸光分析(213.8nm)
```

図-6.4 カリウムテトラチオシアン酸亜鉛法

6.1.3 臭化水素酸分解─ガスクロマトグラフ法

POE型非イオン界面活性剤が臭化水素酸との反応により生成するジブロモエタンをガスクロマトグラフ法(以下GC)で定量するもので，衛生試験法などに採用されている．本法はCTAS法より操作が煩雑であるが，特異性と感度が優れている．

衛生試験法を例にとり，分析法のフローを図-6.5に示す．まず水中の界面活性剤を泡沫濃縮により濃縮する．そして得られた濃縮液を陰，陽イオン交換樹脂を通して妨害物質を除去する．アンプルに入れた試料に臭化水素酸-酢酸溶液を加えて封じ，150℃で加熱

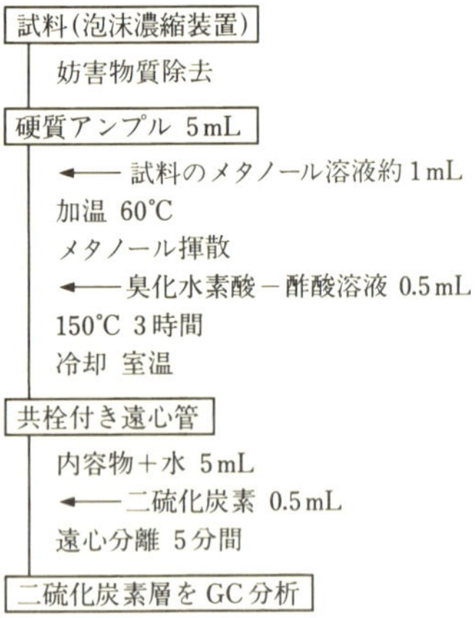

```
試料(泡沫濃縮装置)
  妨害物質除去
硬質アンプル 5mL
  ← 試料のメタノール溶液約 1mL
  加温 60℃
  メタノール揮散
  ← 臭化水素酸-酢酸溶液 0.5mL
  150℃ 3時間
  冷却 室温
共栓付き遠心管
  内容物+水 5mL
  ← 二硫化炭素 0.5mL
  遠心分離 5分間
二硫化炭素層をGC分析
```

図-6.5 臭化水素酸分解-GC法

し，誘導体化する．生成物を溶媒で抽出した後，GCで生成したジブロモエタンを定量する．

GC条件
　試料注入部と検出器温度：150℃
　カラム温度：120℃
　キャリアーガスおよび流速：N_2，40 mL/min

標準物質は，ヘプタオキシエチレンドデシルエーテルを用い，定量下限値は，検水量1Lを用いたとき，0.005 mg/Lである．

生成したジブロモエタンをGC/MSで定量する変法もある．例えば環境庁が用いた方法[5]では，試料1Lに塩化ナトリウム100gを溶解させた後，酢酸エチル120 mLを加え振とう抽出を2回行う．酢酸エチル層を脱水し，ロータリーエバポレーターを用い30℃で減圧濃縮乾固する．残留物を水/メタノール(1:1)で溶解し，Sep Pak陽イオン，陰イオン交換樹脂，C_{18}-カートリッジカラム(3個連結)に負荷する．C_{18}-カートリッジカラムだけを取り出し，ガラスアンプル中にメタノール4 mLを用いて目的物質を溶出する．溶出液を窒素ガスで濃縮・乾固する．臭化水素酸/酢酸(1:1)0.5 mL添加し，アンプルをガスバーナーで熔封し，乾燥器中で150℃，2時間反応させる．冷却後，アンプル管内の試料液を共栓試験管に移し替え，5 mLにする．これにヘキサン1 mLと内部標準溶液(p-キシレン-d_{10})10 μg/mLを20 μLを加え振とう抽出し，ヘキサン層をパスツールピペットで採取する．ヘキサン層1 μLをGC/MSに注入する．本法の検出限界は2.5 μg/L，定量限界は8.2 μg/Lである．

GC/MS条件
　カラム：VOCOL，膜厚：3.0 μm，60 m×0.32 mm
　カラム温度：50℃(2 min)―10℃/min―200℃
　キャリアーガス，流速：N_2，40 mL/min
　注入法：スプリットレス法
　インターフェース温度：200℃
　イオン源温度：210℃
　イオン化電圧：70 eV
　モニターイオン：ジブロモエタン　m/z 107, 109

第6章 非イオン界面活性剤の分析法の実際

p-キシレン-d_{10}　　m/z 116

ジブロモエタンのマスクロマトグラムを図-6.6に示す.

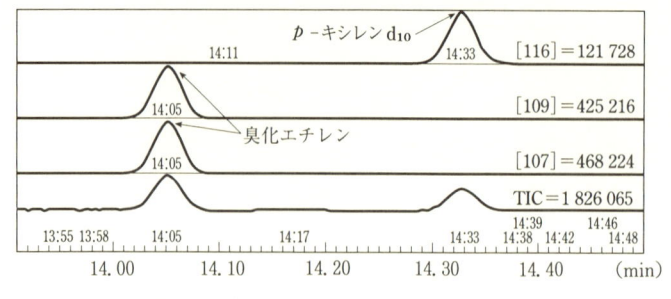

図-6.6　臭化エチレンのガスクロマトグラム

6.2 アルコールエトキシレート(AE)の分析法

AEはアルキル鎖長またはPOE鎖長の異なる多くの同族体の混合物として一般に使われており,かつその物性や生物への毒性が個々の同族体ごとに異なるので,個々の同族体ごとの定量が必要になる.

AEは紫外吸収や蛍光をもたないので,そのままでは高感度分析は難しい.そこでAEを紫外吸収や蛍光をもつ誘導体に変えた後,順相または逆相の高速液体クロマトグラフ法(以下HPLC)でUVや蛍光の検出器を用いて分析する.あるいは揮発性誘導体に変えてガスクロマトクグラフ/水素炎イオン化検出法(以下GC/FID)で分析し,確認にはGC/MSを用いる.また高速液体クロマトグラフ/質量分析法(以下LC/MS)を用いると,誘導体化せずに高感度で測定することができる.詳しくはMarcominiらの総説[6]を参照されたい.

6.2.1 誘導体化HPLC

高感度にかつアルキル鎖長またはPOE鎖長の異なるAEを定量するために,多くの研究が報告されているが,河川水などに適用できる2例をつぎに示す.

Schmittら[7]は,排水中のAEをXAD-2樹脂によりクリーンアップを行った後,フェニルイソシアネートで誘導体化し,順相および逆相の高速液体クロマトグラフ/紫外可視吸光光度法(以下HPLC/UV)で分析した.アルキル鎖の違いは

6.2 アルコールエトキシレート(AE)の分析法

逆相，EO 付加モル数の分離は順相で行う．標準物質は Neodol〔平均 EO(9)モル，$C_{12〜15}$〕，Alfonic〔平均 EO(7)モル，$C_{12〜18}$〕と市販洗剤を用いた．逆相クロマトグラフ法の条件は，カラムに μBondapak C_{18}，移動相は 80：20 メタノール/水から 100% メタノールへグラジエントして用い，検出 UV 波長は 235 nm または 240 nm である．下水処理場の流入水 500 mL または流出水 10 L を用いて $C_{8〜20}$ の AE を検出した．順相クロマトグラフ法の条件は，カラムに μBondapakNH$_2$，移動相は 350：150 ヘキサン/エチレンジクロライド，185：65 アセトニトリル/イソプロパノールであり，EO(2)〜EO(20)の AE を検出した．AE 0.02 mg/L 以下でもクロマトグラムは得られるが，鎖長分布についての情報を得るためには定量限界は 0.1 mg/L である．前処理法のフローを図-6.7 に示す．彼らはオクラホマ州の下水道の生下水から 0.676〜0.912 mg/L，生物反応槽流入水から 0.385〜0.769 mg/L，流出水から 0.242〜0.578 mg/L，最終沈殿池処理水から 0.008〜0.026 mg/L の AE を検出した．

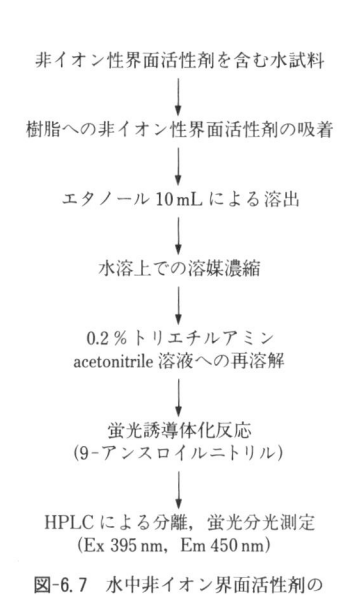

図-6.7 水中非イオン界面活性剤の前処理法

非イオン性界面活性剤を含む水試料
↓
樹脂への非イオン性界面活性剤の吸着
↓
エタノール 10 mL による溶出
↓
水溶上での溶媒濃縮
↓
0.2% トリエチルアミン acetonitrile 溶液への再溶解
↓
蛍光誘導体化反応
(9-アンスロイルニトリル)
↓
HPLC による分離，蛍光分光測定
(Ex 395 nm, Em 450 nm)

Kudoh ら[8]は微量の AE を 1-アントロイルニトリルで蛍光誘導体化した後，ODS カラムを用いて逆相 HPLC で分析した．彼らは，この方法で誘導体化試薬の妨害なしで AE 誘導体を POE 鎖長ごとに分離定量できることを示した(定量限界 0.05 mg/L)．彼らはアルキル鎖長がラウリルとデシルの場合について検討しているが，アルキル鎖長が異なると各 POE 鎖の保持時間は異なることから，河川水中などに存在するアルキル鎖長の異なる混合物の AE では複雑なクロマトグラムになるものと思われる．

そのほか次の報告も参考になる．Kiewiet ら[9]は，AE をフェニルイソシアネートで誘導体化し，HPLC/UV で分析した．カラムには ODS，移動相にアセトニトリル/水，標準物質に Neodol〔$C_{12〜15}$，EO(2)〜EO(20)〕を用いた．検出限界は

試料 4.7 L を使用したとき,3 μg/L,回収率は 80% 以上であった.本法を用い分析した結果,流入下水濃度は 1~5.5 mg/L,流出水濃度は 3~12 μg/L であった.また Fujita[10] は,前濃縮剤として α-ヒドロキシエチル樹脂を用い,河川水中の AE を 9-アントロイルニトリルで蛍光誘導体化した後,HPLC で分析した.カラムは,RP-18,移動相にアセトニトリルを用い,励起波長:395 nm 発光波長:450 nm を用いた.標準物質はヘプタオキシエチレンドデシルエーテルを用いた.検出限界は 0.001 μg/mL,回収率は 96% 以上であった.

6.2.2 LC/MS

LC/MS は,環境分野の分析に導入されてから日が浅く,非イオン界面活性剤の分析へ適用した情報も少ない.

AE の既存分離分析法としては,化学構造上,紫外部の吸収帯をもたないため,通常はフェニル基を有する誘導化試薬または蛍光誘導化試薬を用いて誘導体としてから UV 検出器や蛍光検出器付設の HPLC で分析する方法がとられていたが,基本構造であるエチレングリコール分布のすべてを逆相系カラムで分離するのは困難であり,感度や選択性の面でも問題があった.

しかしながら,HPLC の課題を解決した LC/MS では,AE 混合物をアルキル鎖長,あるいは EO 鎖長ごとの単一物質として直接分離分析することができる.

環境試料中には,非イオン界面活性剤の AE のみならず,ノニルフェノールエトキシレート(以下 NPE)や非イオン界面活性剤の分解物も共存しており,今後の水環境の水質評価や水質管理には,これらを単一成分としてだけではなく,総合的に行うことも要求されつつあるので,適切な測定条件が設定できれば,LC/MS で非イオン界面活性剤関連物質を個別一斉分析することが可能になるので,その活用メリットは大きい.

エレクトロスプレーイオン化/質量分析法(以下 ESI/MS)は LC/MS のイオン化法のなかでは最も感度が高く,非イオン界面活性剤の分析に最も多く使用されている.

ESI/MS で AE(10) と NPE(10),ならびに試薬のヘプタエチレングリコールモノデシルエーテルを下記の分析条件で個別分析すると,ヘプタオキシエチレンドデシルエーテルのトータルイオンクロマトグラム(以下 TIC)とマススペクトル

6.2 アルコールエトキシレート(AE)の分析法

は図-6.8のように得られる[11].

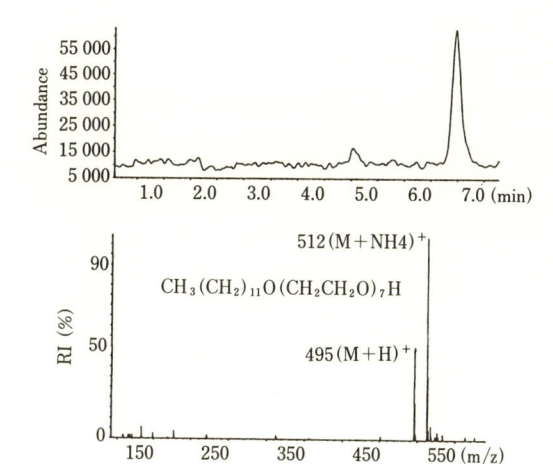

図-6.8
ヘプタオキシエチレンドデシルエーテルの TIC とマススペクトル($2\mu g$/mL)

HPLC 条件
　機種：HP 1100
　カラム：Inertsil ODS3　逆相カラム(150 mm×2.1 mm, 粒子径$5\mu m$)
　移動相：水/アセトニトリル(10/90)
　流速：0.2 mL/min
　オーブン温度：40℃
　注入量：$15\mu L$

MS 条件
　機種：HP 1100 MSD
　マスレンジ：m/z　100～1000
　イオン化：ESI(Positive)
　フラグメンター：120 V
　ネブライザー：N_2(50 psi)
　ドライニングガス：N_2(10 L/min, 350℃)

ESI/MSでは，ヘプタオキシエチレンドデシルエーテル 0.2 mg/L でスキャンモードによりマススペクトルを測定ができるが，検出された主要な分子イオンは，アンモニウム付加イオン$(M+NH_4)^+$とプロトン化分子イオン$(M+H)^+$である．また，アンモニウム付加イオン(m/z=512)をモニターイオンとして，SIM モー

第6章 非イオン界面活性剤の分析法の実際

ドで測定した場合は，0.5 μg/L の濃度で測定可能であり，高感度分析ができる．
図-6.9 は逆相カラムで分離した AE と NPE の TIC である．図-6.10 は AE，ならびに NPE のマススペクトルであるが，ともにエチレングリコール数の差により，$m/z=44$ ずつ規則的に配列したアンモニウム付加イオンが観察される．

水中の非イオン界面活性剤の測定に LC/MS を用いた事例として，下水流入水，ならびに放流水，河川水，水道水中の AE と NPE を固相抽出による濃縮と ESI/MS を用いて測定した Crescenzi[12] らの報告がある．

試料採取はイタリア，ローマ近郊の下水処理場流入水（生下水）と放流水（下水処理

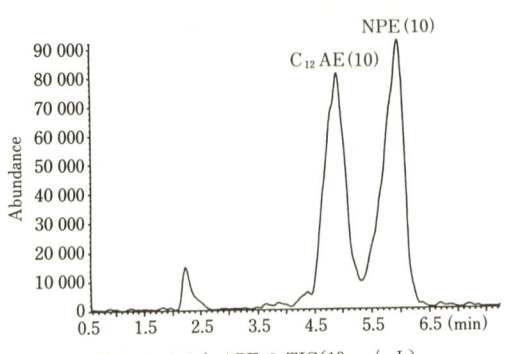

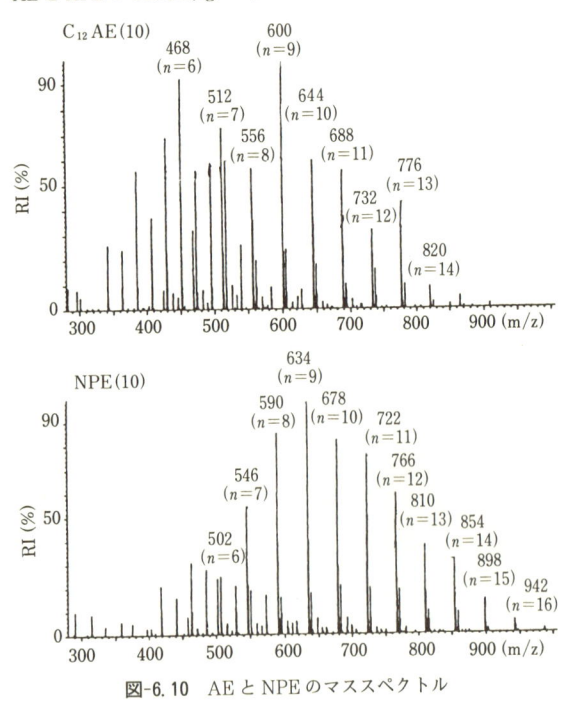

図-6.9 AE と APE の TIC (10 μg/mL)

図-6.10 AE と NPE のマススペクトル

水），河川水と水道水を対象に行い，試料量は，生下水 10 mL，下水処理水 100 mL，河川水 1 000 mL，水道水 4 000 mL をそれぞれグラファイトカーボンブラック〔以下 GCB(1 g 充填)〕カラムへ 70 mL/min で通水した後，メタノール 2 mL で洗浄し，その後 6 mL のジクロロメタン：メタノール＝8：2 で溶出する．溶出液は窒素パージで乾固し，メタノール：水＝7：3 に転溶して試料溶液とし，下記の分析条件で測定している．

　HPLC 条件
　　機種：Phoenix 20CU
　　カラム：C_8-逆相カラム(250 mm×2.1 mm, 粒子径 5 μm)
　　移動相 A：メタノール
　　移動相 B：0.1 mM　トリフロロ酢酸(FTA)水溶液
　　グラジェント条件：B(20%)→B(0%)　0〜20 min
　　流速：0.2 mL/min
　　注入量：3 μL
　MS 条件
　　機種：A Fisons VGP Platform(Fisons Instruments/VG BioTech, イタリア)
　　マスレンジ：m/z 220〜1 200
　　イオン化：ESI(Positive)
　　イオン源温度：55°C

AE と NPE の標準は，市販品の AE〔Dehydol LT7，$C_{12〜18}$AE(6)（第 2 章 p. 36 脚注参照）〕，および NPE〔Marlophen 810，NPE(10)〕を混合溶液として用い，内部標準物質として C_{10}EO(6) を試料に添加して LC/MS で測定した．ESI のイオン化条件下では，非イオン界面活性剤と移動相などに含まれる金属陽イオンの複合体が形成されやすいため，得られた主要なピークはナトリウム付加イオン $(M+Na)^+$ である．また，S/N＝3 として求めた検出限界は，カラムへ注入した NPE，または AE 成分当たり約 20 pg であり，ESI/MS では全量の 1/5 が導入されるため 4 pg となる．

図-6.11(a)は NPE，および AE 標品の LC/MS クロマトグラム，図-6.11(b) はピーク 2，C_{12}AE のマススペクトルを示している．図中，最も感度の高い m/z

=473のピークは[C$_{12}$AE(6)+Na]$^+$のナトリウム付加イオンである.

図-6.12(a)は生下水濃縮液,図-6.12(b)は下水処理水濃縮液のLC/MSクロマトグラムであるが,生下水中に検出されたNPEとAEが,下水処理過程を経ることによって除去されていることがわかる.表-6.2は,標準添加法で求めた回収率と測定で得られた各試料水中のNPE,およびAEの濃度範囲を示している.NPE,およびAEの定量は対象物質と内部標準物質〔C$_{10}$AE(6)〕のピーク面積から内部物質濃度に換算して算出した.NPE,およびAEの添加回収率は,夾雑

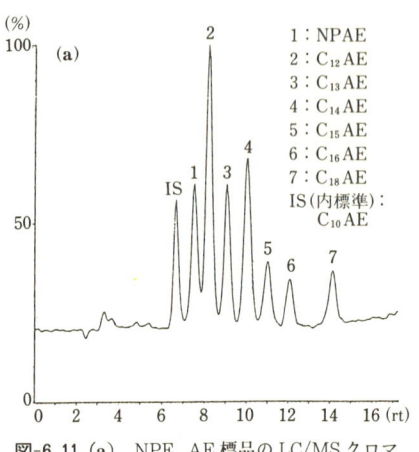

図-6.11 (a) NPE, AE標品のLC/MSクロマトグラム

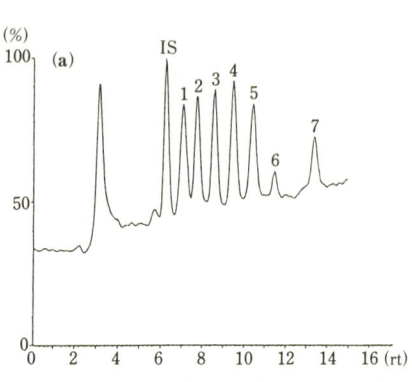

図-6.11 (b) C$_{12}$AE(ピーク2)のマススペクトル

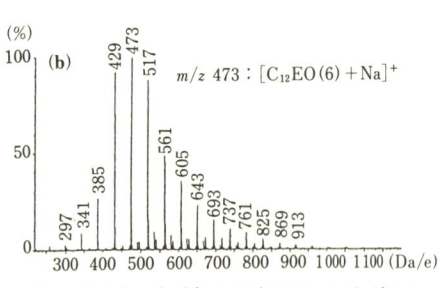

図-6.12 (a) 生下水のLC/MSクロマトグラム(ピーク番号は図-6.11と同じ物質を示す)

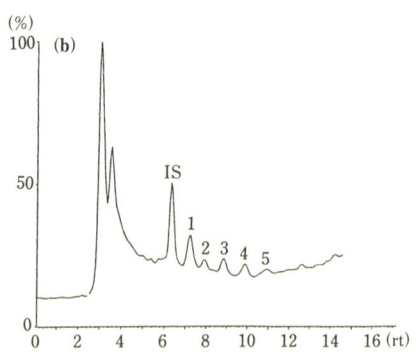

図-6.12 (b) 下水処理水のLC/MSクロマトグラム(ピーク番号は図-6.11と同じ物質を示す)

6.2 アルコールエトキシレート(AE)の分析法

表-6.2 下水処理場流入水,処理水,河川水,水道水中の AE, NPE 濃度と平均回収率

	NPAE	$C_{12}AE$	$C_{13}AE$	$C_{14}AE$	$C_{15}AE$	$C_{16}AE$	$C_{18}AE$
生下水($n=4$)							
濃度範囲, μg/L	127~221	57~138	51~118	63~118	61~140	2~17	8~35
添加濃度, μg/L	800	1400	560	840	296	136	144
平均回収率, %	97±6	96±6	97±6	95±7	93±6	90±8	84±8
下水処理水($n=4$)							
濃度範囲, μg/L	2.2~4.1	0.03~0.38	0.03~0.52	0.06~0.58	0.08~0.56	0.03~0.24	nd~0.14
添加濃度, μg/L	8	14	5.6	8.4	3.0	1.4	1.4
平均回収率, %	98±5	98±4	96±6	96±5	92±7	91±6	86±7
河川水($n=4$)							
濃度範囲, μg/L	0.64~4.3	0.22~1.8	0.25~1.5	0.2~1.7	0.11~1.2	0.02~0.09	0.01~0.03
添加濃度, μg/L	10	18	7.0	11	3.7	1.7	1.8
平均回収率, %	96±5	97±6	93±4	95±5	95±7	92±7	91±6
水道水($n=3$)							
濃度範囲, μg/L	61~120	10~42	5.6~33	5.1~27	1.7~6.4	1.2~3.0	0.5~1
添加濃度, μg/L	300	525	210	315	111	51	54
平均回収率, %	98±7	99±6	95±5	97±6	94±6	93±5	90±7

物の多い生下水と下水処理水でアルキル鎖の長い $C_{18}AE(5)$ が若干低いが,ほかは 90% 以上の回収率が得られている.また,$S/N=10$ として求めた AE と NPE 当たりの定量限界値は,生下水で 0.6 μg/L,下水処理水で 0.02 μg/L,河川水で 0.002 μg/L,水道水で 0.0002 μg/L であった.

サーモスプレーイオン化/質量分析法(TSP/MS)を用いて,下水処理場流入水と放流水中の直鎖型 AE を測定した事例については K. A. Evans[13] の報告がある.TSP/MS ではアンモニア付加イオン$(M+NH_4)^+$ と,若干の低分子量化合物のプロトン化分子イオン $(M+H)^+$ が主として検出される.モニターイオンを $(M+H)^+$ と $(M+NH_4)^+$ として,下水処理水に直鎖型 AE の N25~9〔$C_{12~15}AE(9)$〕を添加後,アルキル鎖長 C_{12} の各 EO 数 AE(2)~AE(16) を SIM モードで測定すると図-6.13 のクロマトグラムが得られる.同様にアルキル鎖長 $C_{11~15}AE(2)$ を測定すると図-6.14 のようなクロマトグラムが得られる.下水処理水に N25~9 を総量として 102.2 μg/L 添加し,回収された $C_{12~15}AE(2)$~AE(18) の 68 種類の AE 化合物を計算すると総量は 84.57 μg/L となり,表-6.3 のような各化合物の濃度分布を得ることができる.

LC/MS のほかのイオン化法としては,質量分析法(大気圧化学イオン化法)(以下 APCI/MS)が汎用されている.APCI/MS の特徴としては分子イオン(M

第6章 非イオン界面活性剤の分析法の実際

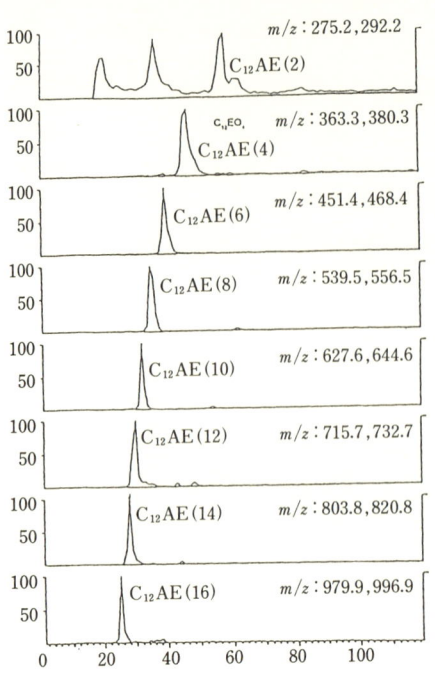

図-6.13 N25〜9[$C_{12\sim15}AE(9)$]を添加した下水処理水の $C_{12}AE(2)$〜$AE(18)$ の SIM（モニターイオン：MH^+，MNH_4^+）

図-6.14 N25〜9[$C_{12\sim15}AE(9)$]を添加した下水処理水の C_{12}〜$C_{15}AE(2)$ の SIM（モニターイオン：MH^+，MNH_4^+）

表-6.3 N25〜9[$C_{12\sim15}AE(9)$]102.2 μg/L 添加下水処理水の各 $C_{12\sim15}AE(2)$〜$AE(18)$ の濃度分布

AE	C_{12}	C_{13}	C_{14}	C_{15}
AE(2)	0.46	0.40	0.47	0.28
AE(3)	0.72	0.68	0.58	0.38
AE	0.92	0.93	0.69	0.62
AE	1.10	1.25	0.83	0.85
AE(6)	1.84	1.77	1.30	1.24
AE(7)	1.48	1.40	1.20	1.10
AE(8)	1.55	1.68	1.40	1.23
AE(9)	2.17	1.96	1.85	1.78
AE(10)	1.73	1.94	1.62	1.55
AE(11)	1.98	1.97	1.44	1.22
AE(12)	1.88	1.81	1.62	1.37
AE(13)	1.91	1.88	1.82	1.40
AE(14)	1.59	1.69	1.52	1.32
AE(15)	1.25	1.58	1.32	1.06
AE(16)	1.13	1.27	1.12	0.95
AE(17)	0.75	0.83	0.77	0.72
AE(18)	0.65	0.68	0.62	0.53
合計	23.10	23.72	20.18	17.57

（単位；μg/L）

＋H^+，または $M-H^-$）が検出されることである．APCI/MS は ESI/MS などに比べて感度が 10〜100 倍程度低く[14]，環境水中の現非イオン界面活性剤濃度レベルを測定するには高倍率の濃縮操作が必要となり，定量に適した測定法とはいえない．

6.3 アルキルフェノールエトキシレート(APE)の分析法

6.3.1 HPLC の適用

　APE を選択的に検出する機器分析に関しては，誘導体化した後に GC を適用する方法も報告されているが，APE がフェニル基を有していることから，検出器として UV または蛍光検出器を用いた HPLC による方法が多く報告されている．また，選択性をさらに高めるために，HPLC の検出器として MS を用いた LC/MS 分析の報告も増加しつつある．ここでは，多くの改良が加えられてきた液体クロマトグラフ法による事例について，特徴のある報告を中心に概観する．

　APE 分子中には，疎水性部位であるアルキルフェニル基と親水性部位である EO 基とが含まれる．炭素数が異なるアルキル鎖を有する APE 同族体の分離には，オクタデシル基などを結合した非極性充填剤を固定相とし，極性溶離液を移動相とした逆相分配クロマトグラフ法が有効である．一方，異なる EO 付加モル数のエトキシ鎖を有する APE 同族体の分離には，アミノ基などを結合した極性充填剤を固定相とし，非極性溶離液を移動相とした順相分配クロマトグラフ法が有効である．APE の場合は，AE の場合と異なり，商業ベースで生産・使用されている APE のアルキルフェニル基の大半はノニル(C_9)フェニル基とオクチル(C_8)フェニル基であり，さらにその約 80％ がノニルフェニル基を有する NPE で占められている[15]．したがって，HPLC を用いた APE の分析では，EO 数の異なる同族体を分離する目的で順相クロマトグラフ法が用いられる場合が多い．ただし，逆相クロマトグラフ法では，溶離液の条件を整えることにより，EO 数の異なる同族体を単一ピークにして定量を容易にすることができる．

6.3.2 順相および逆相カラムを用いた HPLC

　Ahel ら[16]は，以下の HPLC 条件で下水処理場流入水，一次・二次処理水中の APE を測定した．

　試料水からの APE の抽出には酢酸エチルを用いた．試水 1 L に塩化ナトリウム 40 g を添加後，重炭酸ナトリウム 5 g で pH 7～8 に調整し，酢酸エチル 60

mLを加えて30 mL/minでN₂ガスを5分間吹き込み，パージしてAPEを酢酸エチルに抽出した．この操作を同量の酢酸エチルで繰り返した．あわせた酢酸エチルを乾固し，ジクロロメタン1 mLに転溶後，活性アルミナによるクリーアップ，メタノールによる溶出，再乾固を行い，n-ヘキサン/2-プロパノール(9/1) 0.5 mLに溶解させてHPLC分析試料とした．

HPLC条件
 機種：Waters 6000 A—Perkin-Elmer UV 検出器 LC-50(順相系1，逆相系)
    Perkin-Elmer Series 4—Kratos UV 検出器 773(順相系2)
 検出波長：277 nm
 〈順相系1〉
  カラム：10 μm-Lichrosorb-NH₂(250 mm×4.6 mm i.d.)(Knauer)
     5 μm-Spherisorb-NH₂(120 mm×3mm i.d.)(Knauer)
  移動相：A；n-ヘキサン/2-プロパノール(9/1)，B；2-プロパノール/水(9/1)
     A/B(97：3)—(60 min)—A/B(37：63) linear gradient
  流　速：1.5 mL/min
 〈順相系2〉
  カラム：3 μm-Hypersil-APS(100 mm×4 mm i.d.)(Knauer)
  移動相：A；n-ヘキサン/2-プロパノール(98/2)，B；2-プロパノール/水(98/2)
     A/B(95：5)—(20 min)—A/B(50：50) linear gradient
  流　速：1.5 mL/min
 〈逆相系〉
  カラム：10 μm-Lichromosorb RP-8 (octylsilica) (250 mm×3 mm i.d.) (Hibar)
  移動相：メタノール/水(8/2)　isocratic
  流　速：0.5 mL/min
  注入量：50〜100 μL

順相クロマトグラフ法で得られたNPEおよびオクチルフェノールエトキシレート(以下OPE)標準物質のクロマトグラムを図-6.15に示した．1〜18のEOモル

6.3 アルキルフェノールエトキシレート(APE)の分析法

数の同族体が約 40 分で分離されている.(a)と(b)との比較から,同じ EO 数の同族体は,アルキル鎖がノニルとオクチルに異なっていても同じ保持時間で溶出されていることがわかる.NPE〔図-6.15(a)〕の各ピークがブロードであるというのは,アルキルフェニル基の大半がイソブチレン二量体をベースに合成された 1,1,3,3-テトラメチルブチルフェノールからなる OPE〔図-6.15(b)〕の場合と異なり,NPE の場合には,プロピレン三量体とフェノールとから合成された異なる分岐状態の異性体の混合物からなるためとされている.また,同じ NPE の場合でも,カラムを代えることにより分離が良好なままで分離時間を短縮することができる事例〔図-6.15(c)〕が示されている.

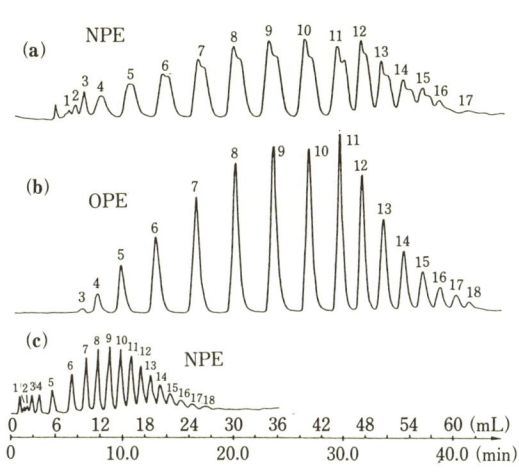

図-6.15
順相 HPLC による NPE および OPE のクロマトグラム〔文献 16〕より改図〕

注)使用カラムは,$10\mu m$ Lichrosorb-NH_2〔(a), (b)〕および $3\mu m$ Hypersil-APS(c).
ピークの数字は EO ユニットのモル数を示す.

逆相クロマトグラフ法で得られた標準物質のクロマトグラムを,図-6.16 に示す.NPE〔図-6.16(a)〕の場合は,図-6.15(a)のピークをブロードにした原因となった異性体混合物が 2 つのピークに分離され,OPE〔図-6.16(b)〕は単一ピークであることが確認できる.しかし,アルキル鎖長での分離であることから,NPE の小ピークと OPE のピーク,さらにノニルフェノール(以下 NP)およびオクチルフェノール(以下 OP)のピークとこれらを疎水基に含む NPE(大ピーク)および OPE のピークがオーバーラップすることには留意する必要がある.

第6章 非イオン界面活性剤の分析法の実際

順相クロマトグラフ法で測定された下水処理場の一次, 二次処理水および河川水の事例を図-6.17に示す. この方法の検出限界は1μg/Lで, APE総量での回収率は87%であった.

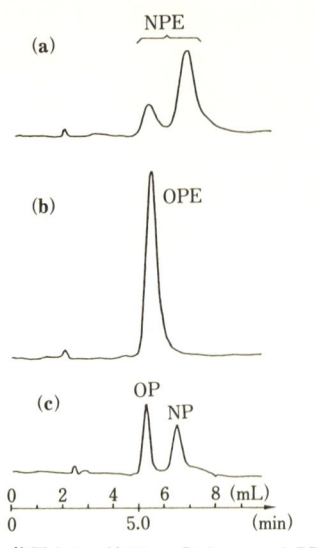

図-6.16 逆相HPLCによるNPE, OPE, NPおよびOPのクロマトグラム〔文献16)より改図〕

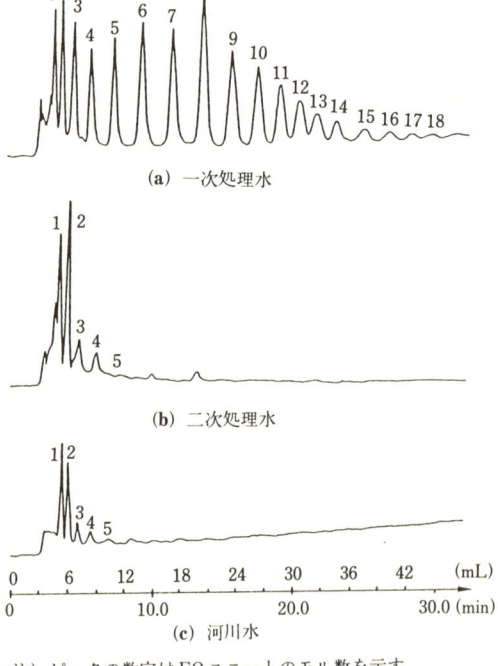

注) 使用カラムは10μm Lichromosorb RP-8.

図-6.17 順相HPLCによる下水処理場一次, 二次処理水および河川水中のNPEの測定例〔文献16)より改図〕

注) ピークの数字はEOユニットのモル数を示す.

6.3.3 APEとLASの同時分析：HPLC逆相カラムで複数の種類の活性剤の分析

Marcominiら[17]は，同様にHPLCを適用したが，水試料（下水処理水）からの抽出にODSカートリッジを用い，逆相クロマトグラフ法で，APEとともにNPおよび陰イオン活性剤である直鎖アルキルベンゼンスルホン酸塩（以下LAS）を同時に測定した．試水量としては，APEの含有量レベルにあわせて50〜250 mLを使用し，10〜15 mL/minでカートリッジに吸着させた．ODSカートリッジからの脱着にはアセトン3 mLを用い，20 mMのドデシル硫酸ナトリウム（以下SDS）を含む精製水5 mLに希釈してHPLC分析試料とした．

HPLC条件
　機種：Perkin-Elmer Series 4―Perkin-Elmer 蛍光検出器 LS 3
　検出波長：ex. 230 nm, em. 295 nm
　カラム：10 μm-Lichromosorb RP-8(octylsilica)(100 mm×4 mm i.d.)
　　　　（Knauer）　同じ充填剤のプレカラム付き
　移動相：イソプロパノール/水/アセトニトリル―0.02 M 過塩素酸ナトリウム含有水(45：55)(5：40：55)(6.5分)―(10分)―イソプロパノール/アセトニトリル―0.02 M 過塩素酸ナトリウム含有水(45：55)/アセトニトリル(5：80：15)　non-linear gradient
　流速：1.2 mL/min
　注入量：50 μL

図-6.18は，下水処理場流入水および二次処理水中のNPE, NPおよびLAS

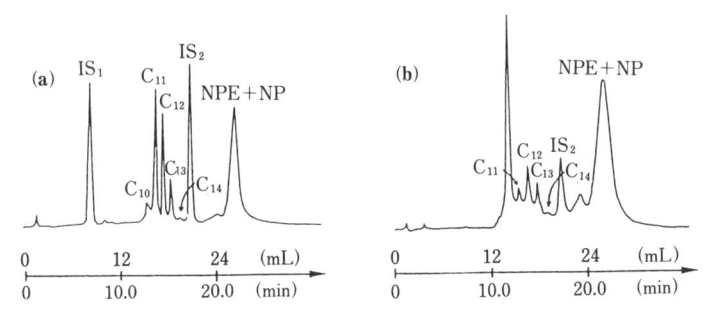

C_{10}〜C_{14}：アルキル鎖長の異なるLAS同族体．IS_1：1-C_8LAS, IS_2：3-C_{15}LAS

図-6.18 逆相HPLCによる下水処理場流入水(a)および二次処理水(b)中のNPE, NPおよびLASの測定例〔文献17〕より改図〕

を逆相カラムで分析したクロマトグラムである．NPE と NP のピークは前述の理由で重なっているが，LAS の同族体は十分に分離されている．この方法の検出限界は APE：4 μg/L，LAS：20 μg/L で，回収率は 80% 以上であった．

6.3.4　APE と AE の同時分析：LC/MS

Crescenzi ら[12]は，下水，河川水，水道水中の NPE，AE を同時に測定することを目的とし，その抽出に GCB カートリッジを用い，分析には逆相クロマトグラフ法の LC/MS を適用した．試水量としては，NPE，AE の含有量レベルにあわせ 10～4 000 mL を使用し，70 mL/min でカートリッジに吸着させた．GCB カートリッジからの脱着にはジクロロメタン/メタノール(80：20)6 mL を用い，乾固後，メタノール/水(70：30)0.1～1 mL に溶解させ HPLC 分析試料とした．

　HPLC 条件
　　機種：Phoenix 20 CU(Fisons Instruments)
　　カラム：5 μm C_8-逆相カラム(250 mm×2.1 mm i.d.)(Alltech)
　　移動相：0.1 mM TFA 含有メタノール/0.1 mM TFA 含有水(80：20)—(20 分)—0.1 mM TFA 含有メタノール/0.1 mM TFA 含有水(100：0) linear gradient
　　流速：0.2 mL/min
　　注入量：3 μL
　MS 条件
　　機種：Fisons VG Platform MS
　　イオン化モード：エレクトロスプレー(Positive)
　　コーン電圧：27 V
　　Desolvation gas：窒素
　　定量イオン：TIC

この分析法で得られた NPE および AE 標準物質の TIC クロマトグラムおよびピーク 2(C_{12}AE)のマススペクトルを図-6.19 に示す．図-6.19(a)に示されるように，NPE はピーク 1 に単一ピークとして分離され，ピーク 2～7 には異なるアルキル鎖長をもつ AE が分離されている．逆相クロマトグラフ法を用いてアルキル鎖長の違いでのみ分離する理由としては，特に，AE がアルキル鎖長や EO モ

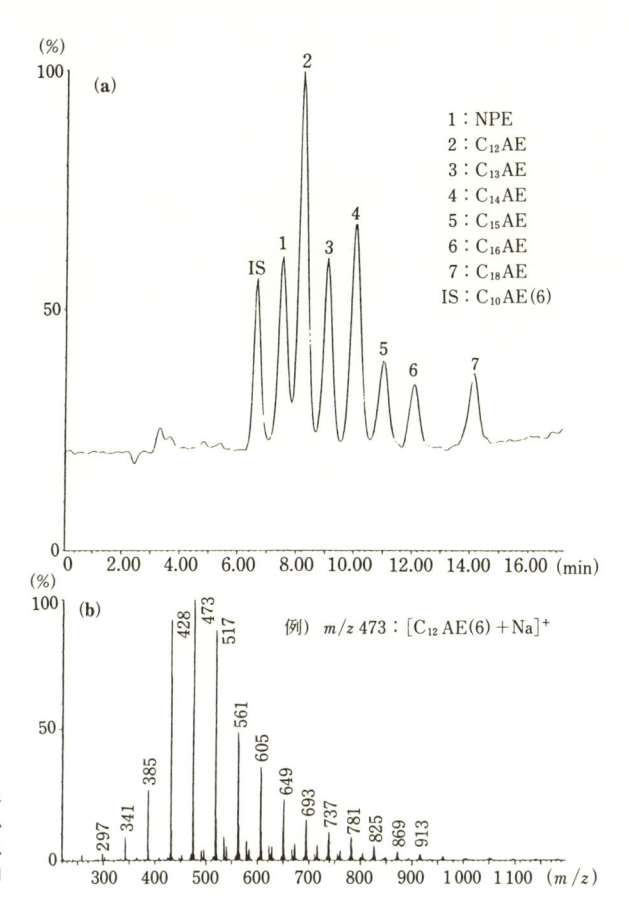

6.3 アルキルフェノールエトキシレート(APE)の分析法

図-6.19
逆相 LC/MS による NPE および AE の TIC クロマトグラム(a)とピーク 2(C_{12}AE)のマススペクトル(b)〔文献 18〕より改図〕

(a) のピーク凡例:
1：NPE
2：C_{12}AE
3：C_{13}AE
4：C_{14}AE
5：C_{15}AE
6：C_{16}AE
7：C_{18}AE
IS：C_{10}AE(6)

(b) 例) m/z 473：$[C_{12}AE(6)+Na]^+$

ル数の異なる多数の同族体・異性体を含んでおり，通常の LC カラムで EO 鎖長の違う異性体までもすべて分離することが事実上不可能なためとしている．また，逆にメリットとして，シングルピークにすることにより検出感度が高まることをあげている．EO ユニット分布の情報については，図-6.19(b)に示されるように，マススペクトルから得られる．このマススペクトルは Na 付加体のもの(例えば，$m/z=473$ は$[C_{12}AE(6)+Na]^+$)であるが，Na 付加体や Ka 付加体が生成される原因として，Na や Ka イオンは移動相中に不純物として含まれており，EO 鎖がフレキシブルな構造を有することから，これら金属カチオンとのコンプレックスをつくりやすい点をあげている．

また，彼らはEOユニット数の違いによる感度の違いを検討しており，EO(1)からEO(6)までは指数関数的な増加がみられ，EO(8)にかけては増加の程度が低下することを見いだした．その理由として，EOユニット数の違いによってカチオン付加体の形成能および安定性が異なることがあげられている．この形成能は他のEOユニットの存在に影響され，単独で存在する場合に比べ感度が低下した．ユニット数が小さい場合には，大きいユニット数の分子との競合反応に強く影響されて，感度低下の割合が大きくなった．この方法の検出限界は20 pg(0.2 ng/L～0.6μg/L)で，回収率は85～97%であった．

6.3.5 SPMEを用いたHPLC

最後に，APEの抽出・濃縮に固相マイクロ抽出(Solid-Phase Micro Extraction，以下SPME)を適用したHPLC分析の事例を紹介する．Boyd-Boland and Pawliszyn[19]は抽出・濃縮にSPMEを用いて，順相クロマトグラフ法によるHPLCで水試料中のAPEの分析を行った．SPMEでは，抽出相(液相または吸着剤+液相)をコーティングしたファイバーが金属製のシリンジ様ホルダーに収納されたSPMEユニットを用い，ファイバーを対象水試料中で露出することにより，APEを分配平衡則に従ってファイバーに移動・吸着させ，分析器機内で脱着させて分析する．この方法はGCで開発されたが，彼らはこの方法をHPLCに応用した．対象物質のファイバーからの脱着とHPLCへの注入では，GCの場合には熱による脱離が行われるが，HPLCの場合にはSPMEユニットを注入口にセットし，露出させたファイバーを移動相中にさらすことにより脱離が行われた．試料からの抽出に関しては，乾燥下水スラッジを分散させた水試料4 mLに対し，ファイバーを撹拌状態・室温で60分間曝露させて行われた．この方法に対しては，抽出のために有機溶媒を使用しない，SPMEユニットを繰り返し使用できる，水が抽出されないなど，種々の利点があげられている．

HPLC条件
　機種：Eldex 9600(Napa)—TSK UV検出器6041(Toso Haas)
　検出波長：220 nm
　カラム：5μm-Supelcosil LC-NH_2(250 mm×4.6 mm i.d.)(Supelco)
　移動相：A；n-ヘキサン/2-プロパノール(90/10)，B；2-プロパノール/水

(90/10)

A/B(97:3)―A/B(47:53)　linear gradient

流速：1.5 mL/min

抽出量は以下の式に従う．

$$n_s = KV_s V_{aq} C_{aq}^0 / (KV_s + V_{aq}) \tag{6.1}$$

ここで，n_s はファイバーに抽出された対象物質の量，K は対象物質の分配係数，V_{aq} と V_s は，それぞれ，液相および固定相（抽出相）の体積，C_{aq}^0 は液相における対象物質の初期濃度である．

彼らは抽出相の種類に関する検討を行い，標準の直接注入と比較して EO ユニットの分布に偏りを生じない，カーボワックス/ジビニルベンゼン・メタクリレート共重合テンプレート樹脂（CWAX/TR）が適当とした．また，塩析効果を検討し，NaCl 13% 添加で長 EO 鎖 APE の抽出効率が高まることを示した．OPE（平均 EO 数 10，図-6.20(a)）および NPE（平均 EO 数 4 および 15，図-6.20(b), (c)）

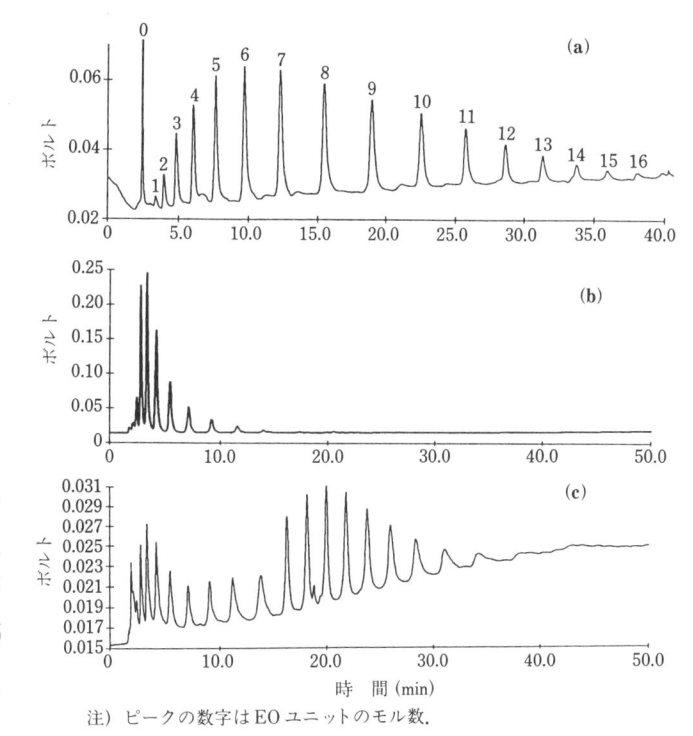

図-6.20
順相 HPLC による OPE($\overline{10}$)(a)，NPE($\overline{4}$)(b) および NPE($\overline{15}$)(c)のクロマトグラム〔文献 19) より改図〕
例えば OPE $\overline{10}$ の $\overline{10}$ は，EO ユニットのモル数が平均 10 であることを示す．

注）ピークの数字は EO ユニットのモル数．

の標準物質についてのクロマトグラムを示す．図-6.20(a)に明瞭にみられるように，溶媒ピークが出ないために，クロマトグラムの最初に EO＝0 である OP や NP が分離され，同定される．ピーク形状は，20 μL を直接注入した場合と同様またはそれ以上に良いとされている．

この方法において，検量線の直線性は 0.1～100 mg/L の範囲で保たれており，個々の異性体の検出限界は数 μg/L から1オーダー以下のレベルであった．

本節では，APE の分析法のなかで，液体クロマトグラフ法を基礎とした特徴ある報告例について概観した．ここでは触れられなかったが，最近では，高速液体クロマトグラフ/タンデム型質量分析法(以下 LC/MS/MS)による分析例を含め APE に関する多くの分析事例が報告されていることを記しておく．

6.4　ノニルフェノール(NP)とオクチルフェノール(OP)の分析法

環境中のモニタリングなどにおいて，NP，OP は一般に GC/MS で分析されることが多い．親化合物である APE や，カルボン酸化物と異なり，極性が比較的低いため，誘導体化をせずに GC に導入する方法が簡便でルーチン分析に向いている．また，HPLC に比べて GC/MS は分析感度・選択性が高く，信頼性の高い分析が可能である．本節では，まず既存の分析法について操作段階ごとにどのような手法が用いられているか概説し，筆者らが以前報告し，その後改良を加えた NP，OP の分析法について述べる．また，NPE を包括的に分析する際には LC/MS を用いる分析が有用なため，最後に LC/MS を用いた分析例を紹介する．

6.4.1　抽　　出

Ahel らの研究グループはアルキルフェノール(以下 AP)および APE(1)，APE(2)の抽出には水蒸気蒸留/溶媒抽出という方法でシクロヘキサン(1～2 mL)で抽出を行っている[20,21]．水試料からのジクロロメタン[22,23]やジエチルエーテル[24]などによる液—液抽出も可能であるが，一般には使用溶媒量の削減，ハンドリングの容易さのため，水試料からの AP の抽出には固相抽出が最もよく用いられて

いる．従来よりミニカラムに樹脂を充塡した形の物が用いられてきたが，最近では，ディスク状のものが取扱いが容易でよく用いられるようになってきた．充塡樹脂としては，ODS[25〜28]やXAD-2[29]，グラファイトカーボン[30]など種々の樹脂が用いられるが，最も一般的なものはODSである．堆積物からは，凍結乾燥後Soxhlet抽出する方法が最も多い．最近では，堆積物や生体などの固体試料に超臨界流体抽出を適用する例もみられる．Leeらの研究グループでは，オンラインでアセチル化と超臨界流体抽出を組み合わせてNPとOPのアセチル誘導体の測定を行っている[31,32]．

6.4.2 精　　製

抽出試料は大抵の場合，精製が必要である．APは非イオン性のフェノールであるため，アルカリ抽出[22]やイオン交換樹脂による精製法が用いられることもあるが，シリカゲルやフロリジルを用いたカラムクロマトグラフ法による精製が最も効果的である．また生体試料など，高分子の夾雑物質が多い試料については，ゲル透過クロマトグラフ法を用いた精製が効果的である．

6.4.3 誘導体化

APは親化合物の界面活性剤（APE）と比べて，比較的低極性であるので（NPの$\log P_{ow}$は4.48，OPは4.12[33]），GCに直接導入することが可能である．中極性物質分析用のキャピラリーカラムを用いるか，精製段階で極性夾雑物が効率良く除去されていれば低極性カラムでも分析が可能であり，分析操作を簡便にするという点では非常に有用である．しかしながら極性の夾雑物が多い場合やより高感度な分析が必要な場合，誘導体化して分析される場合もある．用いられる誘導体化としては，ペンタフルオロベンゾイルクロライドによるペンタフルオロベンゾイル化[22]や，ペンタフルオロベンジルブロマイドによるペンタフルオロベンジル化[34]，N,O-ビス（トリメチルシリル）トリフルオロアセトアミドを用いたトリメチルシリル化[35]，無水酢酸を用いたアセチル化[31,32]などが用いられている．

6.4.4 機器分析

APの同定・定量にはHPLC[20,36]，GC/FID[37]などが用いられてきたが，近年

ではGC/MSを用いることがほとんどである[26, 27]．Gigerらの研究グループは順相HPLCを用いて，これまで約20年にわたってスイス国内の水環境中のNPおよびNPEの分析を行ってきた．順相のHPLCを用いた場合，NPだけでなくNPEをEO鎖長別に測定でき，非常に有用性が高い．しかしながら一般にHPLCは検出器が非選択的で夾雑ピークの妨害を受けやすいため，APの微量分析を行う際，GC/MSを用いたほうが高感度で，精度の高い分析が可能である．

6.4.5 GC/MSによる分析例

ここでは，環境試料中のAP分析の一例として筆者らが報告し[27]，その後改良を加えた分析法を紹介する．図-6.21にはAP分析法の概略を示した．

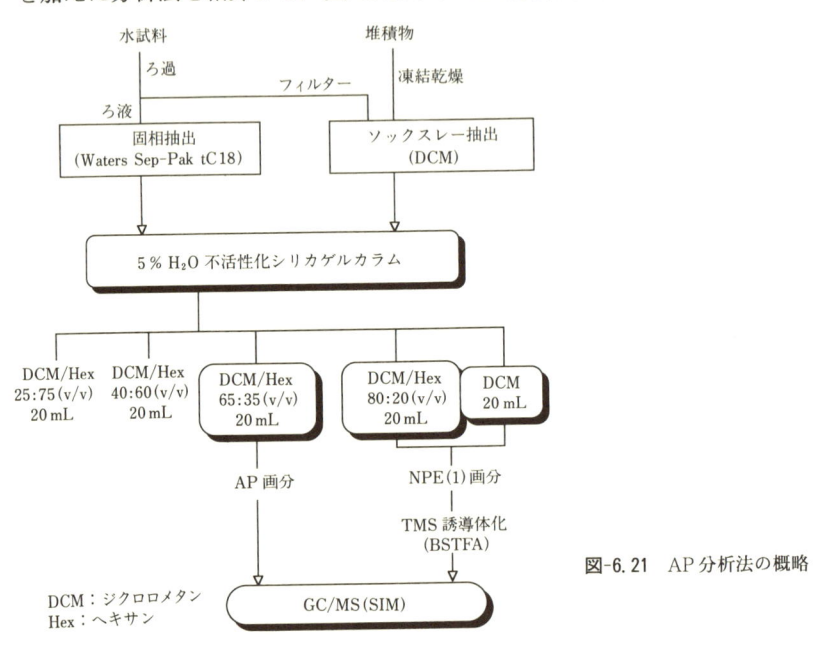

```
            水試料                        堆積物
              │                            │
             ろ過         フィルター        凍結乾燥
              │                            │
             ろ液                           │
              ▼                            ▼
       ┌─────────────┐            ┌─────────────┐
       │   固相抽出   │            │ ソックスレー抽出│
       │(Waters Sep-  │            │    (DCM)     │
       │  Pak tC18)   │            │              │
       └─────────────┘            └─────────────┘
              │                            │
              └────────────┬───────────────┘
                           ▼
              ┌──────────────────────────┐
              │ 5% H₂O 不活性化シリカゲルカラム │
              └──────────────────────────┘
                           │
   ┌──────┬──────┬────────┼────────┬──────┐
   ▼      ▼      ▼        ▼        ▼
 DCM/Hex DCM/Hex DCM/Hex DCM/Hex   DCM
 25:75   40:60   65:35   80:20    20 mL
 (v/v)   (v/v)   (v/v)   (v/v)
 20 mL   20 mL   20 mL   20 mL
                  │        │
                  ▼        ▼
                AP画分   NPE(1)画分
                           │
                           ▼
                      TMS誘導体化
                        (BSTFA)
                  │        │
                  └───┬────┘
                      ▼
                 GC/MS (SIM)
```

DCM：ジクロロメタン
Hex：ヘキサン

図-6.21 AP分析法の概略

(1) 抽　　出

水試料は，あらかじめメタノールで洗浄した褐色ガラス瓶に採水し，現場から持ち帰って直ちにガラス繊維ろ紙(GF/F；Waters)でろ過した．ろ液は4 M塩酸でpH 1以下にして微生物活性を抑えて4℃で，フィルターは−20℃で分析まで保存した．溶存態試料は，4 M水酸化ナトリウム水溶液でpH 4〜5に調整した

6.4 ノニルフェノール(NP)とオクチルフェノール(OP)の分析法

後, 固相抽出を行った. 固相抽出カラムは 6 mL 容のガラスチューブ(SUPELCO)にtC$_{18}$ ODS(Waters)を 1 g 充填して作成した. このカラムは, 使用前にあらかじめヘキサン, ジクロロメタン, メタノールの順でそれぞれ 20 mL 通して洗浄し, 蒸留水(約 20 mL)で置換しておいた. 水試料(河川水は 1 L, 一次処理水は 50 mL, 二次処理水は 200 mL)を通水した後, メタノールを 20 mL 流して AP を溶出させ, 捕集した.

懸濁態および堆積物試料は, 試料を円筒ろ紙に入れてソックスレー抽出を 12 時間(3～4 cycles/h)行った. 抽出溶媒は懸濁態試料にはメタノール, 堆積物試料には DCM を用いた. なお, 堆積物試料はあらかじめ凍結乾燥しておいた.

(2) 精　製

すべての試料は, 5% 水不活性化シリカゲルカラム(90 mm×10 mm i.d.)によって精製した. 抽出液をロータリーエバポレーターで蒸発乾固した後, 少量のジクロロメタン-ヘキサン(25：75 v/v)で溶かしながらカラムに添加した. ジクロロメタン-ヘキサン(25：75 v/v)はあわせて 20 mL 流し, 続いてジクロロメタン-ヘキサン(40：60 v/v), ジクロロメタン-ヘキサン(65：35 v/v)の順でそれぞれ 20 mL ずつ流した. ジクロロメタン-ヘキサン(65：35 v/v)溶出液を AP 画分として 50 mL ナシ型フラスコに捕集した. シリカゲルの不活性化を行うたびに, 標準物質を用い, NP と OP がジクロロメタン-ヘキサン(65：35 v/v)で溶出することとその回収率が十分高いことを確認した. また, このシリカゲルを用いて分画を行うことにより, ポリ塩化ビフェニル(以下 PCB)や多環芳香族炭化水素(以下 PAH), ビスフェノール A(以下 BPA)といった他の汚染物質も同時に測定できることが確認されている[38].

このジクロロメタン-ヘキサン(65：35 v/v)溶出液はロータリーエバポレーターで蒸発乾固した後, 1 mL アンプルに移した. アンプル中の溶媒を N$_2$ ガスを吹き付けて蒸発乾固させ, 適当量(50 μL～1 mL)の内部標準を加えて定容し, そのうち 1 μL を GC/MS に注入して分析した. 内部標準物質には 1.0 mg/L のアントラセン-d$_{10}$/イソオクタン溶液を用いた.

(3) GC/MS による定量

NP および OP の同定・定量は GC/MS(SIM)で行った. GC/MS の分析条件は表-6.4 に示した. ガスクロマトグラフは Hewlett Packerd HP 5890 series II plus，カラムは HP-5MS または J & W Scientific DB-5(どちらも 30 m×0.25 mm i.d.，膜厚 0.25μm)を用いた．カラムヘッド圧は 100 kPa，注入部温度 300 ℃，トランスファーライン温度 310℃，昇温は，初期温度 70℃ で 2 分保持，その後 180℃ まで 30℃ 昇温，200℃ まで 2℃ 昇温，310℃ まで 30℃ 昇温した後，310℃ で 10 分保持した．質量分析計は HP 5972 を用いた．EI 電圧は 70 eV で運転した．NP と OP の定量は，SIM モードで $m/z=107$，121，135，149，177，188，206，220 のイオンをモニターし，HP Chem Station ソフトウェアを用いてピーク面積から各ピークの濃度を計算した．ただしモニターイオンのうち，$m/z=188$ のイオンは内部標準のアントラセン-d_{10} に特有なものである．図-6.22 は標準溶液と堆積物を分析した際の代表的なクロマトグラムである．

(4) 検出限界

機器の検出限界値(GC/MS に何も注入しないときのベースラインの振動幅の 5 倍)は，GC/MS 注入時の NP 濃度として 0.03 mg/L であった．したがって水試料 1 L を濃縮し，GC/MS 注入時の定容量を 50μL とした場合の検出限界値は，0.15 ng/L と計算された．試料濃縮を除いた全分析操作を行った際のブランク値

表-6.4 GC/MS の分析条件

GC	HP 5890 series II plus		
	キャリアーガス	ヘリウム	
	注入部温度	300℃	
	検出部温度	310℃	
	ヘッド圧	100 kPa	
	初期温度	70℃	
	初期時間	2 min	
	昇温率 (℃/min.)	最終温度 (℃)	最終時間 (min.)
	30	180	—
	2	200	—
	30	310	10
Column	HP-5 MS もしくは DB-5(30 m×0.25 mm i.d.，0.25μm)		
MS	HP 5972(SIM mode)		
	EI	70 eV	
	NP 定量	$m/z=107,121,135,149,177,220$	
	OP 定量	$m/z=107,\ 135,\ 206$	
	アントラセン-d_{10}	$m/z=188$	
	4-n-NP-d_4	$m/z=111$	

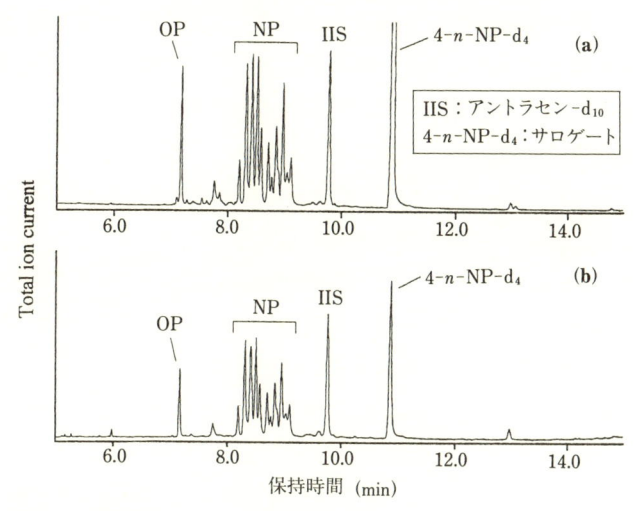

6.4 ノニルフェノール(NP)とオクチルフェノール(OP)の分析法

図-6.22 標準溶液(a)および堆積物(b)を分析した際のクロマトグラム(TIC)

は 0.4 ng($n=2$)であったので,水試料 1 L を濃縮した際の定量限界値は,その 10 倍である 4 ng/L と考えた.市販の実験室用純水製造装置で精製した水を 1 L 濃縮したところ,イオン交換,蒸留などの過程にかかわらず有意に NP が検出された(4.5〜15 ng,$n=9$).これは操作過程での汚染ではなく,水自体の汚染と考えられる.また,市販の ODS ミニカラムを用いて空試験を行った際にも 1.5 ng($n=2$)と微量ながら NP が検出されたため,微量分析を行う場合にはこの点にも注意する必要がある.

(5) 分析精度

溶存態試料,懸濁態試料それぞれの分析操作における再現性と回収率を,表-6.5 に示した.溶存態試料分析における NP の再現性は,c.v. 値で 1.9%($n=4$),

表-6.5 再現性と回収率

試料		再現性		回収率		
		n	c.v. (%)	n	回収率(%)	s.d.
溶存態	NP	4	1.9	4	91*	6
懸濁態	NP	4	10.4	4	114	14
堆積物	NP	4	4.8	3	108	4
	OP	4	4.6	3	110	4
	4-n-NP-d₄			3	112	1

注) 抽出液に標準溶液を加えて検討した.
*1 c.v.:変動係数　　*2 s.d.:標準偏差

添加回収率は，標準溶液のみを全操作過程を通して分析した際に 91.4%($n=4$) と良好な結果を得ることができた．懸濁態試料については，抽出法が溶存態試料の分析と異なるため，溶存態と同様，再現性と回収率の確認を行った．同じ試料をろ過したフィルターを分析した際の再現性は，c.v. 値で 10.4%($n=4$)，添加回収率は 114($n=4$)であった．また，水試料分析において OP の添加回収試験は行っていないが，最もロスが大きいと考えられるシリカゲルカラムにおいて OP の回収率が 90% を超えていたため，同じ分析法で OP についても十分な回収率が得られていると考えた．一方，堆積物試料については，NP，OP の両方の標準溶液を用いて検討を行った．その結果，再現性は NP，OP それぞれについて c.v. 値で 4.8%($n=4$)，4.6%($n=4$)，添加回収率は 108($n=3$)，110($n=3$)であった．またその際に 4-n-NP-d_4 を添加したところ，回収率が 112 と NP，OP とほぼ同様の値が得られた．これまで AP の分析には回収率を補正するためのサロゲートを添加しない場合が多かったが，今後この物質をサロゲート化合物として利用できる可能性がある．

6.4.6　LC/MS による分析例

近年では LC/MS を用いた報告例も増えており，その中から Shang ら (1999)[39] の方法の概略を紹介する．

（1）抽　　出

凍結乾燥した堆積物試料は，抽出前にパウダー状にすりつぶした．20〜50 g の試料にあらかじめ加熱した硫酸ナトリウム 50 g を加えてソックスレー抽出を行った．あらかじめヘキサン-イソプロパノール(70 : 30)で 2 時間洗浄した円筒ろ紙にサンプルを入れて抽出器に入れた．その後サンプルはヘキサン-イソプロパノール(70 : 30, v/v, 250 mL)で最低 18 時間抽出した．抽出液はロータリーエバポレーターで約 5 mL に濃縮し，ヘキサン-イソプロパノール(70 : 30, v/v) ですすぎながら 25 mL フラスコに移し，40℃で N_2 ガスを吹き付けて蒸発乾固させた．SPE による精製の前に 6 mL のヘキサン-ジクロロメタン(90 : 10, v/v) を加えた．60 mL のヘキサン-アセトン(60 : 40, v/v)を用いて，撹拌―超音波抽出―移し替えという操作を 3 回繰り返すことで，超音波抽出についても検討した．抽出液はソックスレー抽出物と同様に処理した．

6.4 ノニルフェノール(NP)とオクチルフェノール(OP)の分析法

抽出効率を測定するため，海洋堆積物に 2 mL の適当な量の標準物質をアセトンに加えて調製したスパイク溶液を加えて繰り返し分析した．スパイク後，天然有機物質と馴染むように，試料をホモジナイズして，4°C暗所で一晩保存した．次の日，スパイクした試料を抽出前に風乾して重量を測定した．

(2) 固相抽出

抽出した試料は 500 mg の large reservoir capacity (LRC) diol, cyanopropyl (CN)SPE カートリッジで精製した．20 μm のフリットへの妨害を防ぐため，および水を除くために，あらかじめ加熱した硫酸ナトリウム 3 g をカートリッジの最上部に据えた．抽出試料中から元素状態のイオウを取り除くため，SPE カートリッジのパッキングと硫酸ナトリウムの間に 1.5 g の活性銅を充填した．この多層式 SPE カートリッジは汚いサンプルにも非常に耐性が強かった．

(3) 固相抽出カラムのコンディショニングと試料の抽出

バキュームマニホールドには 6 連で SPE カートリッジを接続した．バックグラウンドの汚染を防ぐため，カートリッジを 15 mL の DCM で洗浄した．1 分間吸引して樹脂を乾燥させ，15 mL のヘキサンで活性化した．抽出物(ヘキサン-ジクロロメタン，90：10, v/v 6 mL)を樹脂が乾燥しないうちに通液させ，続いて容器を 5 mL のヘキサンで 2 度洗浄し，洗浄液も通液した．通液した溶媒を補集し，分析して，樹脂の破過がないことを確認した．

SPE カートリッジが乾燥する前に，6 mL のアセトンを 3 回流して NPE を溶出させた．吸引する前にアセトンを載せて 3 分間置いた．

抽出液は 40°C で N_2 ガスを吹き付けて濃縮し，0.5 mM 酢酸ナトリウムと 4-フルオロ-4′-ヒドロキシルベンゾフェノン(内部標準)の トルエン-ジクロロメタン-メタノール(60：20：20 v/v/v)溶液で再溶解させた．NPE の高分子同族体を溶解させるのに DCM が必要であり，NaOAc を溶解させるためにメタノールが必要であった．通常は 1.0 mL，濃度が高い場合は 2.0 mL に定容した．バイアルは 3〜5 分浸透した後，分析まで 4°C暗所で 12 時間以上保存した．こうすることで LC/ESI/MS 分析における再現性が向上した．

(4) LC/ESI/MS

LC/ESI/MS 分析には，マイクロマス社製エレクトロスプレーソース付き VG Quattro タンデムマススペクトロメーターを用いた．最大限の感度を得るために，

NP の測定は negative ion mode で，そのほかの NPE の測定には positive ion mode で分析を行った．スキャンモード（マスレンジ m/z 200～1 000）と SIM（selected-ion monitoring）モードの両方で分析を行った．ESI プローブは pneumatically-assisted system であり，窒素を約 80 psi, 6.5～7 mL/min で nebulizing gas として用いた．イオンソースとレンズの条件は以下のとおりである．ソース温度 70℃，乾燥ガス流量 0.3 L/min, ESI キャピラリー電圧 1.92 kV（positive ESI），3.67 kV（negative ESI），HV レンズ 250 V（positive ESI），520 V（negative ESI），コーン電圧 29～32 V, スキマーオフセット 0 V, lens-3 は 3.4～4.1 V. スキャンモードでのスキャンタイムは 5 秒で分析した．

移動相 A はトルエン，移動相 B は 0.5 mM NaOAc のトルエン-メタノール-水（10：88：2 v/v/v）溶液を用いた．0 分から 25 分に移動相 B を 5% から 60% に，その後 30 分に 95% まで直線グラジエントをかけた．カラム（250×3.0 mm）は充填樹脂粒径 5 μm の Spherisorb CN（Chrompack）を用いた．NPE の 19 個の同族体すべてが 30 分以内に溶出した．HPLC 中に残存する妨害物質を取り除くために，30 分から 35 分まで移動相 B を 95% で保持し，35 分から 40 分で 5% に戻した後，次のインジェクションまでに 20 分間隔を空けた．

（5）定　　量

標準溶液は NP（9.1% w/w），NPE(1)（7.9% w/w），NPE(2)（8.2% w/w），Surfonic N-100（74.8% w/w）を混合して作成した．4-フルオロ-4′-ヒドロキシル-ベンゾルフェノンを内部標準として 20 mg/L になるように加え，5 種類の濃度を調製して，NP と 19 個の NPE 同族体について 3 連で検量線を作成した．どの同族体についても直線性は高かった．実際の試料はスパイク試料の回収率で補正し，乾燥重量で示した．

6.5　そのほかの APE 分解生成物の分析法

ここでは，APE 分解生成物のうち，APE の末端の EO 鎖が酸化されたカルボン酸（アルキルフェノキシカルボン酸，以下 APEC）の分析法について述べる．また，ほかの APE 分解生成物として，分岐したアルキル基が酸化されたアルキルフェノキシカルボン酸（以下 CAPEC）の分析法についても紹介する．

6.5.1 APECの分析

APECの分析に関する公定法は現在のところ定まっていないが、水環境試料中の微量のAPECを液液抽出または固相抽出し、GC/FID[40]、GC/MS[41]、HPLC[30),40),42)]またはLC/MS[43]で定量する方法が報告されている。GCとGC/MSではAPECを誘導体化（1N塩酸-メタノールまたは三フッ化ホウ素（BF_3）-メタノールによるメチル化など）した後に、また、HPLCとLC/MSでは誘導体化なしに直接定量する。しかし、水環境試料中には妨害物質が存在するため、GC/FIDやHPLC(UVまたは蛍光検出)ではノニルフェノキシカルボン酸（以下NPEC）以外の化合物を誤って測定する可能性があり、それらの除去にはシリカゲルカラムによる分画などの前処理が必要となる。一方、GC/MSとLC/MSは妨害物質の影響が少なく、定量と同定が同時にできるという利点がある。

ここでは、水環境試料中の妨害物質が比較的少ないと思われるGC/MS、HPLC(GCBカートリッジで抽出と分画の前処理を伴う)、そしてLC/MSを用いたNPECの分析法の事例を紹介する。

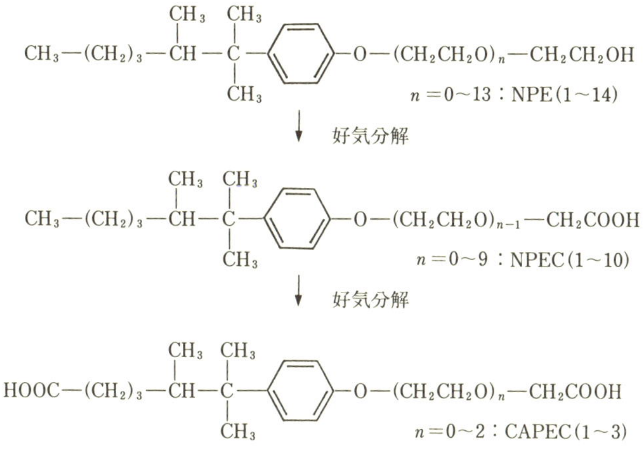

図-6.23 NPEの分解生成物であるNPECとCAPECの分子構造の一例

$CH_3-(CH_2)_3-CH-C(CH_3)_2-C_6H_4-O-(CH_2CH_2O)_n-CH_2CH_2OH$
　　　　　　　$n=0\sim13$：NPE($1\sim14$)

↓ 好気分解

$CH_3-(CH_2)_3-CH-C(CH_3)_2-C_6H_4-O-(CH_2CH_2O)_{n-1}-CH_2COOH$
　　　　　　　$n=0\sim9$：NPEC($1\sim10$)

↓ 好気分解

$HOOC-(CH_2)_3-CH-C(CH_3)_2-C_6H_4-O-(CH_2CH_2O)_n-CH_2COOH$
　　　　　　　$n=0\sim2$：CAPEC($1\sim3$)

(1) NPECの標準物質の合成法

APECの標準物質として現在NPEC(1)とNPEC(2)などが市販されているが、NPEC(1)とNPEC(2)の標準物質の2種類の合成法[42]を紹介する。同様な方法でほかのNPECも合成が可能である。

A法〔NPEC(1)とNPEC(2)混合物の合成〕：NPE(1)-NPE(2)(75：25)混合物11gをJones試薬100 mLへ加え，60°Cで6〜10時間撹拌する．室温に放置した後，生成物に水400 mLを加え，ジエチルエーテル100 mLを用いて8回抽出する．エーテル層を5%硫酸50 mLで5回洗浄し，さらに水で中性になるまで洗浄する．エーテル層を無水硫酸ナトリウムで脱水後，溶媒を留去し，油状物質を得る．

B法〔NPEC(1)の合成〕：NP 22gをエタノール10 mLに溶解し，水酸化ナトリウム溶液20 mLとモノクロル酢酸20 mLを1時間間隔で3回に分けて滴下しながら加え，数時間撹拌する．必要に応じて水酸化ナトリウム溶液を加え，反応中のpHを約10に保つ．反応液を酢酸でpH 4とし，冷却後，ジエチルエーテルで抽出する．エーテル層を水で中性になるまで洗浄し，エーテル層を無水硫酸ナトリウムで脱水後，溶媒を留去し，油状物質を得る．

上記の方法で生成されたNPEC(1〜2)をクロロホルムで懸濁させたシリカゲルのカラム(40×2 cm)に通し，精製する．シリカゲル(30〜70 mesh)はあらかじめ24時間110°Cで加熱し，活性化しておく．得られた油状物質を最少量のクロロホルムに溶解させ，カラムに流し入れ，クロロホルム500 mLで溶出する．溶出液を少量ずつ分取する．最初の100 mL中に黄色い副生成物が，次の100 mL中に未反応の4-NPが，さらに3回目の100 mL中にA法のNPEC(1)とNPEC(2)混合物またはB法のNPEC(1)が溶出する．

（2） GC/MS

Fieldら[41]は，GC/MSを用いて，製紙工場排水，下水処理水，河川水中のNPEC(1〜4)をメチル化した後に定量している．

分析法：陰イオン交換樹脂のSAXディスク(直径25 mm)をアセトニトリル5 mL，次いで蒸留水5 mLでコンディショニングした．水試料(75〜500 mL)に4-ブロモフェニル酢酸(サロゲート標準物質)1μgを添加し，一晩静置した．2 000 rpmで30分遠心分離した後，上澄み液を減圧下(25 mmHg)ディスクへ通水し，蒸留水5 mLで洗浄した．ディスクを乾燥後，2 mLのGCオートサンプラー用バイアルへ直接アセトニトリル1 mLで溶出し，2-クロロピジン(内標準物質)とヨウ化メチル200μLを加え，80°Cで1時間加熱してメチル化を行い，冷却後，GC/MSを用いてNPEC(1〜4)を定量した．NPEC(1〜4)の標準物質と河川水中

6.5 そのほかの APE 分解生成物の分析法

の NPEC の TIC を図-6.24 に示す．検出限界(S/N>3)と定量限界(S/N>10)は NPEC(1)が 0.04 µg/L と 0.2 µg/L，NPEC(2)が 0.2 µg/L と 0.4 µg/L，NPEC(3)が 0.4 µg/L と 2.0 µg/L，NPEC(4)が 0.4 µg/L と 2.0 µg/L であった．4-ブロモフェニル酢酸(サロゲート標準物質)の回収率は 114±2.3% であった．製紙工場や処理場処理水中の全 NPEC 濃度は検出限界以下～1 300 µg/L の範囲であった．また，河川水中の全 NPEC 濃度は 0.2 µg/L 以下から 13.8 µg/L までの範囲で観察されている．

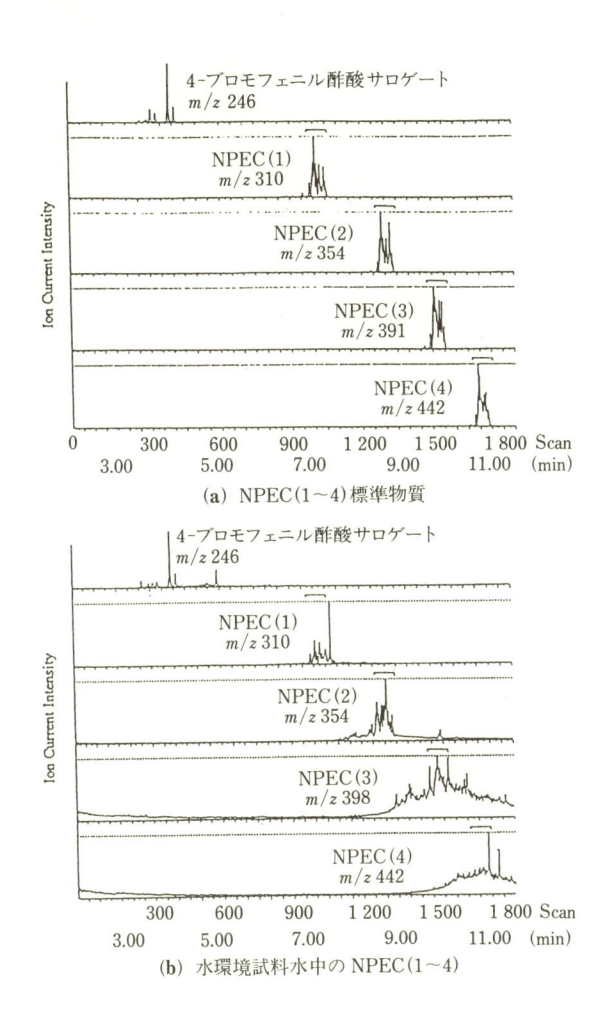

図-6.24
NPEC(1～4)標準物質と水環境試料中の NPEC のトータルイオンクロマトグラム

GC/MS の分析条件
GC 条件
　機種：Varian 3400
　カラム：Econocap SE-54(10 m×0.25 mm i.d., 0.25 μm)
　カラム温度：70～20℃/min～300℃(1 min)
　注入口温度：320℃
MS 条件
　機種：Finnigan Model 4023
　イオン化法：化学イオン化法(CI)
　イオン化電圧：70 eV
　イオン源温度：140℃
　反応ガス：アンモニア(0.6 Torr)

定量イオン［$M+NH_4$］$^+$：メチル-4-ブロモフェニルアセテート(サロゲート標準物質); m/z 246, NPEC(1)-Me ; m/z 310, NPEC(2)-Me ; m/z 354, NPEC(3)-Me ; m/z 398, NPEC(4)-Me ; m/z 442.

（3） **HPLC**

Di Corcia ら[29)]は，排水や下水処理水中の NPE，NPEC，LAS，LAS の分解生成物(スルホフェニルカルボン酸，以下 SPC)を GCB カートリッジで抽出と分画した後，HPLC で分離定量する方法を検討した．

分析法：GCB カートリッジは溶媒 A(ジクロロメタン/メタノール(70：30, v/v))，溶媒 B(25 mmol/L ぎ酸—ジクロロメタン/メタノール(90：10, v/v))，溶媒 C(10 mmol/L 水酸化テトラエチルアンモニウムクロリド(以下 TEACl)—ジクロロメタン/メタノール(90：10, v/v))7 mL で順次コンディショニングした後，pH 3 に調整した試料(10～100 mL)を 20 mL/min で通水した．GCB カートリッジから溶媒 A(A 分画)，溶媒 B(B 分画)そして溶媒 C(C 分画)各 7 mL ずつ溶出し，A 分画から NPE と NP，B 分画から NPEC，C 分画から LAS と SPC を得た．それぞれの分画液を濃縮後，窒素ガスで乾固した．A 分画は溶媒 A，B 分画は 10 mmol/L TEACl とリン酸緩衝液(pH 6.5)を含む水；メタノール(35：65, v/v)，C 分画は 0.2％ トリフルオロ酢酸—水；メタノール(50：50, v/v)各 200 μL で再溶解し，HPLC 試料とした．C 分画，A 分画そして B 分画の順で HPLC を

6.5 そのほかのAPE分解生成物の分析法

測定した．HPLCの移動相にTEAClを添加し，イオンペア-HPLCを用いて，蛍光を測定した．HPLCでNPEC(1～3)を分離定量することができたが，NPEC(4～10)の分離定量は不十分であった（図-6.25）．NPEC(4～10)が処理水中に存在することをHPLCとLC/MSで確認している（図-6.26）．

HPLCの分析条件

機種：Varian Model 9010

蛍光検出器：Perkin-Elmer Model 650-10-s

カラム：C_8-逆相カラム（25 cm×4.6 mm i.d.，粒径5 μm）

移動相：a—0.2%(v/v)トリフルオロ酢酸，b—10 mmol/L TEACl-リン酸緩衝液(1 mmol/L, pH 6.5)，c—メタノール．C分画（LASとSPC）はa：c(90：10, v/v)，A分画（NPEとNP）はb：c(23：77, v/v)，B分画（NPEC）はc：b(65：35, v/v)を移動相とした．

流速：1.5 mL/分

測定波長：蛍光 Ex-225nm(10-nm)，Em-295 nm(15-nm)

LC/MSの分析条件

HPLC条件

機種：Varian Model 9010

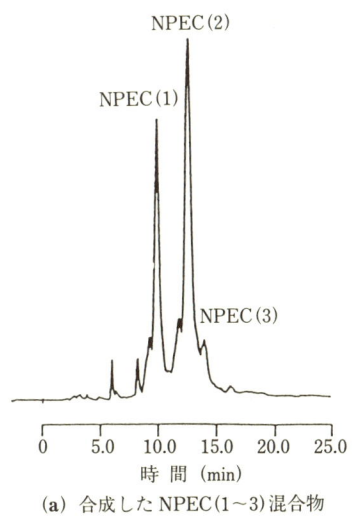

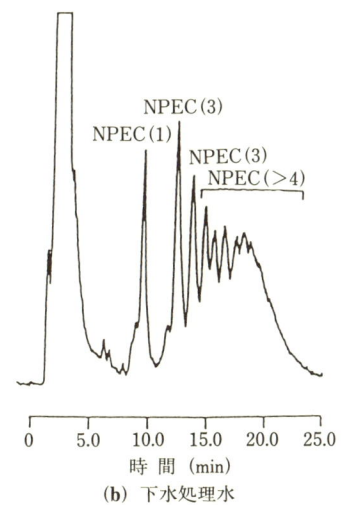

図-6.25 下水処理水のB分画から得られた抽出物のHPLCクロマトグラム

(a) 合成したNPEC(1～3)混合物
(b) 下水処理水

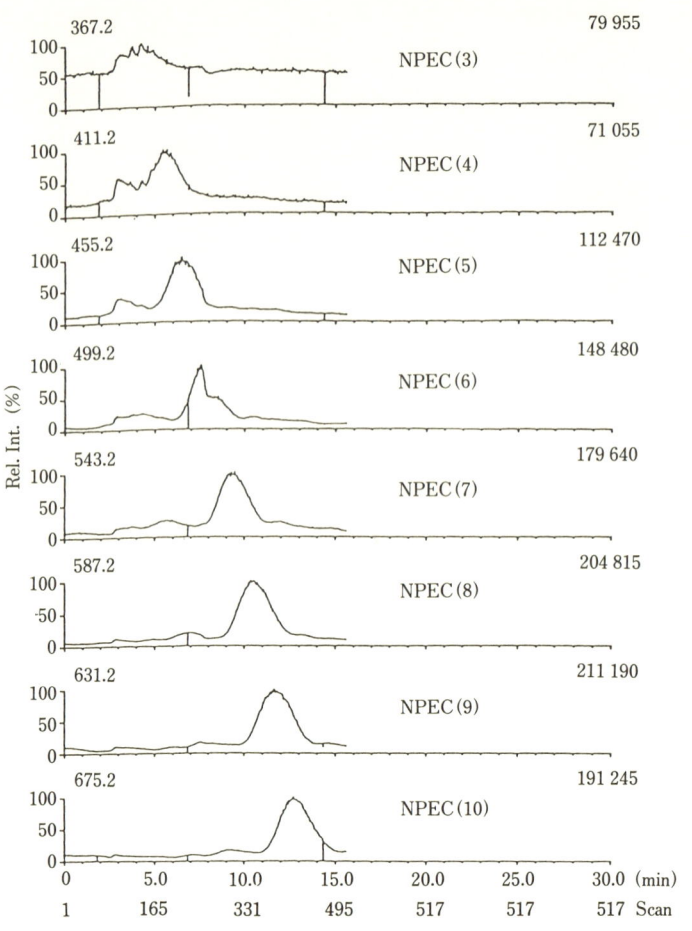

第6章 非イオン界面活性剤の分析法の実際

図-6.26 NPEC(3〜10)の存在を示す,下水処理水のB分画から得られた抽出物のマスクロマトグラム

カラム：C_8-逆相カラム(250 mm×4.6 mm i.d., 粒径5 μm)
移動相：A―0.2%(v/v)トリフルオロ酢酸―水：メタノール(30：70)
流速：1.5 mL/min
MS条件
　機種：Perkin-Elmer Sciex API I
　イオン化モード：大気圧化学イオン化法(APCI)

6.5 そのほかの APE 分解生成物の分析法

定量イオン(SIM)：[NPEC(3)+H]$^+$; m/z 367.2, ; m/z 411.2 [NPEC(4)+H]$^+$; m/z 411.2, [NPEC(5)+H]$^+$; m/z 455.2, [NPEC(6)+H]$^+$; m/z 499.2, [NPEC(7)+H]$^+$; m/z 543.2, [NPEC(8)+H]$^+$; m/z 587.2, [NPEC(9)+H]$^+$; m/z 631.2, [NPEC(10)+H]$^+$; m/z 675.2.

（4） LC/MS

Clark ら[43]は Particle beam LC/MS(以下 PB/LC/MS)を用い，飲料水中の不揮発性有機化合物〔NPE(3～8)，NPEC(2～7)，OPE(2～8)など〕を分析した．

分析法：飲料水(500L)を pH 7.4 とし，連続液液抽出器を用いジクロロメタンで流速 10 L/hr で抽出した．ジクロロメタンと飲料水の割合は 1：10 である．抽出前に 300 ppm の塩化アンモニウム溶液を加え，遊離塩素は完全に除去しておく．抽出液を無水硫酸ナトリウムで脱水後，濃縮して最終液量を 0.5 mL とし，PB/LC/MS 用試料とした．NPEC(2～7)のマスクロマトグラフを図-6.27 に示す．APEC(2～7)の定量(半定量)は，LC/MS 用内標準物質として 4-フルオロ-4'-ヒドロキシルベンゾフェノンを添加し，対象物質と内標準物質のピーク面積から対象物質濃度は内標準物質濃度として換算した．

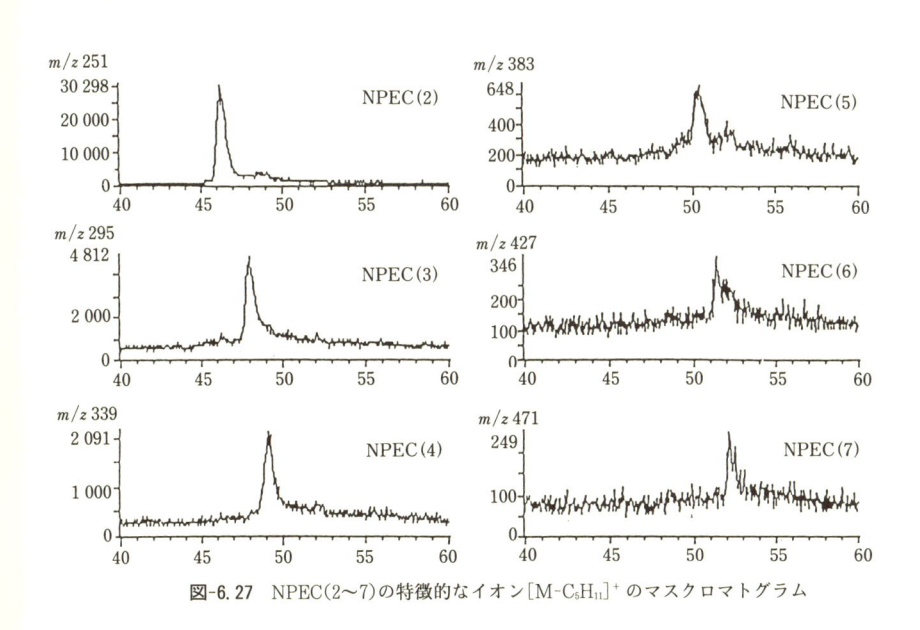

図-6.27　NPEC(2～7)の特徴的なイオン[M-C$_5$H$_{11}$]$^+$ のマスクロマトグラム

第6章 非イオン界面活性剤の分析法の実際

LC/MS の分析条件

HPLC 条件

　機種：Kratos Spectroflow 400 Ternary Pumping System
　カラム：逆相 LC カラム（250 mm×4.6 mm i.d.）
　移動相：A—0.01% 酢酸アンモニウム，B—メタノール
　　　　　グラジェント：B(30%)—B(99%)，0-80 分
　流速：0.8 mL/min
　測定波長：UV 254 nm
　注入量：50 μL

MS 条件

　機種：Vestec Model 201 LC/MS（Vestec，USA）
　イオン化：エレクトロスプレーイオン化法（ESI）（positive）
　スキャン：m/z 45〜450
　イオン源温度：265℃
　probe tip 温度：140℃
　momentum separator 温度：130℃

6.5.2　CAPEC の分析

APE の酸化的分解物として APEC の存在が報告されているが，アルキル基の末端がカルボン酸に酸化された CAPEC が LC/MS によるマススペクトルから推定されている．

（1）GC/MS

Ding ら[44)]は，粒状活性炭で処理した三次処理水中に残存している溶解性有機物質をプロピル化し，GC/MS を用いて 10 種類の CAPEC の定量および同定を行った．

分析法：水試料（400 mL）をロータリーエバポレーターで乾固するまで濃縮した後，50% ぎ酸を加えて再溶解し，溶媒を再び完全に留去する．n-プロパノール/アセチルクロリド（9/1）を加え，85℃で1時間加熱しプロピル化を行う．冷後，クロロホルム1 mL と 2% 炭酸水素カリウム 5 mL を加え激しく撹拌し，上部抽出液を取り出す．抽出液を濃縮し，窒素ガスで脱水後，内標準物質として 20 ng/

6.5 そのほかの APE 分解生成物の分析法

μL の chrysene-d_{12} を含むトルエン 40μL に再溶解して GC/MS 用試料とした．CAPEC などの定量(半定量)は，内標準物質 chrysene-d_{12} と対象化合物のレスポンス・ファクター(EI base ion；m/z 240)が同じであるという仮定のもとに，m/z 240 のイオン強度から対象物質濃度を内標準物質濃度として換算している．

GC/MS の分析条件

GC 条件

　　機種：HP 5890

　　カラム：DB-5(30 m×0.32 mm i.d., 0.25μm)

　　カラム温度：100℃(5 分)-5℃/min-300℃(5 min)

　　注入口温度：280℃

MS(EI)条件

　　機種：HP 5970

　　イオン化法：化学イオン化法(CI)

　　イオン化電圧：70 eV

　　イオン源温度：140℃

　　反応ガス：アンモニア(0.6 Torr)

　　定量イオン：表-6.6 参照

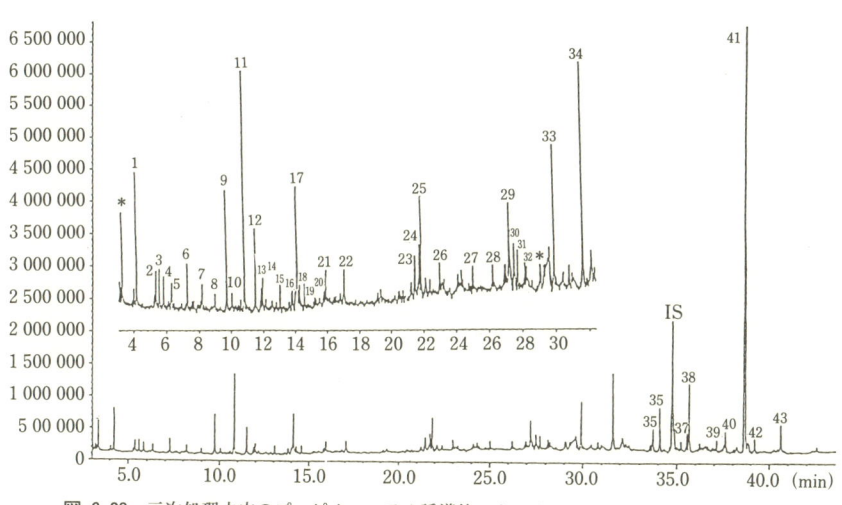

図-6.28　三次処理水中のプロピルエステル誘導体のトータルイオンクロマトグラム(EI)

第6章 非イオン界面活性剤の分析法の実際

表-6.6 三次処理水中の推定または同定された有機化合物と内標準物質 chrysene-d_{12} に換算された濃度

ピーク No.	推定または同定された有機化合物	MW[*1]	換算濃度(μg/L) 三次処理水	塩素処理
1	CH_3-CO-CH$(OC_3H_7)_2$, (Methyl glyoxal)[*2]	174	2.8	9.6
2	Aldehyde compound	N	0.7	2.0
5	N, N, 3-Trimethylbenzeneamine[*3]	135	0.9	—
6	Aldehyde compound	N	0.8	0.6
10	CH_3-(C_4H_2O)-COOC$_3H_7$ (Methyl furylic acid)[*2]	168	0.7	2.9
11	$C_2H_5OCH_2CH_2CH$-CH$(OC_3H_7)_2$	218	7.7	18
12	Butanedioic acid, dipropyl ester[*3]	202	5.1	13
15	C_3H_5-CH$(OC_3H_7)_2$	172	1.1	1.1
17	$(C_3H_7O)_2CH$-CH$(OC_3H_7)_2$, (Glyoxal)[*2]	262	4.4	11
19	Aldehyde compound	N	0.8	1.4
20	Nitrilodiacctic acid (NDA), dipropyl ester[*3]	217	0.7	1.8
22	Hexanedioic acid, dipropyl ester[*3]	230	0.6	2.9
23	Diethoxypropoxy dicarboxylic acid, dipropyl ester	276	1.6	2.7
24	Diethoxypropoxy dicarboxylic acid, dipropyl ester	276	0.9	1.4
25	C_3H_7OOC-CH_2O-C_3H_6O-CH_2-COOC$_3H_7$	276	3.4	5.9
28	Nitrilotriacetic acid (NTA), tripropyl ester[*3]	317	0.9	2.0
29	C_3H_7OOC-CH_2O-$(C_3H_6O)_2$-CH_2-COOC$_3H_7$	334	1.5	2.7
30	Diethoxydipropoxy dicarboxylic acid, dipropyl ester	334	1.2	1.8
31	Diethoxydipropoxy dicarboxylic acid, dipropyl ester	334	1.0	1.5
32	C_3H_7OOC-(C_3H_6)-C_6H_4-OCH_2-COOC$_3H_7$	322	1.4	—
33	C_3H_7OOC-(C_3H_6)-C_6H_4-OCH_2-COOC$_3H_7$	322	8.3	—
34	Naphthalene dicarboxylic acid, dipropyl ester[*3]	300	7.8	16
35	C_3H_7OOC-CH_2-(C_4H_8) C_6H_4-OCH_2-COOC$_3H_7$	350	1.0	
36	C_3H_7OOC-(C_3H_6)-(C_3H_6)-C_6H_4-OCH_2-COOC$_3H_7$	364	6.7	
37	C_3H_7OOC-(C_3H_6)-(C_3H_6)-C_6H_4-OC_2H_4-COOC$_3H_7$	366	1.7	
38	C_3H_7OOC-(C_3H_6)-(C_3H_6)-C_6H_4-OCH_2-COOC$_3H_7$	364	11	
39	C_3H_7OOC-(C_4H_8)-(C_4H_8)-C_6H_4-OCH_2-COOC$_3H_7$	392	1.0	
40	C_3H_7OOC-(C_4H_8)-(C_4H_8)-C_6H_4-OCH_2-COOC$_3H_7$	392	1.5	
41	Ethylenediamine tetraacetic acid (EDTA), tetrapropyl ester[*3]	460	110	140
42	C_3H_7OOC-(C_3H_6)-(C_3H_6)-C_6H_4-OC_2H_4-COOC$_3H_7$	408	0.9	—
43	C_3H_7OOC-(C_3H_6)-(C_3H_6)-C_6H_4-OC_2H_4-OCH_2-COOC$_3H_7$	408	2.1	—
44	C_3H_7OOC-(C_3H_6)-C_6H_3Br-OCH_2-COOC$_3H_7$[*4]	400	—	1.3
45	C_3H_7OOC-(C_3H_6)-C_6H_3Br-OCH_2-COOC$_3H_7$[*4]	400	—	1.3
46	C_3H_7OOC-(C_3H_6)-(C_3H_6)-C_6H_3Br-OCH_2-COOC$_3H_7$[*4]	422	—	2.0
47	C_3H_7OOC-(C_3H_6)-(C_3H_6)-C_6H_3Br-OCH_2-COOC$_3H_7$[*4]	442	—	0.8
48	C_3H_7OOC-(C_3H_6)-(C_3H_6)-C_6H_3Br-OC_2H_4-OCH_2-COCOC$_3H_7$[*4]	486	—	2.0

[*1] CIマススペクトルから得られたプロピルエステル誘導体の分子量, [*2] 構造式と化合物名はともに親化合物を示す, [*3] EI-MS が NBA や EPA-NIH ライブラリーと, または標準物質の RT および EI-MS と一致したことを示す, [*4] ブロムが導入された化合物は塩素処理した三次処理水でのみ検出された, N：同定されていない. ピーク No.：図-6.28 参照.

MS(CI)条件

機種：Finnigan TSQ-70(MS)

イオン化法：化学イオン化法(CI)

イオン化電圧：70 eV

イオン源温度：150℃

反応ガス：メタンまたはイソブタン

6.6 ELISA 法

ここでは，これまで述べられてきた機器分析とは手法的に全く異なる Enzyme-Linked Immunosorbent Assay(以下 ELISA)法について，その測定原理を含め概説する．

6.6.1 ELISA 法[47]

ELISA 法は抗原と抗体が特異的に結合する現象を利用したイムノアッセイのひとつである．イムノアッセイは現在，生物化学の研究だけでなく，実生活や医療においても欠かせぬ分析技術で，例えば女性尿中の絨毛性ゴナドトロピンの定量による妊娠診断，血中インシュリン測定による糖尿病の診断，競走馬や運動選手のドーピングのスクリーニングなどに使われている．イムノアッセイを原理から分類してみると競合法と非競合法の2種類に分類される．サンドイッチ法に代表される非競合法(図-6.29)は抗体に結合した抗原(検体)を標識抗体を用い測定する高感度な手法である．しかしながら，本法が適用できるのは抗体結合部位を2箇所以上有する比較的高分子な抗原だけであり，抗体結合部位を1箇所しかもたない低分子の抗原には適用できない．このような理由から，通常，洗剤のような低分子化合物は競合法により測定する．競合法においては標識した抗原と検体中の抗原とで抗体の結合部位を競いあわせる．この標識物に酵素を使用したものが競合 ELISA 法である．

競合 ELISA 法の測定原理を図-6.30 に示す．マイクロプレートやビーズなどの固相に抗体を結合しておき，これに洗剤と酵素標識洗剤の混合液を添加する．競合反応後，抗体に結合しなかった洗剤および酵素標識洗剤を緩衝液で洗浄・除去し，抗体に結合した酵素標識洗剤

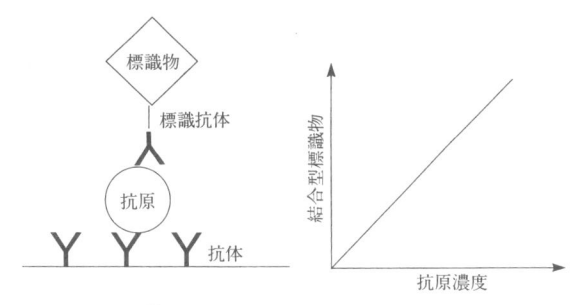

図-6.29 サンドイッチ法(非競合法)

の量を発色基質を添加することにより測定する．ここで，洗剤が多く含まれる検体では，その分だけ酵素標識洗剤の抗体への結合量が減少するため，結合阻止度から検体中の洗剤濃度が求まる．両対数方眼紙上で横軸に洗剤濃度，縦軸に発色度をプロットすると図-6.30に示すような検量線が得られる．

図-6.30 競合 ELISA 法

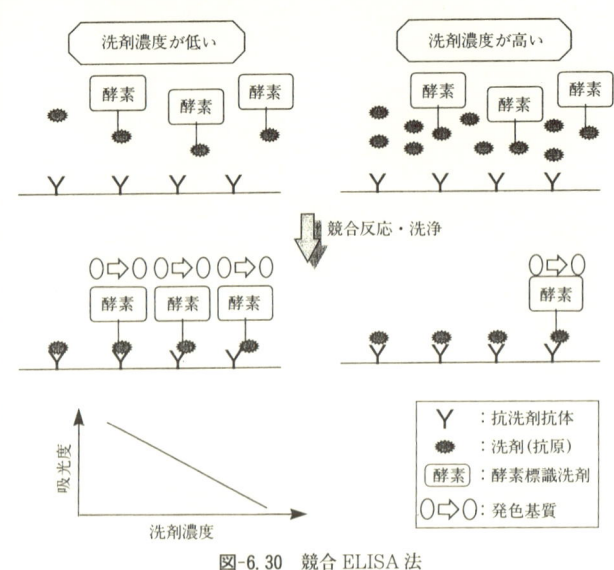

6.6.2 ELISA 法による APE の分析[48]

APE 測定用 ELISA キットは国内では武田薬品工業(株)生活環境カンパニーと和光純薬工業(株)から販売されている．キットのタイプとしてはマイクロプレートとチューブの2タイプがあり，前者にはプレートリーダーを必要とするが多検体同時処理が可能で，後者には通常の分光光度計で測定可能という特長がある．なお，性能に関しては両者に違いはない．

（1） ELISA 測定法

図-6.31 に ELISA 法による APE 測定法を示す．APE 測定用 ELISA には抗 APE モノクローナル抗体 MOF3-139 を使用した．APE 低濃度試料は後述する簡易な固相抽出による濃縮液(メタノール溶出液)を蒸留水で希釈することにより，また，APE 高濃度試料はメタノールを添加することにより，あらかじめ APE 試料のメタノール濃度を 60% に調整する．APE 試料と酵素標識 APE を等量混合後，抗体を固相化したマイクロプレートまたはチューブへ添加し，60 分間室温にて競合反応させる．未反応の APE および酵素標識 APE を洗浄除去し，30 分間室温にて発色反応を行う．発色停止液を添加後，マイクロプレートタイプはプ

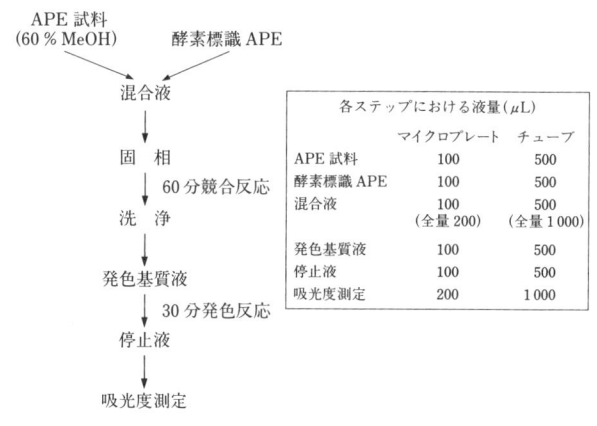

```
           APE 試料       酵素標識 APE
          (60 % MeOH)
                  ↘     ↙
                  混合液
                    ↓
                  固  相
                    ↓  60 分競合反応
                  洗  浄
                    ↓
                  発色基質液
                    ↓  30 分発色反応
                  停止液
                    ↓
                  吸光度測定
```

各ステップにおける液量 (μL)		
	マイクロプレート	チューブ
APE 試料	100	500
酵素標識 APE	100	500
混合液	100 (全量 200)	500 (全量 1 000)
発色基質液	100	500
停止液	100	500
吸光度測定	200	1 000

図-6.31 ELISA 法による APE 測定

レートリーダーにより, チューブタイプは分光光度計により吸光度を測定する. 本 ELISA 法はトータルの測定時間は約 2 時間である.

標準物質として NPE($n=10$) を用いたときの定量範囲は, 50～2 000 μg/L である. なお, APE の約 80% が NPE であること, 洗剤用途には通常 NPE($n=10$) が使用されていることから, 標準物質としては NPE($n=10$) を用いている.

(2) APE 簡易濃縮法

通常, 河川水中の APE 濃度が数～数十 μg/L であることを考慮すると, 50 μg/L という定量下限値は十分でない. そこで, 4 種の河川水を用い以下に述べるような簡易な濃縮法を試みた. メタノール 5 mL と蒸留水 10 mL でコンディショニングした C_{18}-固相カートリッジに, あらかじめ pH 2 に調整したサンプル 100 mL を通水後, 蒸留水 20 mL でカートリッジを洗浄した. メタノール 2 mL にて NPE($n=10$) を溶出後, 蒸留水にてメタノール濃度が 60% になるように調整した. 本サンプルを ELISA 法にて測定したところ, NPE($n=10$) 10 μg/L の回収率は, 85～117% という値であった. このことから, 本濃縮法により少なくとも測定感度を 10 倍, また試料水を増やすことによりさらに測定感度を高めることも可能である.

(3) 交差反応性試験

環境中に存在する APE および APE 類似物質が, ELISA 法にどのような影響を及ぼすかを交差反応性試験により調べた (**表-6.7**). その結果, 本抗体が NP を

表-6.7 抗APE抗体(MOF3-139)の交差反応性

化合物	交差反応(%)
非イオン界面活性剤	
APE	
NPE($n=10$)(平均EO鎖数:10)	100
NPE($n=7.5$)	107
NPE($n=5$)	136
NPE($n=2$)	87
NPE($n=2$)	128
OPE($n=10$)	125
AE	<0.2
PEG	<0.2
陰イオン界面活性剤	
LAS	<0.2
Sodium laurate	<0.2
SDS	<0.2
Alkylether sulfate	<0.2
ノニルフェノール	7
フェノール	<0.2

n:平均酸化エチレン鎖数

除くAPEおよびAPE生分解物と87～136%と高い交差反応を示し,測定値〔NPE($n=10$)換算値〕が,そのままAPEとその分解物のほぼ総量となることがわかった.一方,本抗体はほかの界面活性剤や類似物質とはほとんど反応せず,夾雑物質の存在する環境水を用いたときも,APEおよびその分解物のみを特異的に測定できる.

(4) HPLC法との比較

ELISA法およびHPLCの定量範囲に入るように河川試料を上述の簡易濃縮法にて前処理し,ELISAとHPLCとの測定値を比較した(図-6.32).その結果,両者の測定値は高い相関関係($r=0.96$)にあり,ELISA法がHPLCの代替法として使用できることが示された.なお,測定値については若干ELISA法の値が高めであった.

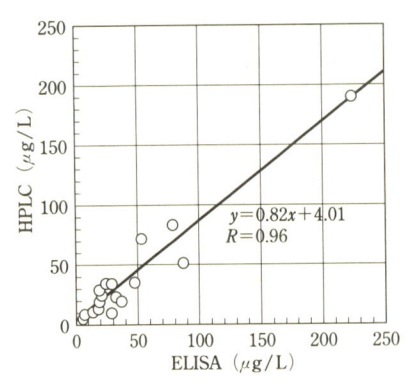

図-6.32 ELISA法とHPLC法の比較(河川水/APE)

グラフ中: $y=0.82x+4.01$, $R=0.96$

6.6.3 ELISA法の利点および課題

　APEが生分解とともに毒性が増すこと[49]，またその生分解物に弱い環境ホルモン活性が確認されていること[50]から，APE測定において，生分解物の測定は重要である．しかしながら，HPLCによるAPEおよびその生分解物（APE，APEC）の測定には，少なくとも2種類の測定条件を必要とするなど，煩雑な操作を伴う．一方，ELISA法はHPLCのような分別定量はできないが，APEとその生分解物のほぼ総量を一括測定することができるので，機器分析と比較して簡便かつ迅速な方法といえる．

　APE測定用ELISA法の定量下限値は50 μg/LであるがAPEの河川水中濃度が数〜数十 μg/Lであることを考慮すると感度的に十分ではない．ELISAの感度および特異性を決定する最大の要因は抗体であるため，新たな抗APE抗体の取得を試みている．また，感度をあげる他の方法としては抗原標識物として蛍光物質を用いること，ハプテンの構造を変更するなどの方法があり，改良を継続している．また，AEに特異的なAE測定用ELISAを開発することも重要であり，現在商品化を進めている（郷田ら，未発表）．

　ELISA法を用いた非イオン界面活性剤の分析の最終目標は，直接モニタリング法による，APE，AEの自動測定である（図-6.33）．直接モニタリング法とし

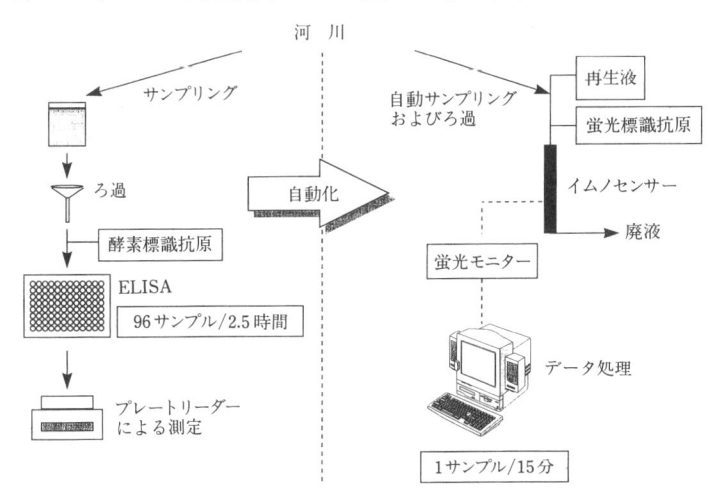

図-6.33　直接モニタリングへの応用例

第6章 非イオン界面活性剤の分析法の実際

ては再生可能なセンサーを用い,除草剤イマゼタピルを1サイクル15分で0.3 ppbまで測定できることが報告されている[50]. APEおよびAE測定用ELISAでも,このようなセンサーの開発が課題のひとつである.

最後に,非イオン界面活性剤測定用ELISA以外に,代表的な陰イオン界面活性剤であるLAS測定用ELISA法も商品化されている[51]. LAS測定用ELISA法の定量下限値は陰イオン界面活性剤の水道水質基準値200μg/Lの1/10にあたる20μg/Lと十分なものであった.

文献

1) 界面活性剤分析研究会編:新版界面活性剤分析法, p. 306, 幸書房, 1987.
2) Inaba, K. : Determination of Trace Levels of Polyoxyethylene Type Nonionic Surfactants in Environmental Waters. *J. Environ. Anal. Chem.* **31**, pp. 63-73, 1987.
3) 石井重光,飯田義男,大澤英治:神奈川県内主要河川水中の非イオン界面活性剤の実態調査,日本水処理生物学会誌別巻 18, p. 32, 1998.
4) 菊地幹夫,池袋清美:本波裕美東京都内河川水中の非イオン界面活性剤濃度,東京都環境科学研究所年報, pp. 71-74, 1994.
5) 環境庁環境保健部環境安全課:平成9年度化学物質分析法開発調査報告書, pp. 228-240, 1998.
6) Marcomini, A., M. Zanette : Chromatographic determination of non-ionic aliphatic surfactants of the alcohol polyethoxylate type in the environment, *J. Chromatography A*, **733**, pp. 193-206, 1996.
7) Schmitt, T. M., M. C. Allen, D. K. Brain, K. F. Guin, D. E. Lemmel, Q. W. Osburn : HPLC determination of ethoxylated alcohol surfactants in waste water, *J. Amer. Oil Chem. Soc.*, **67**, pp. 103-109, 1990.
8) Kudoh, M., H. Ozawa, S. Fudano, K. Tsuji : Determination of trace amounts of alkohol and alkylphenol ethoxulates by high-performance liquid chromatography with fluorimetric detection, *J. Chromatography*, **287**, 1984.
9) Kiewiet, A. T., Jan M. D. van der Steen, John R. Parsons : Trace analysis of ethoxylated nonionic surfactants in samples of influent and effluent of sewage-treatment plants by high-performance liquidchromatography, *Anal. Chem.*, **67**, pp. 4409-4415, 1995.
10) Fujita, I. : Determination of nonionic surfactants in river waterusing a chemicallymodified-styrene-divinylbenzene resin, *Intern. J. Eviron. Anal. Chem.*, **56**, pp. 57-62, 1994.
11) 横河アナリチカルシステムズ(株):LC/MSDセミナー'98, LC/MS, LC/MS/MS分析の理論と実際, pp. 244-245, 1998.
12) Crescenzi, Carlo : Determination of nonionic polyethoxylate surfactants in environmental waters by liquid chromatography/Electrospray mass spectrometry, *Analytical Chemistry*, **67**, pp. 1797-1804, 1995.
13) Evans, K. A. : Quantitative detamination of linear primary Alcohol ethoxylate surfactants in enviromental samples by termospray LC/MS, *Analytical Chemistry*, **66**, pp. 699-705, 1994.
14) 相沢貴子,胡建英他:LC/MS法による熱分解性・極性農薬の分析におけるAPCI, ESI, FABイオン化法の比較,第32回日本水環境学会講演集, pp. 166, 千葉, 1998.
15) Renner, R. : European bans on surfactant trigger transatlantic debate, *Environ. Sci. Tech*, **31**, pp. 316A-320A, 1997.
16) Ahel, M. and W. Giger : Determination of nonionic surfactants of the alkylphenol polyeth-

oxylate type by high-performance liquid chromatography, *Anal. Chem.*, **57**, pp. 2584-2590, 1985.
17) Marcomini, A., S. Capri and W. Giger : Determination of linear alkylbenzenesulphonates, alkylphenol polyethoxylates and nonylphenol in waste water by high-performance liquid chromatography after enrichment on octadecylsilica, *J. Chromatogr.*, **403**, pp. 243-252, 1987.
18) Crescenzi, C., A. D. Corcia, R. Samperi and A. Marcomini : Determination of nonionic polyethoxylate surfactants in environmental waters by liquid chromatography/electrospray mass spectrometry, *Anal. Chem.*, **67**, pp. 1797-1804, 1995.
19) Boyd-Boland, A. A. and J. B. Pawliszyn : Solid-phase microextraction coupled with high-performance liquid chromatography for the determination of alkylphenol ethoxylate surfactants in water, *Anal. Chem.*, **67**, pp. 1797-1804, 1996.
20) Ahel, M., W. Giger : Determination of alkylphenols and alkylphenol mono- and diethoxylates in environmental samples by high-performance liquid chromatography, *Anal. Chem.*, **57**, pp. 1577-1583, 1985.
21) Lye, C. M., C. L. Frid J., M. E. Gill, D. W. Cooper, D. M. Jones : Estrogenic alkylphenols in fish tissues, sediments, and waters from the U. K. Tyne and Tees estuaries, *Environ. Sci. Technol.*, **33**, pp. 1009-1014, 1999.
22) Wahlberg, C., L. Renberg, U. Wideqvist : Determination of nonylphenol and nonylphenol ethoxylates as their pentafluorobenzoates in water, sewage-sludge and biota, *Chemosphere*, **20**, pp. 179-195, 1990.
23) Rudel R. A., Melly S. J., Geno P. W., Sun G., Brody J. G. : Identification fo alkylphenols and other estrogenic phenolic compounds in wastewater, septage, and groundwater on Cape Cod, Massachusetts, *Environ. Sci. Technol.*, **32**, pp. 861-869, 1998.
24) Ball, H. A., M. Reinhard, P. L. McCarty : Biotransformation of halogenated and non-halogenated octylphenol polyethoxylate residues under aerobic and anaerobic conditions, *Environmental Sciense and Technology*, **23**, pp. 951-961, 1989.
25) Marcomini, A., S. Stelluto, B. Pavoni : Determination of linear alkylbenzenesulphonates and alkylphenol polyethoxylates in commercial products and marine waters by reversed- and normal-phase HPLC, *Intern. J. Environ. Anal. Chem.*, **35**, pp. 207-218, 1989.
26) Blackburn, M. A. M. J. Waldock : Concentrations of alkylphenols in rivers and estuaries in England and Wales, *Water Res.*, **29**, pp. 1623-1629, 1995.
27) 磯部友彦, 佐藤正章, 小倉紀雄, 高田秀重 : GC/MSを用いたノニルフェノールの分析と東京周辺の水環境中における分布, 水環境学会誌, **22**, pp. 118-126, 1999.
28) 小島節子, 渡辺正敏 : 名古屋市内の水環境中のアルキルフェノールポリエトキシレート (APE) および分解生成物の分布, 水環境学会誌, **21**, pp. 302-309, 1998.
29) Ventura, F., D. Fraisse, J. Caixach, J. Rivera : Identification of [(Alkyloxy) polyethoxy] carboxylates in raw and drinking-water by mass spectrometry/mass spectrometry and massdetermination using fast-atom-bombardment and nonionic surfactants as internal standards, *Anal. Chem.*, **63**, pp. 2095-2099, 1991.
30) Di Corcia, A., R. Samperi, A. Marcomini : Monitoring aromatic surfactants and their biodegradation intermediates in raw and treated sewages by solid-phase extraction and liquid chromatography, *Environ. Sci. Technol.*, **28**, pp. 850-858, 1994.
31) Lee, H. B., T. E. Peart : Determination of 4-nonylphenol in effluent and sludge from aewage-treatment plants, *Anal. Chem.*, **67**, pp. 1976-1980, 1995.
32) Bennet, E. R., C. D. Metcalfe : Distribution of Alkylphenol compounds in great lakes sediments, United States and Canada, *Environ. Toxicol. Chem.*, **17**, pp. 1230-1235, 1998.
33) Ahel, Marijan, Walter Giger : Partitioning of alkylphenols and alkylphenol polyethoxylates between water and organic solvents, *Chemosphere*, **26**, pp. 1471-1478, 1993.

34) Chalaux, N., J. M. Bayona, J. Albaiges : Determination of nonylphenols as pentafluorobenzyl derivatives by capillary gas-chromatography with electron-capture and mass-spectrometric detection in environmental matrices, *J. of Chromatography A*, **686**, pp. 275-281, 1994.
35) Valls, M., J. M. Bayona, J. Albaiges : Broad spectrum analysis of ionic and non-ionic organic contaminants in urban wastewaters and coastal receiving aquatic systems, *Intern. J. Environ. Anal. Chem.*, **39**, pp. 329-348, 1990.
36) Marcomini, Antonio, Walter Giger : Simultaneous determination of linear alkylbenzenesulfonates, alkylphenol polyethoxylates, and nonylphenols by high-performance liquid chromatography, *Anal. Chem.*, **59**, pp. 1709-1715, 1987.
37) Stephanou, Euripides, Walter Giger : Persistent organic chemicals in sewage effluents ; 2. Quantitative determination of nonylphenols and nonylphenol ethoxylates by glass chapillary gas chromatogaphy, *Environ. Sci. Technol.*, **16**, pp. 800-805, 1982.
38) 中田典秀, 磯部友彦, 西山肇, 奥田啓司, 堤史薫, 山田淳也, 熊田英峰, 高田秀重：環境試料中の内分泌撹乱化学物質の包括的分析, 分析化学, **48**, pp. 535-547, 1999.
39) Shang, D., M. Ikonomou, R. Macdonald : Quantitative determination of nonylphenol polyethoxylate surfactants in marine sediment using normal-phase liquid chromatography-electrospray mass spectrometry, *J. of Chromatography A*, **849**, pp. 467-482, 1999.
40) Ahel, M., T. Conrad and W. Giger : Persistent organic chemicals in sewage effluents. 3. determinations of nonylphenoxy carboxylic acids by high-resolution gas chromatography/mass spectrometry and high-performance liquid chromatography, *Environ. Sci. Technol*, **21**, pp. 697-703, 1987.
41) Field, J. A. and R. L. Reed : Nonylphenol polyethoxy carboxylate metabolites of nonionic surfactants in U. S. paper mill effluents, minicipal sewage treatment plant effluents, and river waters, *Environ. Sci. Technol.*, **30**, pp. 3544-3550, 1996.
42) Marcomini, A., A. Di Corcia, R. Samperi and S. Capri : Reversed-phase high-performance liquid chromatographic determination of linear alkylbenzene sulfonates, nonylphenol polyrthoxylates and their carboxylic biotransformation products, *J. Chromatography*, **644**, pp. 59-71, 1993.
43) Clark, L. B., R. T. Rosen, T. G. Hartman, J. B. Louis, I. H. Suffet, R. L. Lippincott and J. D. Rosen : Determination of alkylphenol ethoxylates and their acetic acid derivatives in drinking water by particle beamliquid chromatography/mass spectrometry, *Intern. J. Environ. Anal. Chem.*, **47**, pp. 167-180, 1992.
44) Ding, Wang-Hsien, Y. Fujita, R. Aeschimann and M. Reinhard : Identification of organic residues in tertiary effluents by GC/EI-MS, GC/CI-MS and GC/TSQ-MS, *Fresenius J. Anal. Chem.*, **354**, pp. 48-55, 1996.
45) 原田健一, 岡尚男/編：LC/MSの実際—天然物の分離と構造決定—, 講談社サイエンティフィック.
46) J. J. カークランド編, 平田義正, 野重威監訳：高速液体クロマトグラフィー, 講談社サイエンティフィック.
47) 西川隆：入門講座 イムノアッセイ, ぶんせき, **4**, pp. 246〜253, 1989.
48) 郷田泰弘, 藤本茂, 豊田幸生, 宮川権一郎, 池道彦, 藤田正憲：ELISA法によるAPE新規測定法の開発, 用水と廃水, **40**, No. 9, pp. 7〜12, 1998.
49) Yoshimura, K. : Biodegradation and Fish Toxicity of Nonionic Surfactants, *JAOCS.*, **63**, No. 12, pp. 1590〜1596, 1986.
50) Routledge, E. J., J. P. Sumpter : Estrogenic Activity of Surfactants and Some of Their Degradation Products Assessed Using a Recombinant Yeast Screen, *Environ. Toxicol. Chem.*, **15**, No. 3, pp. 241〜248, 1996.
51) Anis, N. A., M. E. Eldefrawi : Reusable Fiber Optic Immunosensor for Rapid Detection of

Imazethapyr Herbicide, *J. Agric. Food. Chem.*, **41**, No. 5, pp. 843〜848, 1993.
52) Fujita, M., M. Ike, Y. Goda, S. Fujimoto, Y. Toyoda, K. Miyagawa : An Enzyme-Linked Immunosorbent Assay for Detection of Linear Alkylbenzene Sulfonate ; Developing and Field Studies, *Environ. Sci. Technol.*, **32**, pp. 1143〜1146, 1998.

第7章　非イオン界面活性剤の今後の課題

7.1 アルキルフェノールエトキシレート（APE）代替物質に関する課題

アルキルフェノールエトキシレート（以下 APE）の特色は，第1章で述べたように，
① 優れた浸透性および分散性,
② 一定温度以上で起泡性なし,
③ イオン性化合物と競合なし,
④ 低臨界ミセル濃度（以下 cmc）のため省資源使用可,
⑤ 液体製品のため自動化取扱容易,
⑥ 硬水中で機能の低下小,
⑦ 種々の HLB(Hydrophilic Lipophilic Balance，以下 HLB)製品可およびその混合使用可,
といった点である．

　②〜⑦の項目は主として非イオン（ノニオン）性に起因する結果であり，この性質をより安全性の高い活性剤に代替することは可能である．①の性能は分岐の多いアルキル基が置換した芳香環を疎水性基としていることに起因すると思われる．APE の分解物としてアルキルフェノール（以下 AP）やアルキルフェノキシカルボン酸（以下 APEC）が蓄積するのは分岐アルキル基およびベンゼン環が生分解性の低い基であることに基づく[9,10]．

第7章 非イオン界面活性剤の今後の課題

下水処理場で一部毒性の高い臭素誘導体になるのは AP 芳香環が親電子置換を受けやすい構造に起因する．したがって，AP 骨格を別の骨格に変えない限りこの問題は解決しない．アルキルベンジルアルコール R-C_6H_4-CH_2OH やアルキルフェネチルアルコールが代替品候補にあがっているが，原料合成の点でかなりコスト高になると思われる．

エチレンオキシド（以下 EO）付加物型の活性剤の例は，表-7.1 に示したように多種多様な非イオン界面活性剤の組合せでかなりの部分は APE に代わる製品の開発は可能と思われる．しかし，既存の化合物を用いる APE 代替品の研究は活性剤メーカーが水面下で行っているが，おもてだって代替品を掲げる例はみられ

表-7.1 EO 付加界面活性剤

RO(EO)$_n$	AE
RO(EO)$_n$SO$_3$Na	硫酸エステル塩
RCOO(EO)$_n$	脂肪酸エステル
RCONHCH$_2$CH$_2$O(EO)$_n$	脂肪酸エタノールアミド
RS(EO)$_n$	メルカプタン付加物
X$\underset{(EO)_n}{\overset{OCOR}{\diagdown}}$	ポリオールエステル(tween)
(EO)$_m$(PO)$_n$	ポリプロピレンオキシドブロック共重合体(Pluronics)
RO(EO)$_n$P(O)(ONa)$_2$	リン酸エステル塩
RO(EO)$_n$N$^+$B$_n$Me$_2$X$^-$	四級塩

表-7.2 各種活性剤界面活性の比較

製品名		HLB 値	C.P (°C)	表面張力 (mN/m)	界面張力 (mN/m)	起泡力 (mm) 0/5(min.)	湿潤時間 (sec.)
エマルゲン LS series	LS-106	12.5	34	29.5	1.26	87/48	10
	LS-110	13.4	73	33.5	2.02	118/68	70
	LS-114	14.0	88	36.5	3.07	116/76	100<
エマルゲン MS-110		12.7	55	32.4	1.38	113/23	48
NPE(9)		12.4	40	30.4	0.27	98/64	9
NPE(11)		13.7	74	32.7	0.85	119/98	32
NPE(13)		14.5	90	34.9	2.21	131/99	100<
C$_{12}$AE(9)		13.6	83	30.7	1.71	109/83	48

注）　表面張力：0.1% solution (Wilhelmy method 25°C)
　　　界面張力：0.1% solution (Spinning drop method, oil=Kerosene, 35°C)
　　　起泡力：0.1% solution (Ross-Miles method 25°C)
　　　湿潤時間：0.1% solution (Canvas disk method 25°C)

ない．例えば，某社の研究例が平成10年(1998) 5月バルセロナにおける学会で報告されている(**図-7.1**および**表-7.2**参照)．分散性，洗浄性の点では代替可能であることがわかる．また，浸透性〔液体が物体の中に浸透していく性質であり，簡便な比較測定法として未精練綿布(やや撥水性)を水溶液の表面に浮かべ，綿布が沈むまでの時間を測る方法(キャンバス法)がある〕の面では，APEの特性がよくわかる結果となっている(**表-7.3**[11])．

特定の物体を処理する工程で，APEが最適な活性剤である例は上述のように幾つか知られている．いったんそれを知るとより不便なものに変えることは勇気のいる決断である．

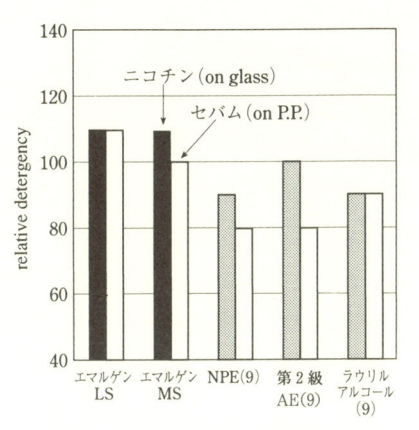

図-7.1 固体洗浄剤としての洗浄性比較

表-7.3 未精練綿布への浸透性

浸 透 剤	水	3%NaOH	5%H$_2$SO$_4$	10%NaCl
C$_{8\sim 9}$AE(6)	3.5	10		
NPE(10)	4.0	37	10	2.5
ABS	3.9	60	3	57
ネッカールBX (R-Naph-SO$_3$Na)	4.5	60	14 ×	—
エアロゾールOT (sulfonosuccinate)	1.0	3	3.5	—

注) 0.5%活性剤溶液．15℃，15×15 mmの布が沈下に要する時間 (sec)．

7.2 目的に応じた分析法の選択

ポリオキシエチレン(以下POE)型非イオン界面活性剤の中で代表的なアルコールエトキシレート(以下AE)とAPE，そしてAPE分解生成物について主要な分析法を第6章で紹介したが，AEとAPEはいずれも単独の化学物質ではなく，異性体と同族体の混合物である．例えば，洗浄剤には，AEは炭素数が12～15までの直鎖のアルキル基をもち，EOの平均付加モル数が主に6～10で分布をも

つものが使用されている．また，APE は分岐した炭素数が 8〜9 のアルキル基がついたフェニル基をもち，EO の付加モル数は，通常 10 程度のものが用いられている．

　POE 型非イオン界面活性剤では，アルキル基の炭素数と分岐の有無，フェニル基の有無，そして EO の付加モル数によってその性質（洗浄力，分散性，乳化性など）が異なるために，洗浄剤，洗剤原料，分散剤などの用途によって異なった構造の界面活性剤が用いられる．したがって，分析法が多岐にわたり，分析法と標準物質の選択が難しい．多種類の分析法のなかからどの分析法を選択するかは，分析する対象と目的によって異なるので，分析法を選択する際の参考として，POE 型非イオン界面活性剤を分析対象とするさまざまな背景を解説するとともに，その際に用いられる分析法の特徴を以下に記す．

7.2.1　POE 型非イオン界面活性剤による汚濁状況を知るために

　合成洗剤など洗浄剤の主な構成成分である陰イオン（アニオン）界面活性剤と非イオン界面活性剤は，現在のところ公共用水域の水質環境基準の基準項目には含まれていない．しかし，これらの界面活性剤は使用量が多く，下水道普及率が低い地域では，家庭や事業所などからの排水が公共用水域を汚濁する可能性がある．そこで，地域によっては陰イオンや非イオン界面活性剤による汚濁状況を総合的に把握する調査が行われている．

　直鎖アルキルベンゼンスルホン酸塩（以下 LAS）やアルコールエトキシサルフェート（以下 AES）を主体とする陰イオン界面活性剤を総括的に分析する方法としてメチレンブルー活性物質法（以下 MBAS 法）がある．一方，POE 型非イオン界面活性剤（AE と APE など）の合計量を比色分析する方法としてテトラチオシアノコバルト（Ⅱ）酸法（以下 CTAS 法），カリウムテトラチオシアン酸亜鉛法，臭化水素酸分解—ガスクロマトグラフ法がある（第 6 章 6.1 参照）．なかでも，CTAS 法は上水試験法〔平成 5 年（1993）〕，衛生試験法〔平成 2 年（1990）〕，工場排水試験法〔平成 10 年（1998）〕などに採用されており，最も一般的な総括的な分析方法である．CTAS 法では，EO の付加モル数の違いにより錯体の分子吸光係数が大きく異なり，さらに，付加モル数が 3 以上の EO をもつものでないと定量できないという問題がある．つまり，POE 型非イオン界面活性剤は，EO の付加モル数が

広く分布($n=2$〜15 くらい)しているので，CTAS 法ではそれらの濃度を正確に定量できないことを理解しておく必要がある．また，共存する陰イオンおよび陽イオン(カチオン)界面活性剤は負に定量を妨害するので，これらを除去する煩雑な前操作が必要となる．

CTAS 法の改良法である 4-(2-ピリジルアゾ)レゾルシノール法(以下 PAR 法)は，感度が良く操作が比較的簡便なため，総括的分析法としてよく用いられている．

AE の使用量が APE よりはるかに多いこと，そして，AE の EO の平均付加モル数が 6〜10 であることから，上水試験法，衛生試験法，工場排水試験法では，ヘプタオキシエチレンドデシルエーテル〔$C_{12}AE(7)$（第 2 章 p.36 脚注参照)〕が POE 型非イオン界面活性剤の分析標準物質として採用されている．

7.2.2 水道水水質基準への適合性を知るために

ある化学物質がヒトの健康に悪い影響を及ぼすことが明らかであったり，または非常に疑わしい場合には，その影響濃度から水道水の水質基準値が定められている．現在のところ，非イオン界面活性剤についてヒトへの毒性影響(急性毒性・慢性毒性・発ガン性などの特殊毒性)から水質基準を定める必要性は認められていない．毒性影響のうち内分泌撹乱作用については 7.2.4 で述べる．

水道水の水質基準で「性状にかかわる項目」として発泡性がある．陰イオン界面活性剤はその発泡性から MBAS として 0.2 mg/L 以下という水質基準が定められている．一方，非イオン界面活性剤については発泡性に基づく水質基準は定められていないが，その使用量は増大する傾向にあるので，公共用水域への排出量が増加するおそれがある．POE 型非イオン界面活性剤の起泡性は，EO の付加モル数が大きくなるにつれて強くなる傾向があり，発泡限界は 0.05 mg/L 付近と考えられている．

上水試験法では，POE 型非イオン界面活性剤を総括的に定量する CTAS 法とカリウムテトラチオシアン酸亜鉛法が採用されている．しかし，PAR 法は上水試験には採用されていないものの，上記の方法より感度が良く，操作が簡便であるため，浄水場での水質管理などに用いられている．

7.2.3 水生生物への毒性影響を評価するために

化学物質による生態系への毒性影響を評価する「環境リスク評価」は，ヒトの健康を守ることと，生態系を保護することが同等の価値をもって認められている欧米に比べ，日本が遅れをとっている分野である．しかし，今後，水圏生態系の保護を目的とした「環境リスク評価」の考え方や手法が環境基準などに採用されることが望ましい．

AE や APE の水生生物への生態毒性は，EO の付加モル数によって異なり，付加モル数が小さくなると疎水性が高くなるため，毒性が高くなる傾向がみられる．「環境リスク評価」において，リスクは通常，生態毒性と環境濃度の関数で表される．AE や APE の生物への毒性は個々の異性体や同族体によって異なるので，環境濃度を把握する際にアルキル基の炭素数あるいは EO の付加モル数ごとに分離定量することが必要となる．付加モル数の異なる AE や APE を分離分析するために高速液体クロマトグラフ法(以下 HPLC)，ガスクロマトグラフ/質量分析法(以下 GC/MS)または高速液体クロマトグラフ/質量分析法(以下 LC/MS)が用いられる．AE はフェニル基をもたないので，HPLC と GC/MS では末端の水酸基を紫外吸収や蛍光をもつ誘導体へ変換する方法やエステル化が行われる．一方，LC/MS では，誘導体化なしに直接 AE や APE を分離定量することができる．いずれの場合も C_{18} SEP PACK などによる固相抽出や溶媒抽出による濃縮を行う必要がある．また，試料によっては共存する妨害物質を除去するためにシリカゲルカラムによる分画などの前処理を行う必要がある(第6章)．水環境中に共存する微量かつ多種類の化学物質の影響を考慮すると，GC/MS や LC/MS は HPLC に比べ高感度で，選択性が高く，同定と分離定量が可能である．

7.2.4 内分泌撹乱作用に関わる分析

近年，APE の分解生成物であるノニルフェノール(以下 NP)，ノニルフェノールジエトキシレート〔以下 NPE(2)〕，ノニルフェノールモノエトキシカルボン酸〔以下 NPEC(1)〕，ノニルフェノールジエトキシカルボン酸〔以下 NPEC(2)〕などについて in vitro または in vivo 試験系で内分泌撹乱作用が報告されている．一方で，内分泌撹乱作用のメカニズム，量と反応との関係など解明されていない

ことが多い．APE 分解生成物による生態系への内分泌撹乱作用の影響評価を進めるためには，水環境中の残留濃度や挙動を把握しておく必要がある．この場合，内分泌撹乱作用が発現する濃度より低いレベル(ppb または ppt)まで定量できる GC/MS や LC/MS などを用いた高感度で，選択性が高く，同定が可能である分析法が有用である．ppb または ppt レベルが要求されるため，C_{18} SEP PACK などによる固相抽出または溶媒抽出などの濃縮操作が行われ，試料によっては共存する妨害物質を除去するための前処理(シリカゲルによるカラム処理など)が必要となる．

APE 分解生成物の標準物質はいずれも NP またはオクチルフェノール(以下 OP)から合成することが可能であるが，NP や OP をはじめ，NPE(1)，NPE(2)，NPEC(1)，NPEC(2)，OPE(1)，OPE(2)，OPEC(1)，OPEC(2)の標準物質が現在市販されている．しかし，これら以外に生態毒性や内分泌撹乱作用が不明の APE 分解生成物(EO の付加モル数が 3 以上の APEC や，アルキル基が酸化されたカルボン酸など，第 6 章 6.5 参照)が存在する可能性があり，これらの分解生成物の分析法の開発や標準物質の供給については今後の課題のひとつである．

7.2.5 そのほかの調査研究(生分解試験，吸着試験など)に関わる分析

水環境へ排出された非イオン界面活性剤は，底質や懸濁物質への吸着や生分解，光分解などによって最終的に無機物(水，二酸化炭素，メタンなど)まで分解する．しかし，分解速度や分解途中で生成する中間体(分解生成物)の挙動，消長や毒性はまだ十分に解明されていない．生分解試験，吸着試験，排水処理の処理過程の挙動や処理効率などを把握するためには，上記の 7.2.1～7.2.4 や第 6 章に記した分析法から最も適した方法を選択する．

多くの分析法が報告され使用されているにもかかわらず，それらの分析法が必ずしも上記の分析の目的を十分満たしているわけではない．分析法の開発のニーズに関する課題を以下に記す．

① AE と APE などの POE 型非イオン界面活性剤については，CTAS や PAR 法などの総括的な比色分析法だけでなく，GC/MS，LC/MS または高速液体クロマトグラフ/タンデム型質量分析法(以下 LC/MS/MS)などを用いたアルキル基の炭素数または EO の付加モル数に応じて一斉分析ができる方法を

開発する．また，それらの分析法についても公定法を定め，一定の標準物質を使用する．

② 内分泌攪乱作用の発現に対応できる濃度レベルで，APE や APE 分解生成物などを定量できる迅速，簡便，高感度かつ選択性の高い分析法を開発する．また，内分泌攪乱作用が疑われている APE 分解生成物の分析には標準物質を定めて入手や分析しやすくすることも，環境データを蓄積するうえで重要である．

③ 使用量や毒性影響によっては，POE 型界面活性剤以外の非イオン界面活性剤についても分析法を開発する．

④ 分析法は，分析機器の開発と普及状況によっても大きく左右される．迅速，簡便，高感度かつ選択性の高い分析法を開発するためには，GC/MS，LC/MS，LC/MS/MS などの新しい機器の開発（改良）と普及が必要である．

7.3 環境中の分布と挙動に関する課題

7.3.1 濃度分布の特徴と排出源の影響

第 2, 3 章で示された AE, APE, AP およびそのほかの APE 分解生成物の環境中での濃度分布のなかで，調査例が最も豊富な河川での高濃度側出現状況を概観すると，河川水中では，AE, NPE が $10\,\mu g/L$ のオーダー，NP が $1\sim10\,\mu g/L$ のオーダー，OP が $0.1\,\mu g/L$ のオーダー，そのほかの分解生成物である短 EO 鎖 NPEC が $100\,\mu g/L$ のオーダーで検出されている．また，地域別の特徴をあげれば，国内では AE や長 EO 鎖 NPE が上記よりも 1 オーダー高く，米国では短 EO 鎖 NPE や NP が上記よりも 1 オーダー低い傾向がみられる．河川堆積物中では，AE, NPE, NP が $10\,\mu g/g$ 乾燥重量のオーダー，OP が $1\sim10\,\mu g/g$ 乾燥重量のオーダーで検出されており，おおむね 10^3 倍の濃縮が生じている．同様の濃縮レベルは水生生物に関する調査結果でも得られている．

これらの物質の河川水中での濃度は，排出源からの負荷の程度と距離，河川規模や流量の増減による希釈の程度，生分解や河床堆積物への吸着・移行の程度などによって規定されるが，このなかで，排出源の問題は，河川水中での濃度を第

一義的に規定する点で重要である．そこで，主要な排出源である下水処理場排水中に含まれるこれらの物質の濃度について，河川水の場合と同様に高濃度側の出現状況でみると，AE が $10\,\mu g/L$ のオーダー，NPE が $10\sim100\,\mu g/L$ のオーダー，NP が $10\sim100\,\mu g/L$ のオーダー，OP が $1\,\mu g/L$ のオーダー，短 EO 鎖の NPEC や OPEC が $10\sim100\,\mu g/L$ のオーダーで検出されている．これらの濃度と河川水中の濃度とを比較すると，NP, OP および NPE に関しては，河川水中の濃度が排水中の濃度よりおおむね1オーダー低い．地域性を捨象した高出現濃度のみの単純な比較ではあるが，調査例が比較的多いこれら3物質については，下水処理場から排出され河川水による希釈を受けるという，環境汚染物質の負荷プロセスに矛盾しない濃度が検出されたと考えられる．また，NP と OP とについては，生産量の違いを反映した濃度関係で検出されていると考えられる．

一方，下水処理場では，流入水中の NPE が好気的な活性汚泥処理過程で EO 鎖を短鎖化され，嫌気的な消化過程中で NPE(1) を経て NP を生じる生分解プロセスが明らかにされてきている．生じた NP は，排出あるいは活性汚泥中に蓄積されると考えられている．これは，NPE のアルキル基が分岐鎖を有するために，EO 鎖の短鎖化の後に進むはずのアルキル鎖の短鎖化が進まないためである．しかし，下水処理場における収支調査結果から，NP が微生物分解を受けている可能性も示唆されている．また，短 EO 鎖 NPE から短 EO 鎖 NPEC が生じていることや，NP と OP との疎水性の違いが，活性汚泥への移行の違いとして現れていることが指摘されている．好気的処理過程で生じている EO 鎖の短鎖化や NPEC の生成が，河川でも生じている可能性が解析されていることから，下水処理過程における NPE のこのような生分解・挙動のプロセスを把握することは，この物質の環境動態を明らかにするうえできわめて重要である．非イオン界面活性剤の下水処理過程における挙動をさらに把握するとともに，環境中での動態を調査し，微生物による分解活性が高い下水処理過程と，環境中との間の類似点と相違点とを解明する必要がある．

7.3.2 非イオン界面活性剤汚染の総合的な理解に向けて

上述のように，非イオン界面活性剤の下水処理過程における挙動に関しては解明が進みつつある．しかし，生分解をはじめとする環境中の挙動に関しては，ス

イスなど一部の事例を除けば十分に調査されていない．動態を知るうえで重要な吸着現象についても，フィールド調査結果と関連づけた解析は行われていない．これは，主として生産・使用量の違いから，LAS を中心とした陰イオン界面活性剤に比べて，非イオン界面活性剤の環境影響が十分に認識されてこなかったためと考えられる．この傾向は日本において顕著であった．しかし，生産量における陰イオン界面活性剤の停滞，ないしは減少と非イオン界面活性剤の急上昇という，界面活性剤の「世代交代」現象に加えて，APおよびその派生化合物の内分泌攪乱作用が明らかにされつつあることにより，非イオン界面活性剤の環境影響に対する認識は大きく変化している．

非イオン界面活性剤を環境動態の観点から考えると，非イオン系のなかで生産量が最も多い AE と，環境毒性が強い APE，さらには AP を含む分解生成物に関する把握が急がれる．また，国内における環境負荷では，生活系からの負荷が多い AE と，家庭用洗剤への使用の自主規制により，産業系からの負荷が中心になっている APE とに大きく分かれることを踏まえ，環境中での存在状況と関連づけた排出源調査が必要と考えられる．さらに，非イオン界面活性剤による水道水源の汚染問題を念頭に置くなら，これらの調査を，非イオン界面活性剤に関する環境リスク評価の一環として行う必要があろう．非イオン界面活性剤による水環境汚染を明らかにするためには，汚染現象を総合的に把握する視点が重要である．

7.4 生態毒性および内分泌攪乱作用に関する課題

7.4.1 生態毒性

第5章でも述べたように，AE の急性毒性は，同族体・異性体組成などの化学構造や生物種により大きく異なるが，魚類では 1 mg/L，無脊椎動物ではそれよりもやや低い濃度から現れる．慢性毒性も化学構造や生物種により大きく異なるが，魚類や無脊椎動物では急性毒性濃度の 10 分の 1 程度で影響が現れる．また AE は魚類への濃縮性は低いことがわかっている．APE の急性毒性は，魚類や無脊椎動物で 1 mg/L 程度から現れる．また APE の魚類への濃縮性は低いこと

がわかっている．NPE の分解中間生成物のひとつである NP については，オオミジンコでの繁殖試験の最大無影響濃度(以下 NOEC)は $24\,\mu g/L$ であり，またニジマスの雄でのビテロジェニンの生成からみた最小影響濃度(以下 LOEC)は $20\,\mu g/L$ である．しかし NP については魚や二枚貝で 1 000 を超える濃縮率も報告されており，さらに検討を必要とする．これらのことを踏まえて，まず，これまでの生態毒性研究の問題点を考えてみたい．

(1) 化学的視点から

水生生物への影響は，界面活性剤の有する毒性(生態毒性)と水環境での残留濃度(曝露濃度)とから評価する．しかし毒性は界面活性剤の同族体・異性体組成によって大きく異なることから，評価のためには河川水中から検出される同族体・異性体組成をもつ界面活性剤について毒性データをそろえることが必要である．注目すべきことは，界面活性剤の同族体・異性体組成が製品中と河川水中さらには地点によって異なる可能性があることである．すでに APE ではそれが指摘されており，また陰イオン界面活性剤の LAS でもよく知られている．

(2) 生物学的視点から

界面活性剤の毒性は，生物の種類によって大きく異なることはいうまでもない．しかし，これまでの研究のうち環境安全性評価に必要な慢性毒性データは標準試験種や主に欧米で普遍的な生物種を用いて行われてきた．したがってこれまでに得られた毒性データが直ちに日本の河川での環境安全性評価に使えるとはいい切れず，スクリーニング評価として位置づけるのが適当である．また従来の急性毒性や慢性毒性などで安全性を十分に評価できるとは限らず，内分泌撹乱作用についての検討が必要である．

そこで非イオン界面活性剤の環境安全性を明らかにするために，次のような調査研究が必要である．なお内分泌撹乱作用については別項で述べる．生産量が多い AE については，

① まず種々の製品について特に台所用，洗濯用などの用途別に同族体・異性体組成を，また河川水中の濃度と同族体・異性体組成を明らかにする．

② 河川水中に検出される同族体・異性体組成をもつ界面活性剤について毒性データをそろえる．特に，日本の河川で生態学的にあるいは漁業やレクリエーションなどの視点から重要な生物種を用いて毒性試験を行う．

③ 毒性試験としては，長期の低濃度での曝露による生物への影響を把握できる試験方法を用いる．

APEについて，河川水中の同族体・異性体組成がわかりかけてきているので，
ⅰ) 河川水中に検出される組成をもつ界面活性剤について毒性データをそろえる．
ⅱ) 分解中間生成物の河川水中の濃度と組成を明確にし，その分解中間生成物の毒性データをそろえる．特に日本の河川で生態学的にあるいは漁業やレクリエーションなどの視点から重要な生物種を用いて毒性試験を行う．
ⅲ) 毒性試験としては長期の低濃度での曝露による生物への影響を把握できる試験方法を用いる．

そのほかの非イオン界面活性剤については，
ⓐ 製品に使われているものの毒性データをそろえる．
ⓑ アルキルポリグルコシド(以下APG)やそのほか使用量の多いものについて，台所用，洗濯用などの用途別に種々の製品の同族体・異性体組成を明らかにするとともに，河川水中の濃度と組成を知る．
ⓒ 河川水中の組成の界面活性剤についてまず急性毒性データをそろえる．

7.4.2　内分泌撹乱作用

化学物質のリスク評価には，従来の毒性，すなわち急性毒性や慢性毒性，特殊毒性(発ガン性など)などの範囲を内分泌撹乱作用にまで拡げて，有害性の判定を行う必要がある．さらに，リスクの判定には，ヒトへの健康影響にとどまらず，野生生物や水生生物など生態系を構成する種をどこまで保存すべきか，あるいは，保存できるのかという議論とともに，種を保存するためのリスク評価の手法の検討が重要な課題である．

(1) APEとその分解生成物に関する研究の現状と問題点

APEとその分解生成物のリスクの判定に関して，次の3つが現在検討されつつある課題であるが，いくつかの問題点が明らかになっている．

第一に，有害性の判定は，内分泌撹乱作用のエンドポイント(影響指標)が異なる試験管内(以下 in vitro)と生体内(以下 in vivo)試験系を組み合わせてスクリーニングを行い，化学物質の内分泌撹乱作用の有無と，そのレベルを把握すること

7.4 生態毒性および内分泌撹乱作用に関する課題

によって行われるが,有害性の判定にいくつかの問題点がある.

APE分解生成物についてさまざまな *in vitro* および *in vivo* 試験が行われているが,エンドポイントが異なる試験系のエストロゲン様作用を比較するためには,統一した影響濃度の表し方が必要であり,問題点のひとつである.例えば,Joblingら[12]は17β-エストラジオールの影響濃度を1としたときの相対濃度比(R_p)で表した(第5章表-5.9参照).

APE分解生成物のうち,OP, NP, NPE(2), NPEC(1)については *in vitro* および *in vivo* 試験でエストロゲン様作用が認められており(第5章表-5.9),それらのLOECは,OPで$2.3×10^{-8}$ M(4.8μg/L, *in vivo*),NPで$9.2×10^{-7}$ M(20μg/L, *in vivo*),NPE(2)で$9.7×10^{-8}$ M(30μg/L, *in vivo*)であり,NPEC(1)で$1.1×10^{-7}$ M(30μg/L, *in vivo*)である(第5章表-5.9).また,NPEC(2)は *in vitro* 試験でNPEC(1)と同等のエストロゲン作用をもつという報告がある.そのほかの分解生成物についてはエストロゲン作用の有無はわかっていないので,今後の検討課題である.

一般的に,化学物質は許容量以下では生体の恒常性維持機構によって有害性を示さないが,ある量を超えると不可逆的な有害影響を発現するようになる.しかし,曝露濃度(用量)とエストロゲン様作用(反応)の関係では,エストロゲン様作用が認められた曝露濃度より高い濃度では,逆にエストロゲン様作用が小さくなるという特異的な現象が認められている.また,慢性毒性や発ガン性のように閾値のない場合には *in vitro* あるいは *in vivo* 試験の結果からNOECを求めることはできない.いずれにせよ,不明な点が多く,エストロゲン様作用の詳細なメカニズムの解明が急がれる.

第二に,河川や湖沼などの水環境中の生物がエストロゲン様物質の影響を受けているかどうか,さらに,その影響のレベルを判定するフィールド調査が必要である.例えば,これらは生息する雄の魚(ニジマス,コイなど)の血漿中ビテロジェニン濃度を調べることによって行われる.ビテロジェニンは卵生動物や魚類の血液中に出現する雌に特異的なタンパク質で,ビテロジェニン遺伝子は雄の魚では通常発現することはない.

第三に,エストロゲン様作用を有するAPE分解生成物の環境濃度をエストロゲン様作用が認められる最小濃度レベルで把握する調査が必要である.リスク評

価には生体における用量―反応(dose-response)関係と環境濃度を正しく把握することが重要である．比較的早くから内分泌撹乱作用が指摘されていた NP については，日本でも公共用水域などの事例が報告されており，現在も多くの調査が進行中である．しかしながら，NP 以外の OP，EO の付加モル数が異なる NPE や NPEC の環境濃度は第2章に記載されているように外国の調査報告はあるものの，日本の事例はきわめて少ない．これらの APE 分解生成物については個々の環境濃度を把握し，データを蓄積する必要がある．

（2）　APE とその分解生成物に関する課題

非イオン界面活性剤の内分泌撹乱作用に関して検討すべき課題を以下に示す．なお，これらの課題は非イオン界面活性剤に限らず，化学物質の内分泌撹乱作用の検討に共通の課題であることを付け加えておきたい．

① 内分泌撹乱作用の検出法と，撹乱作用のレベルを判断するシステムを確立する．

② 簡便なスクリーニングにより，内分泌撹乱作用を有する可能性があるか否かを分類するために，必要最少かつ十分なデータを得る．内分泌撹乱作用の有無を決定するとともに，その作用が直接または間接的かを検討する．

③ 用量(濃度)と反応(内分泌撹乱作用)との関係を把握する．内分泌撹乱の作用機構を明らかにし，ヒトや生態系に対する内分泌撹乱作用の NOEC あるいは LOEC を定義し，算出する方法を確立する．

④ 内分泌撹乱化学物質と判断された場合には，リスク評価を行うために次の項目を明らかにする．
- 製品中の界面活性剤の同族体・異性体組成．
- 河川水中の濃度と組成．
- 河川水中の分解生成物の濃度と組成．
- 河川水中の組成の界面活性剤について内分泌撹乱作用のデータ．
- 河川水中の分解生成物の内分泌撹乱作用のデータ．

⑤ リスク評価を行い，その結果に基づき，基準の制定や規制を行う．

これらの課題はいずれも緊急かつ重大な課題ではあるが，正確な評価を下すには膨大な時間がかかる．したがって，内分泌撹乱作用が疑われる化学物質を使用

せず，また排出しない努力をすることと，下水処理などの処理によって環境ホルモン物質の量は確実に減少する（一説には10%以下に減少する）ので，排水処理と上水の高度処理による対応を検討することも必要である．

7.5 環境リスク評価の事例と課題

7.5.1 環境リスク評価とは

　私たちの身の回り（環境）を汚染している化学物質が，環境汚染を通じて人の健康に悪影響を与えたり，環境中の生物に有害な影響を与える恐れがあり，これを環境リスクという．

　ベンゼンなどいくつかの物質については人の健康へのリスクを考慮して水質や大気の環境基準がつくられている．しかし現在，数万種ともいわれる化学物質が日本国内でさまざまな用途に使われているが，それらが環境中に排出された後に，人間や野生生物に悪影響を与えるかどうかは十分には調査研究されていない．このため，ある化学物質が環境中から検出されると，人は必要以上に過敏に反応したり，あるいはその反対に根拠なく軽視しがちである．しかし，環境汚染についてはある一定のルールのもとで科学的に評価し（これを環境リスク評価という），適切な対応を図ることが必要である．

　環境汚染から人間の健康を守ることが大切なように，日本のあるいは地球上のいろいろな生物の生息を守ることも同様に大切である．これらの生物や人間と無機的環境（大気，土壌，温度，湿度など）とで生態系が構成されている．この生態系のなかでは，すべての生物がお互いに関わりをもって生きており，生態系にとって何の役割もない不要な生物などはいない．これらの生物のほんの少数が絶滅した場合，一見して生態系に何の変化も与えないことがあるが，さらに絶滅が続くとやがては生態系を大きく変えていく．いわば個々の生物はこの地球という生態系を維持していくためのリベットであり，貴重なあるいは希少な生物だけが大切なのではないのである．このような視点から，人の健康に対する環境リスク評価に加えて，環境中の生物を守るための環境リスク評価が必要になってきた．

7.5.2　界面活性剤についての環境リスク評価の必要性

界面活性剤は，年間100万トンを超える量が生産され，一部は乳化剤，分散剤として使用されているものの，多くは洗浄剤として使用され，最終的には排水中に放出される．界面活性剤は，洗濯用洗剤やシャンプーなど，我々の身近なところで最も多く使用されかつ毎日，継続的に使用される化学物質である．生産量のうち，従来はLAS，アルキル硫酸エステル塩（以下AS），α-オレフィンスルホン酸塩（以下AOS）などの陰イオン界面活性剤が大きな割合を占めていたが，最近では第1章で述べたように非イオン界面活性剤の消費量が急増している．しかし，非イオン界面活性剤は，陰イオン界面活性剤であるLASとくらべて環境汚染データや毒性データが少なく，また非イオン界面活性剤のひとつであるAPEは分解することにより毒性が増大する．また分解産物であるNPやOPなどには内分泌撹乱作用があることも懸念されている．非イオン界面活性剤の消費量は増加しており，また日本の下水道普及率が54％で，普及率の伸びは小さいことから，都市近郊で住宅地化が進んでいる地域などでは，家庭などで消費された非イオン界面活性剤の一部は下水処理されずに未処理のまま水環境中へ放出されて，負荷が増大することとなる．それにもかかわらず，これまで多く使用されてきたLASと比べると，排水や公共用水域の水質の監視がほとんど行われていない．

したがって，環境中での挙動や汚染濃度，生物への毒性に関する研究を充実させ，そしてそれらのデータをもとに，水圏生態系に対する安全性を評価する（環境リスク評価を行う）ことが非常に重要である．

7.5.3　環境リスク評価の一般的な手順

環境リスク評価では，曝露評価および影響評価（有害性評価ともいう）を行い，それらのリスク比を算出し評価を行う[13,14]．環境リスク評価の概要を図-7.2に示す．

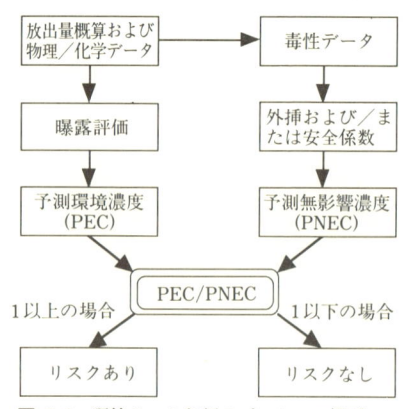

図-7.2　環境リスク評価のプロセスの概要

曝露評価においては，対象化学物質の物理的，化学的，生分解データを用いて各環境領域(水，底質，土壌)について，予測環境濃度(Predicted Environmental Concentration, 以下PEC)を推定する．影響評価においては，予測無影響濃度(Predicted No Effect Concentration, 以下PNEC)を求める．PNECは，安全係数を乗じて毒性データから算出し，生態系にとって安全とみなされる環境濃度を表す．

上記で得られた曝露評価と影響評価を組み合わせ，比率法(Quotient Method)を用いてPNECに対するPECの比，すなわちリスク比(リスク比＝PEC/PNEC)を算出する．その比が1未満の場合，化学物質のリスクは容認できるとみなす．この比が1以上の場合，リスクが存在するとみなす．この比が1以上であった場合は，再度PECおよびPNECの不確実性を減少させるための追加データを収集しリスク比を再計算するか，どの部分のリスクを減らせば，リスク比が1以下となるかを検討し，対策をたてる必要がある．

7.5.4 環境リスク評価の事例

非イオン界面活性剤についての環境リスク評価の必要性は認識されているものの，事例の報告は少ない．ここではオランダ石鹸工業会とDutch Ministry of Housing, Physical Planning and Environmentが行っているAE, LASなどの4種類の界面活性剤について行っている環境リスク評価[14]の概要を紹介する．

オランダにおけるリスク評価は，PECと最大許容濃度(Maximum Permissible Concentration, 以下MPC)の比よりリスクを算出している(オランダではMPCを用いているが，PNECと同義語である)．

PECは，実際の下水処理場モニタリングデータに基づいてパラメータを調節し，下水処理場放流口から1000m下流の河川における界面活性剤の濃度予測モデルを用いてPECを求めた(表-7.4).

MPCは，室内試験における慢性と急性毒性試験の生態毒性データおよび野外試験におけるデータをもとにして決定した．

表-7.4 AE, LASのPECとMPC

	PEC (μg/L)			MPC (μg/L)
	河川流下中の除去率 (/日)			
	0	0.14	0.7	
AE	1.3	0.9	0.5	250
LAS	9.2	6.4	3.7	110

Aldenberg and Slob[15] による外挿方法および EPA 法による安全係数[16]の考え方に基づき，毒性データを外挿して MPC を計算した．

表-7.5 各河川流下除去率を用いた AE, LAS の PEC/MPC 比

河川水中の除去率（/日）	AE	LAS
0	0.01	0.04
0.14	0.01	0.03
0.7	<0.01	0.02

もしメソコズムなどの多種生物系に対する無影響濃度が利用できる場合にはそれと比較した．

生態毒性値はアルキル鎖長やフェニル基の置換位置によって異なるため，実験に使用した界面活性剤のアルキル鎖長の分布を実際に環境中で検出されるアルキル鎖長に補正した．それぞれ，LAS は $C_{11.6}LAS$，AE は $C_{13.3}AE(8.2)$ に標準化した MPC を求めた．

界面活性剤の環境リスクを PEC/MPC として表-7.4 で得られたデータを基に算出した．その結果は表-7.5 に示すとおりである．この結果から，非イオン界面活性剤である AE も，陰イオン界面活性剤である LAS もリスクは 1 以下という結果が得られ，オランダでは水生生物の生存に及ぼすリスクは小さいと推察された．

一方，LAS については，Versteeg ら[13]によっても環境リスク評価が行われて

表-7.6 水環境における環境リスク評価の段階的アプローチ

	PEC ($PEC = I(1-R)/D$)	PNEC（影響濃度×安全係数）		PEC/PNEC
		影響濃度	安全係数	
Tier 1	$R = 0$ $D = 1$ $I = $ 推定	QSAR，または 1 種類の急性毒性試験（LC_{50}）	1 000	PEC / PNEC<1 の場合 OK，それ以外の場合は Tier 2 へ
Tier 2	$R = $ 数学モデルより算出 $D = $ 国別データより算出 $I = $ 推定	魚類，無脊椎動物，水棲植物の急性毒性試験（LC_{50}）	100	PEC / PNEC<1 の場合 OK，それ以外の場合は Tier 3 へ
Tier 3	$R = $ シミュレーション $D = $ 国別データより算出 $I = $ 推定	Tier 2 において最も感受性の高い種の慢性毒性試験（NOEC）	10	PEC / PNEC<1 の場合 OK，それ以外の場合は Tier 4 へ
Tier 4	下水処理施設の下流で得られたモニタリングデータ	野外試験または室内モデル生態系試験（NOECeco）	1	PEC / PNEC<1 の場合 OK，それ以外の場合はリスクマネージメントへ

I：流入下水濃度，R：下水処理での除去率，D：放流水希釈係数
文献 1) を改変作成

表-7.7 段階的環境リスク評価におけるLASのリスク比

	LAS		
	PEC*	PNEC*	PEC/PNEC
Tier 1	7 000	6.3	1 111.1
Tier 2	50	34	1.47
Tier 3	93	110	0.85
Tier 4	100	350	0.29

文献13)のデータより作成.

いる．Versteegらは，表-7.6[13)]に示すような4段階における階層リスク評価を行っている．この手法では，PECとPNECを求めるためには，いくつかの階層(Tire)が設けられ，簡便で低コストで行える初期の階層から，コストは高いがより正確で真実に近い後段の階層が存在する．したがって，段階的リスク評価は，環境に対して影響を及ぼす恐れのある化学物質のリスク判定を低コストで可能にすることができる．

上記の方法において算出されたLASの環境リスク評価その結果は表-7.7に示すとおりである．

上記の結果より，最終的にPEC/PNEC比が1以下となり，米国では水圏生態系へのリスクは低いと結論している．

7.5.5 環境リスク評価の今後の課題

現在，界面活性剤をはじめ多くの化学物質が使用されていることから，環境リスク評価はこれからますます重要になってくる．オランダの事例では，非イオン界面活性剤のAEは陰イオン界面活性剤のLASと同様に，水圏生態系へのリスクは低いことが明らかとなっている．しかしそれでは日本ではどうだろうか．日本においても，以下の点について検討することが必要である．

① 日本ではオランダや米国と下水道普及率や処理システムが異なっているため，PECの濃度も大きく異なるはずである．したがって，日本の汚染データや汚染モデルを用いた環境リスク評価を行う必要がある．
② 比較的生分解されやすいが消費量が多いAEと，生分解されにくくまた分解中間生成物の毒性も高いAPEについてのリスク評価を行う必要がある．
③ APEの分解産物であるNPやOPなどは疎水性が高くなるため，環境中では底質中に吸着される可能性が高い．したがって，水中での評価とともに底質での評価も必要である．
④ 環境リスク評価では，環境中に生息する生物数にくらべてごく少ない数の試

第7章　非イオン界面活性剤の今後の課題

験生物による毒性試験の結果にある係数を乗じて PNEC を算出している．この PNEC が環境中の生物への毒性を代表しうるかについてさらに検討を行う必要がある．

文　献

1) Chem. & Eng. News, Feb., 1st., pp. 35-48, 1999.
2) 第一工業製薬八十年史, p. 18, 1990.
3) 文献 2), p. 51.
4) M. J. Schick ed., : Nonionic Surfactants, p. 1, Marcel Dekker, 1967.
5) I. G. Farbenindustririe A. G., British 375, 842, 1932.
6) General Aniline & Film Co, US 2, 213, 477, 1940.
7) 文献 4) p. 81.
8) 文献 4) pp. 740-741.
9) 文献 4) pp. 978-983.
10) R. D. Swisher ed., : Surfactant Biodegradation, pp. 310-324, Marcel Dekker, 1970.
11) 藤本武雄編：新界面活性剤入門, 三洋化成, 1992.
12) Jobling, S., J. P. Sumpter : Detergent components in sewage effluent are weakly oestrogenic to fish : An *in vitro* study using rainbow trout (*Oncorhynchus mykiss*) hepatocytes, *Aquatic Toxicology*, **27**, pp. 361-372.
13) Versteeg, Donald J., 宮岡暢洋, 山本昭子：消費財の環境リスクアセスメント手法─直鎖アルキルベンゼンスルホン酸塩とアルキルエトキシ硫酸塩のケーススタディー─, 水環境学会誌, **18**, pp. 724-731, 1995.
14) Feijtel, T. C. J., and E. van de Plassche : Environmental risk characterization of 4 major surfactants used in the Netherlands, RIVM/NVZ report No. 679101 025, 1995.
15) Aldenberg, T. and W. Slob : Confidence limits for hazardous concentrations based on logistically distributed NOEC toxicity data, Ecotoxicology Environmental Safty, **25**, pp. 38-63, 1993.
16) OECD : OECD Monograph No. 59. Report of the OECD workshop on the extrapolation of laboratory aquatic toxicity data to the real environment, 1992.

おわりに

　日本水環境学会[水環境と洗剤研究委員会]は，水環境へ洗剤が及ぼす影響を主要なテーマとし，関連する調査研究や行政的な課題について意見や情報を交換することを目的に，平成4年7月に発足した．研究委員会のメンバーは大学，地方自治体や企業の研究機関の研究者など約20名で構成されている．

　本研究委員会では，今まで「界面活性剤と水環境の課題と動向」などのテーマでシンポジウムや，「工業用途のアルキルフェノールポリエトキシレートの必要性と代替品の可能性」などの学習会を開催し，内外の研究者や行政関係者と意見交換を行ってきた．さらに，非イオン界面活性剤に関する種々の研究成果や測定データを収集し，解析を加えながら，生態系を保護し，水環境を保全するという大きな目標に向かって，界面活性剤の環境リスクをどのようにとらえ，評価すべきかという議論を積み重ねてきた．

　本書を作成する直接のきっかけになったのは，平成10年9月8日に立命館大学で開催された第1回日本水環境学会シンポジウムである．「非イオン界面活性剤に関する最近の動向」と題するシンポジウムを主催したところ，数百名を超す方々の参加を得ることができ，非イオン界面活性剤の水環境中の動態，分析法，生態毒性や内分泌撹乱作用（環境ホルモン）についての議論が大いに盛り上がった．また，その際のアンケートで，分析法，非イオン界面活性剤をめぐる水環境の現状や今後の課題など，今まで積み重ねられてきた知識や手法を習得できる本を出版してほしいという要望が数多く寄せられた．

　これらの要望に答えるのが本研究委員会の使命ではないかと考え，シンポジウ

おわりに

ムや学習会などで発表や講演をお願いした方々のご協力をいただき，研究委員会のメンバーと力を合わせて「非イオン界面活性剤と水環境―用途，計測技術，生態影響―」の出版に至った次第である．

本書を手にされた大学，自治体，企業および化学・環境系の学生の方々が，「非イオン界面活性剤と水環境」の現状と今後の課題を理解し，生態系と水環境を保全するための次なる目標へ取り組むうえで，少しでもお役にたてば幸いである．

なお，本書を執筆するにあたっては，章末に示す多くの文献を参考ならびに引用させていただいた．編者や著者の方々に深甚なる感謝を申し上げる．

本書をまとめるにあたり，技報堂出版の小巻慎氏ならびに城間美保子氏に多大なご助力と励ましをいただいた．厚くお礼申し上げる．

平成 12 年 1 月吉日

　　　　　　　　　　　　　　　　　　　　　［水環境と洗剤研究委員会］を代表して
　　　　　　　　　　　　　　　　　　　　　　　委員長　　宇都宮　暁子

付録　代表的な界面活性剤の分類・名称・用途

〔日本界面活性剤工業会「界面活性剤ってなんだろう」(1999)を一部改変〕

1. 非イオン（ノニオン）界面活性剤

分類	名称および化学構造（[ ]内は略名）	別名	用途
(1) エステル型	グリセリン脂肪酸エステル 例）$RCOOCH_2$ 　　　| 　　　$CHOH$ 　　　| 　　　CH_2OH	■アシルグリセリン：アシルグリセリド ■グリセリン（モノ〜トリ）アルカノエート（アルカノアート） ■脂肪酸グリセリン ■親油型モノ脂肪酸グリセリン[モノグリ][モノグリセリド]（注：モノ脂肪酸エステルの場合）	乳化剤 食品用乳化剤 消泡剤 防曇剤
(1) エステル型	ソルビタン脂肪酸エステル 例）（ソルビタン環構造に $CHOH$, $HOHC$, $CHOH$, H_2C, $CHCH_2OOCR$）	■ソルビタン（モノ〜トリ）アルカノエート（アルカノアート） ■脂肪酸ソルビタン ■（モノ〜トリ）アルカノイルソルビタン	化粧品用乳化剤 食品用乳化剤 消泡剤 防曇剤
(1) エステル型	しょ糖脂肪酸エステル （スクロース環構造に $RCOOCH_2$, $HOCH_2$, CH_2OH, OH）	■アシルスクロース，シュガー（脂肪酸）エステル ■脂肪酸しょ糖エステル ■しょ糖エステル	食品用乳化剤 食品用洗浄剤 消泡剤 化粧品用乳化剤
(2) エーテル型	アルコールエトキシレート[AE] $RO(CH_2CH_2O)_nH$	■ポリオキシエチレンアルキルエーテル ■アルキルポリオキシエチレンエーテル ■アルコールポリエチレングリコールエーテル ■ポリオキシエチレンアルキル ■ポリエチレングリコールアルキルエーテル ■アルキルポリエチレングリコールエーテル ■アルキルポリエトキシエタノール ■アルキルポリグリコールエーテル ■POEアルキルエーテル	浸透剤 洗浄剤 工業用洗浄剤 乳化剤 分散剤 可溶化剤 均染剤

付録　代表的な界面活性剤の分類・名称・用途

分類	名称および化学構造([ ]内は略名)	別名	用途
(2)エーテル型	アルキルフェノールエトキシレート [APE] $R-\bigcirc-O(CH_2CH_2O)_nH$ ノニルフェノールエトキシレート[NPE] オクチルフェノールエトキシレート [OPE]	■ポリオキシエチレンアルキルフェニルエーテル ■アルキルフェニルポリオキシエチレンエーテル ■ポリオキシエチレンアルキルフェノールエーテル ■ポリオキシエチレンアルキルフェニル ■ポリエチレングリコールアルキルフェニルエーテル ■アルキルフェノールポリエチレングリコールエーテル ■アルキルフェニルポリエトキシエタノール ■アルキルフェニルポリグリコールエーテル ■POEアルキルフェニルエーテル	浸透剤 洗浄剤 工業用洗浄剤 乳化剤 分散剤 可溶化剤
	ポリオキシエチレン ポリオキシプロピレングリコール $H(OCH_2CH_2)_l(OC_3H_6)_m(OCH_2CH_2)_nOH$	■ポリオキシエチレンポリオキシプロピレン ■ポリオキシエチレンポリオキシプロピレングリコールエーテル ■ポリプロピレングリコールポリエチレングリコールエーテル ■ポリオキシアルキレンブロックポリマー	洗浄剤 消泡剤
(3)エステルエーテル型	脂肪酸ポリエチレングリコール 例）$RCOO(CH_2CH_2O)_nH$	■アシルポリエチレングリコール ■ポリエチレングリコール脂肪酸エステル ■脂肪酸ポリオキシエチレングリコールエステル ■PEG脂肪酸エステル ■ポリオキシエチレンアルカノエート（アルカノアート） ■アルキルカルボニルオキシポリオキシエチレン	濁化剤 乳化剤 可溶化剤
	脂肪酸ポリオキシエチレンソルビタン （略）	■アシルポリオキシエチレンソルビタン ■ポリオキシエチレンソルビタン脂肪酸エステル ■ポリオキシエチレンソルビタン（モノ～トリ）アルカノエート（アルカノアート） ■ポリオキシエチレンヘキシタン脂肪酸エステル ■ソルビタン脂肪酸エステルポリエチレングリコールエーテル ■POEソルビタン（モノ～トリ）脂肪酸エステル [ポリソルベート]	乳化剤 可溶化剤
(4)アルカノールアミド型	脂肪酸アルカノールアミド 例）$RCON\begin{array}{c}C_2H_4OH\\C_2H_4OH\end{array}$	■アルカノール脂肪酸アミド ■アルカノールアミド ■アルカノールアルカンアミド ■アルキロールアミド	起泡剤 洗浄剤 シャンプー基剤 乳化剤

2. アニオン（陰イオン）界面活性剤

分類	名称および化学構造（[ ]内は略名）	別名	用途
(1) カルボン酸型	脂肪族モノカルボン酸塩 RCOOM	■脂肪酸石けん，脂肪酸塩，[石けん]	化粧石けん
	ポリオキシエチレンアルキルエーテルカルボン酸塩 RO(CH$_2$CH$_2$O)$_n$CH$_2$COOM	■アルキルエーテルカルボン酸塩 ■エーテルカルボン酸塩	洗浄剤 乳化剤 分散剤
	N-アシルサルコシン塩 RCONCH$_2$COOM | CH$_3$	■アルカノイルサルコシン	洗浄剤 洗顔料基剤
	N-アシルグルタミン酸塩 RCONHCHCH$_2$CH$_2$COOM | COOM	■アルカノイルグルタミン酸塩 ■アシルグルタメート（グルタマート）	低刺激性 シャンプー基剤
(2) スルホン酸型	ジアルキルスルホこはく酸塩 ROCOCHSO$_3$M ROCOCH$_2$	■ジアルキルスルホサクシネート（サクシナート） ■スルホこはく酸ジアルキル塩 ■1,2-ビス（アルコキシカルボニル）-1-エタンスルホン酸塩	湿潤剤 浸透剤
	アルカンスルホン酸塩 [SAS] RSO$_3$M	■アルキルスルホネート（スルホナート） ■アルキルスルホン酸塩 ■パラフィンスルホン酸塩	洗浄剤
	アルファオレフィンスルホン酸塩 [AOS] （アルケンスルホン酸塩とヒドロキシアルカンスルホン酸塩との混合物）	■アルフォオレフィンスルホネート（スルホナート）	洗浄剤
	直鎖アルキルベンゼンスルホン酸塩 [LAS] [ソフト型 ABS] R―⟨benzene⟩―SO$_3$M	■直鎖アルキルベンゼンスルホネート（スルホナート）	洗浄剤 ヘビー洗浄基剤 乳化剤
	アルキル（分岐鎖）ベンゼンスルホン酸塩 [ABS] [ハード型 ABS] R―⟨benzene⟩―SO$_3$M	■アルキルベンゼンスルホネート（スルホナート）	乳化剤
	ナフタレンスルホン酸塩-ホルムアルデヒド縮合物 [構造式：ナフタレン-CH$_2$-ナフタレン-H、SO$_3$Na 置換]$_n$	■ポリナフチルメタンスルホネート（スルホナート） ■ポリナフチルメタンスルホン酸塩 ■ナフタレンスルホネート-ホルマリン縮合物	染料分散剤 セメント減水剤

付録　代表的な界面活性剤の分類・名称・用途

分類	名称および化学構造（[ ]内は略名）	別名	用途
(2) スルホン酸型	アルキルナフタレンスルホン酸塩 $R{-}\text{(naphthalene)}{-}SO_3M$	■アルキルナフタリンスルホネート（スルホナート）	分散剤 乳化重合用乳化剤
	N-メチル-N-アシルタウリン塩 [AMT] $RCONCH_2CH_2SO_3M$ 　　　　$\|$ 　　　　CH_3	■アルカノイルメチルタウリド	洗浄剤 低刺激性シャンプー基剤
(3) 硫酸エステル型	アルキル硫酸エステル塩 [AS] $ROSO_3M$	■アルキル硫酸塩 ■硫酸アルキル塩 ■アルキルサルフェート（スルファート）	洗浄剤 起泡剤 乳化剤
	アルコールエトキシサルフェート [AES] $RO(CH_2CH_2O)_nSO_3M$	■ポリオキシエチレンアルキルエーテル硫酸塩 ■アルキルエーテルサルフェート（スルファート） ■ポリオキシエチレンアルキルエーテルサルフェート（スルファート） ■アルキルポリエトキシ硫酸塩 ■ポリグリコールエーテルサルフェート（スルファート） ■アルキルポリオキシエチレン硫酸塩	洗浄剤 台所用洗剤基剤
	油脂硫酸エステル塩 （略）	■硫酸化油 ■高度硫酸化油 ■ロート油（ヒマシ油硫酸化油の場合）	繊維処理剤 乳化剤 柔軟剤
(4) リン酸エステル型	アルキルリン酸塩 [MAP]（ただしモノの場合） $RO-P(=O)(OM)_2$　$\ (RO)_2P(=O)(OM)$	■リン酸（モノまたはジ）アルキル塩 ■（モノまたはジ）アルキルホスフェート（ホスファート） ■（モノまたはジ）アルキルリン酸エステル塩	洗浄剤 ボディシャンプー基剤
	ポリオキシエチレンアルキルエーテルリン酸塩 $RO(CH_2CH_2O)_n-P(=O)(OM)_2$ $[RO(CH_2CH_2O)_n]_2P(=O)(OM)$	■リン酸アルキルポリオキシエチレン塩 ■アルキルエーテルホスフェート（ホスファート） ■アルキルポリエトキシリン酸塩 ■ポリオキシエチレンアルキルエーテルホスフェート（ホスファート）	帯電防止剤 乳化剤 分散剤
	ポリオキシエチレンアルキルフェニルエーテルリン酸塩 （略）	■りん酸アルキルフェニルポリオキシエチレン塩 ■アルキルフェニルエーテルホスフェート（ホスファート） ■アルキルフェニルポリエトキシりん酸塩 ■ポリオキシエチレンアルキルフェニルエーテルホスフェート（ホスファート）	帯電防止剤 乳化剤 分散剤 防錆剤

3. カチオン（陽イオン）界面活性剤

分類	名称および化学構造（[ ]内は略名）	別名	用途
(1) アルキルアミン塩型	モノアルキルアミン塩　$RNH_2 \cdot HX$ ジアルキルアミン塩　$\begin{matrix}R_1\\R_2\end{matrix}\!\!>\!\!NH \cdot HX$ トリアルキルアミン塩　$\begin{matrix}R_1\\R_2\\R_3\end{matrix}\!\!>\!\!N \cdot HX$		分散剤 アスファルト用乳化剤
(2) 第四級アンモニウム塩型	塩化（または臭化，よう化）アルキルトリメチルアンモニウム $R-N^+(CH_3)_3 \cdot X^-$	■アルキルトリメチルアンモニウム塩 ■トリメチルアルキルアンモニウムハライド ■アルキルトリメチルアンモニウムハライド	殺菌剤 柔軟剤 ヘアーリンス基剤
	塩化（または臭化，よう化）ジアルキルジメチルアンモニウム $\begin{matrix}R_1\\R_2\end{matrix}\!\!>\!\!N^+\!\!<\!\!\begin{matrix}CH_3\\CH_3\end{matrix} \cdot X$	■ジアルキルジメチルアンモニウム塩 ■ジメチルジアルキルアンモニウムハライド ■ジアルキルジメチルアンモニウムハライド	柔軟剤 帯電防止剤 ヘアーリンス基剤 ベンナイト有機化剤
	塩化アルキルベンザルコニウム $R_1-N^+(CH_3)_2-CH_2-C_6H_5 \cdot Cl^-$	■アルキルベンジルジメチルアンモニウムクロライド ■アルキルジメチルベンジルアンモニウムクロライド ■アルキルベンザルコニウムクロライド	殺菌剤

4. 両性界面活性剤

分類	名称および化学構造（[ ]内は略名）	別　名	用　途
(1) カルボキシベタイン型	アルキルベタイン $R-\overset{\underset{\mid}{CH_3}}{\underset{\underset{\mid}{CH_3}}{N^+}}-CH_2COO^-$	■アルキルジメチルアミノ酢酸ベタイン ■アルキルジメチル酢酸ベタイン ■アルキルジメチルカルボキシメチルベタイン ■アルキルジメチルカルボキシメチレンアンモニウムベタイン ■アルキルジメチルアンモニオアセタート	帯電防止剤 台所用洗剤基剤 シャンプー基剤 起泡剤
	脂肪酸アミドプロピルベタイン $RCO-NH-(CH_2)_3-\overset{\underset{\mid}{CH_3}}{\underset{\underset{\mid}{CH_3}}{N^+}}-CH_2COO^-$	■脂肪酸アミドプロピルジメチルアミノ酢酸ベタイン ■アルキルアミドプロピルベタイン ■アルキロイルアミドプロピルジメチルグリシン ■アルカノイルアミノプロピルジメチルアンモニオアセタート	帯電防止剤 起泡剤 シャンプー基剤
(2) 2-アルキルイミダゾリンの誘導型	2-アルキル-N-カルボキシメチル-N-ヒドロキシエチルイミダゾリニウムベタイン $R-C\underset{\underset{C_2H_4OH}{\mid}}{\overset{\overset{N-CH_2}{\|\mid}}{N^+-CH_2}}CH_2COO^-$ （一般には上記のように表わされるが、実際は環の開裂等による複雑な混合物になっているといわれている）	■2-アルキル-1-(2-ヒドロキシエチル)イミダゾリニウム-1-アセテート	柔軟剤 繊維処理剤 シャンプー基剤
(3) グリシン型	アルキル（またはジアルキル）ジエチレントリアミノ酢酸 $RNHC_2H_4NHC_2H_4NCH_2COOH \cdot HCl$ $\begin{matrix}RHNC_2H_4\\ \searrow\\ RHNC_2H_4\end{matrix}NCH_2COOH \cdot HCl$ （通常，式のように塩酸塩となっている）	■アルキル（またはジアルキル）ジアミノエチルグリシン	殺菌剤 脱臭剤
(4) アミンオキシド型	アルキルアミンオキシド $R-\overset{\underset{\mid}{CH_3}}{\underset{\underset{\mid}{CH_3}}{N}}\rightarrow O$	■アルキルジメチルアミンオキシド（オキサイド）	台所用洗剤基剤 シャンプー基剤

備考　1. 表中の名称欄には最も普遍的に用いられる名称を記し，別名欄中の略称については[ ]を付けた．
　　　2. 表中の化学構造欄の M は金属（通常ナトリウム），NH_4，アルカノールアミン塩などを示す．
　　　3. X はハロゲン原子を示す．
　　　4. アミンオキシド型はカチオン界面活性剤または非イオン界面活性剤に分類される場合もある．

索　　引

ABS　87
AE　4, 31, 56
　——に関する急性毒性データ　105
　——濃縮率　36
　——濃度の測定　31
　——の急性毒性　110
　——の魚への濃縮性　109
　——の除去　80
　——の分析法　142
　——の慢性毒性　110
AES　5
AP　4
　——の合成　19
　——の除去　82
　——の除去効率　85
　——の生成　82
　——の物理化学的性質　85
　——の分解生成物　87
　——類の濃度レベルの把握　48
APE　4, 23, 39
　——簡易濃縮法　181
　——測定法　180
　——に関する急性毒性データ　106
　——の急性毒性　110
　——の合成　20
　——の魚への濃縮性　109
　——の生分解生成物　88
　——の代謝産物　50
　——の特色　21, 189
　——の分解中間生成物　108
　——の分析方法　151
　——分解生成物　50
　——分解生成物の分析法　168

APEC　50
　——の生成経路　51
　——の標準物質　169
　——の分析法　169
APG　106
　——の急性毒性　106
AR　117
BETの式　75
BPA　114
Brunauer Emmett Tellerの式　75
CAPECの分析法　176
cloud pointo　18
CTAS法　31, 90, 137, 192
DBD　125
DDD　114
DDE　116
DDT　114
DES　114
DNA結合ドメイン　125
dose - response関係　202
E - スクリーン　123
ELISA法　179, 180, 183
Enzyme - Linked Immunosorbent Assay法
　　179, 180, 183
EO　2
　——の付加モル数　195
　——不可物型の活性剤　190
　——ユニット数の減少　79
ER　117
ESI / MS　144
Freundlichの式　74
GC / MS　31, 160
HLB　2

217

索　引

HPLC　31
Langmuirの式　75
LC / MS　31
MBAS　87
　——法　192
MCF-7細胞の増殖　123
NP　46, 114
　——濃度　83
　——の測定　82
　——の微生物分解　85
　——の分析法　160
NPE　39, 118
　——代謝物　52
　——の除去　80
　——の分解中間生成物　110
OECD生分解度試験方法(Guidelines for Testing of Chemicals)　69, 101
OP　46
　——の分析法　160
PAR法　90, 138
PCB　116
PO　4
POE　32, 71, 137
　——基の鎖長　103
　——硬化ひまし油　8
　——の付加モル数　192
　——ひまし油　8
POE型非イオン界面活性剤　32, 137
　——の起泡性　193
　——の洗浄力　192
　——の乳化性　192
　——の発砲限界　193
　——の分散性　192
SPME　158
Standard Methods for the Examination of Water and Wastewater　101
TAD　125
TBT　115, 119
TSP / MS　149
α-酸化　72

β-位の炭素　72
β-ガラクドシダーゼ遺伝子　124
β-酸化　72
ω-酸化　72

あ

アゴニスト　122
アゴニスト活性　122
アシルグルカミド　10
アセトアルデヒド　12
アニオン界面活性剤　1
アルキルエーテルサルフェート　5
アルキル基　72, 103
　——の鎖長　103
　——の短鎖化反応　72
　——の炭素数　108, 192, 195
　——の長さ　74
　——の分岐度　72
　——の分岐の有無　192
アルキルフェノール　4
　——の合成　19
　——の除去効率　85
　——の生成　82
　——の物理化学的性質　85
　——の分解生成物　87
　——類の濃度レベルの把握　48
アルキルフェノールエトキシレート　4, 39
　——簡易濃縮法　181
　——測定法　180
　——に関する急性毒性データ　106
　——の急性毒性　110
　——の合成　20
　——の魚への濃縮性　109
　——生分解生成物　88
　——の代謝産物　50
　——の特色　21, 189
　——の分解中間生成物　108
　——の分析方法　151
　——分解生成物　50
　——分解生成物の分析法　168

218

索　　引

アルキルフェノキシカルボン酸　50
　——の生成経路　51
　——の標準物質　169
　——の分析法　169
アルキルベンゼンスルホン酸塩　87
アルキルポリグリセロールエーテル　7
アルキルポリグルコシド　9, 106
　——の急性毒性　106
アルコールエトキシレート　4, 31, 56
　——に関する急性毒性データ　105
　——濃縮率　36
　——濃度の測定　31
　——の急性毒性　110
　——の魚への濃縮性　109
　——の分析法　142
　——の慢性毒性　110
泡の安定性　89
アンタゴニスト　122
　——活性　122
アンドロゲン　116
　——作用　116
　——の作用を阻害するメカニズム　117
　——レセプター　116, 117

イオン性界面活性剤　17
イソブテンダイマー　20
イソブテン2量体　20
一次的分解　66
イムノアッセイ　179
陰イオン界面活性剤　1

エアロゾールOT　19
影響評価　204
エーテル型非イオン界面活性剤の製法　11
易分解性試験　68
エステル・エーテル型非イオン界面活性剤の製法　12
エステル型非イオン界面活性剤の製法　10
17-βエストラジオール　123
エストロゲン　123

　——活性　42
　——作用の機構　122
　——受容体　121
　——転写活性試験　124, 127
　——様作用　116, 121
　——様作用の比活性　52
　——様作用のメカニズム　117
　——様物質　121
　——様物質の検出法　123
エチニールエストラジオール　114, 118
エチレンオキシド　2
　——の付加モル数　195
　——不可物型の活性剤　190
　——ユニット数の減少　79
エチレングリコール脂肪酸エステル　4
エレクトロスプレーイオン化質量分析法　144
塩素処理　93
エンドロゲンレセプター　116, 117

オクタオキシエチレンドデシルエーテル　139
オクチル　19
オクチルフェノール　46
　——の分析法　160
雄の雌化　119
オゾン処理　94
汚泥粒子への吸着　87
オレフィン　19

か
かいあし類　107
外因性内分泌撹乱化学物質　113
海水中におけるアルコールエトキシレート（AE）
　　　濃度　34
界面活性剤　1, 16
　——需要　15
　——に対する規制　87
　——濃度　91
　——の機能　17
　——の吸着　21
　——の生産量　14, 23

219

索　引

――の生分解挙動　71
――の毒性　199
――のHLBを推測　18
――の表示　27
――の溶解性　18
――への曝露期間　104
化学物質審査規制法　101
　――などによるミジンコ類の遊泳阻害試験方法　101
　――の環境中での挙動　66
　――の審査および製造等の規制に関する法律　66
　――のリスク評価　200
核内受容体スーパーファミリー　122
家具用洗剤　25
化審法　66
ガスクロマトグラフ/質量分析法　31, 160
河川規模と検出濃度との関係　42
河川水中で検出されたアルキルフェノールエトキシレート(APE)濃度　39
河川水中におけるアルコールエトキシレート(AE)濃度　34
河川堆積物中のノニルフェノールエトキシレート(NPE)濃度　42
カチオン界面活性剤　1
活性汚泥への吸着　80
活性汚泥法の排水中のノニルフェノール(NP)濃度　84
活性炭吸着実験　93
活性炭への吸着現象　77
カップルユニット試験　68
家庭用洗剤　24
　――類の購入　26
　――類の品質情報　27
家庭用品の選択基準　28
家庭用品品質表示法　27
カリウムテトラチオシアン酸亜鉛法　90, 140, 192
カルボニル化炭素　72
簡易総量測定法　92

環境安全性の評価　70
環境受容性　66
環境水中で検出されたアルコールエトキシレート濃度の測定　32
環境水中で検出されたAE濃度の測定　32
環境濃度　194
環境ホルモン　113
環境リスク評価　194, 203
　――の手順　204
枝角類　107
気泡性　22
起泡力　89
逆相クロマトグラフ法　153
究極的分解　66
　――度　70
究極分解度　74
急性毒性試験　101
吸着　72
　――現象　74
　――定数　76
　――等温式　74
競合ELISA法　179
魚類による急性毒性試験　101
魚類への影響　118
キレート化剤　17

クメストロール　114
グリセリン脂肪酸エステル　2, 10
グリセリンモノ脂肪酸エステル　3
グルコサミド　10

経済協力開発機構の生分解度試験方法　69
下水処理場の流入水で検出されたアルキルフェノールエトキシレート(APE)濃度　43
　――の流入水で検出されたアルコールエトキシレート(AE)濃度　36
　――排水中のノニルフェノールエトキシレート(NPE)濃度　44
　――排水中のノニルフェノールエトキシレート

索 引

(NPE)と分解生成物の濃度　44
下水処理水中の NPEC 濃度　52
　——中の NP 濃度　84
　——中のノニルフェノール(NP)濃度　84
　——中のノニルフェノキシカルボン酸(NPEC)
　　濃度　52
下水処理放流水のアルキルフェノール(AP)類濃
　度　48
原因物質の特定　134
検出限界　164

抗アンドロゲン作用　116
硬化ひまし油　8
好気条件での生分解　67
高級アルコール　5
抗甲状腺ホルモン様作用　116
交差反応性試験　182
甲状腺ホルモン　121
合成洗剤の消費量　25
高速液体クロマトグラフ　31
高速液体クロマトグラフ/質量分析法　31,
　144
酵素 two-hybride 法　125
酵素の作用　66
抗男性ホルモン　116
硬度の変化　104
固相マイクロ抽出　158
五大湖の野生生物への影響　119
コバルト錯体　137
コバルトチオシアン酸活性物質法　137, 192

さ
サーモスプレーイオン化質量分析法　149
細胞増殖　127
魚への毒性　103
酸化　81
サンドイッチ法　179

ジエタノールアミド　8
ジエチルスチルベステロール　114

ジオキサン　11
1,4-ジオキサン　88, 95
資化　66
ジクロロジフェニルジクロロエタン　114
ジクロロジフェニルジクロロエチレン　116
ジクロロジフェニルトリクロロエタン　114
試験生物　100
脂肪酸アルカノールアミド　8
　——の製法　12
脂肪酸ジエタノールアミド　12
脂肪酸モノエタノールアミド　12
シミュレーション試験　68
シャンプー　25
臭化水素酸分解　140, 192
住居用洗剤　25
受容体　121
受容体遺伝子　124
順相クロマトグラフ法　152
消費者　99
消泡剤　18
消泡性　22
食物連鎖　116
女性ホルモン　116
　——様作用の比活性　52
しょ糖脂肪酸エステル　2, 11
処理水中で検出されたアルコールエトキシレート
　濃度　36
処理水中で検出された AE 濃度　36
親水基　2
浸透性　23

水蒸気蒸留/溶媒抽出　160
水生生物中のノニルフェノールエトキシレート
　(NPE)濃度　43
　——への影響　101, 199
　——への致死濃度　102
水中の懸濁成分　93
水中のノニルフェノール(NP)濃度　46
水道水質基準　87
水溶性ホルモン　121

索　引

ステロイドホルモン　121
スパン　3
スルホコハク酸エステル　19

性行動の異常　117
生産者　99
精子減少　117
生殖異常　116
生殖可能年齢の短縮　117
性成熟の遅れ　117
精巣　108
　──萎縮　117
　──の成熟阻害　108
　──の生長阻害　128
生態系での影響　101
生体毒性　194, 198
　──試験　101
生体濃縮　49
性転換　129
性比が不均衡　119
生物群集　99
生物処理によるアルコールエトキシレート（AE）
　　除去率　38
生物濃縮　50
　──係数　50
生物への毒性　49
生分解　66, 80
　──試験方法　67
　──性の違い　72
　──速度　72
　──中間体　48
　──度の測定指標　70
　──ポテンシャル試験　68
石けん洗剤の消費量　25
洗剤類の購入　26
　──の表示事項　27
洗浄剤　23
洗浄性　22
染色　19
洗濯用洗剤　24

染料　18

相対的生分解性の比較　72
相対的分解速度　74
組織部位別の検出濃度　43
疎水結合による吸着　79
疎水性ホルモン　121
ソルビタン脂肪酸エステル　2, 10

た
ダイオキシン類　114, 116
代謝生成物の挙動　81
堆積物中のアルキルフェノール（AP）類濃度
　　49
　──の吸着能　79
台所用洗剤　25
多世代繁殖試験　127
単細胞微細藻類　108
短鎖化　81
淡水魚　107

中間代謝物　81

ツィーン型　7

底泥中で検出されたアルコールエトキシレート
　　（AE）濃度　34
ディルドリン　114
テトラチオシアノコバルト（Ⅱ）酸　137
テトラチオシアノコバルト（Ⅱ）酸アンモニウム
　　138
テトラチオシアノコバルト（Ⅱ）酸法　31, 90,
　　192
テトロニック型　9
転写活性ドメイン　125

同族体組成　103
毒性の差　105
土壌への吸着　78
ドデシルベンゼンスルホン酸ナトリウム　89

索引

1,1,1-トリクロロエタン　95
トリブチルスズ　115
曇天　18

な

内分泌撹乱化学物質　88, 113
　——の化学構造　115
　——の作用メカニズム　117
　——の定義　114
　——への対応　94
内分泌撹乱作用　200

二次処理排水中のノニルフェノール(NP)濃度　84
妊娠維持困難　117

濃縮性試験　101
濃縮率　109
農薬　114
ノニオン界面活性剤　1
ノニオン性　189
ノニル　19
ノニルフェノール　46, 114
　——濃度　83
　——の測定　82
　——の微生物分解　85
　——の分析法　160
ノニルフェノールエトキシレート　39, 118
　——代謝物　52
　——の分解中間生成物　110

は

排出水中で検出されたアルキルフェノールエトキシレート(APE)濃度　43
バインディングアッセイ　123
曝露評価　204
発色強度　92
発色団　18
発泡規制基準　92
発泡限界濃度　89
発泡性　88, 91, 193
半減期　72, 109

非イオン界面活性剤　1
　——と環境動態　198
　——による事故　54
　——のオゾン分解速度　94
　——の環境安全性　199
　——の環境影響　88
　——の吸着機構　79
　——の下水処理過程における挙動　197
　——のシリコーン系　9
　——の生分解経路　72
非イオン性　189
非イオンの水溶性　18
非意図的生成物質　114
非競合法　179
ビスフェノールA　114
微生物での吸着等温線　75
　——の作用　66
　——の馴化　68
　——への曝露　67
ビテロジェニン　126
　——遺伝子　126
　——生成　108, 128
人に対する影響　121
ヒト乳ガン由来細胞　123
標的細胞の細胞膜　121
4-2-ピリジアルゾ-レゾルシノール法　90, 138
比率法　204
ピル　114
ビンクロゾリン　116

フィールド調査　133, 201
フェニル基の有無　192
フェノール　19
フォルモノネチン　114
付着生物　107
フッ素系非イオン界面活性剤　9

223

索　引

フリーデル-クラフト反応　19
プロピレンオキシド　4
プロピレングリコール脂肪酸エステル　3
プロピレン3量体　20
プロピレントリマー　20
フロリダの野生生物への影響　120
分解　72
　――試験　67
　――者　99
　――性　21
　――性試験　66
　――生成物の吸着性　67
　――中間生成物　71, 108
　――度の測定　70
分散剤の効果　21
粉状活性炭への吸着　77
分析精度　165
粉末活性炭　93

ヘプタオキシエチレングリコールモノ-n-デシルエーテル　90
ヘプタオキシエチレンドデシルエーテル　138, 139, 140, 141
ペプチドホルモン　121
ベンゼン環の分析　81

飽和吸着量　75
ポリアルキルグルコシド　13
ポリ塩化ビフェニル　116
ポリオキシエチレン　32, 71, 137
　――基の鎖長　103
　――硬化ひまし油　8
　――脂肪酸アミド　9
　――脂肪酸エステル　7, 12
　――多価アルコール脂肪酸エステル　7
　――の付加モル数　192
　――ひまし油　8
　――変性ポリシロキサン　13
ポリオキシエチレンアルキルアミド　12
ポリオキシエチレンアルキルアミン　8, 12

ポリオキシエチレン型非イオン界面活性剤　32, 137
　――の起泡性　193
　――の洗浄力　192
　――の乳化性　192
　――の発砲限界　193
　――の分散性　192
ポリオキシエチレンポリオキシプロピレンアルキルエーテル　5
ポリオキシエチレンポリオキシプロピレングリコールエーテル　6
ホルムアルデヒド　11
ホルモン　121
　――応答配列　122
　――作用への影響　121
本質的分解性試験　68

ま，や，ら

巻貝への影響　119
慢性的な曝露　50
慢性毒性　106
　――試験　101
マンニタン脂肪酸エステル　3
ミセル　16
　――による吸着　78

無脊椎動物　107

メダカの性転換　129
メチレンブルー活性物質　87
　――法　192
メチレンユニット数の増加　79
メトキシクロル　114, 125

モデル生態系　101
モノグリ　3

有害性評価　204
有害性の判定　200

224

索　引

有機成分との疎水結合　79
誘導体化 HPLC　142

陽イオン界面活性剤　1
溶存相　86
用量‐反応関係　202

利水障害　87
リスク比　205
流産　117
粒子相　86
流水式メソコムズ　107
両性界面活性剤　1
臨界ミセル濃度　16,　75

ルシフェラーゼ遺伝子　124

4‐レゾルシノール法　90, 138
レポーター遺伝子　124

ロスマイル試験　88

執筆者プロフィール

（五十音順．所属・役職等は 2000 年 1 月現在）

相澤　貴子（あいざわ　たかこ）
1945 年静岡県に生まれる．1967 年横浜国立大学卒業．1970 年より厚生省国立公衆衛生院勤務．現在，室長．専門は，水中微量化学物質のリスク評価とその制御技術開発．工博．厚生省生活環境審議会水質管理専門委員，国土庁水資源開発審査会委員．主著に，「水質衛生学」(技報堂出版，1996)，「水道の水質調査法」(技報堂出版，1997)，「環境学入門」(環境新聞社，1999)．

磯部　友彦（いそべ　ともひこ）
1974 年愛知県に生まれる．1996 年東京農工大学農学部卒業．1998 年同大大学院修士課程修了．同年より同大大学院博士課程在籍．専門は，環境化学．アルキルフェノール類を中心として，界面活性剤関連物質の環境中での動態解明に関しての研究に従事．

稲森　悠平（いなもり　ゆうへい）
1947 年鹿児島県に生まれる．1973 年鹿児島大学大学院修士課程修了．（株）明電舎を経て，1980 年環境庁国立公害研究所（現・国立環境研究所）勤務．現在，総合研究官．専門は，水処理工学，微生物生態学．理博．韓国国務総理有功者表彰を受けるなど，水環境改善の国際共同研究を推進している．主著に，「微生物生態学」(共立出版，1986)，「環境微生物実験法」(講談社サイエンティフィック，1988)，「水環境の基礎と応用」(産業用水調査会，1993)，「生活排水対策」(産業用水調査会，1998)．

宇都宮暁子（うつのみやあきこ）
1945 年茨城県に生まれる．1969 年静岡薬科大学（現・静岡県立大学薬学部）大学院修士課程修了．1970 年より神奈川県衛生研究所勤務．現在，専門研究員．専門は，環境化学，衛生化学，分析化学．薬博．日本水環境学会《水環境と洗剤研究委員会》委員長，川とみず文化研究会代表．主著に，「Q＆A水環境と洗剤」(ぎょうせい，1994)，「私たちが商品についてもっと知りたいこと」(環境新聞社，1994)，「相模川水の旅」(川とみず文化研究会，1996)．趣味は，水辺の散策，旅，茶道．

菊地　幹夫（きくち　みきお）
1944 年群馬県に生まれる．1967 年群馬大学卒業．1973 年東京工業大学大学院博士課程修了．東京都環境科学研究所を経て，1998 年より神奈川工科大学工学部教授．専門は，環境化学，特に界面活性剤，農薬などの水質汚染物質の環境安全性評価．工博．主著に，「Q＆A水環境と洗剤」(ぎょうせい，1994)，「みんなで考える飲み水のはなし」(技報堂出版，1995)．

郷田　泰弘　　1968年広島県に生まれる．1992年九州大学大学院農学研究科修士課程修了．同年武田薬品工業(株)勤務．現在，同社生活環境カンパニー研究開発部．専門は生物化学．環境汚染物質測定用 ELISA キットの研究開発に従事．

古武家善成　1947年大阪府に生まれる．1970年京都大学卒業．1973年より兵庫県立公害研究所勤務．現在，主任研究員．専門は，環境化学．主著に，「『環境と人にやさしい洗剤』を求めて」(環境技術研究協会，1994)，「'96/97 環境年表」(オーム社，1995)，「環境年表 '98/99」(オーム社，1997)，「環境年表 2000/2001」(オーム社，1999)．

須藤　隆一　　1936年埼玉県に生まれる．1959年群馬大学卒業．1960年厚生省国立公衆衛生院修了．東京都下水道局，東京大学応用微生物研究所，環境庁国立公害研究所，国立環境研究所を経て，1990年より東北大学工学部教授，現在，大学院工学研究科土木工学専攻教授．専門は，環境生態工学，微生物生態学．理博．日本水環境学会顧問，中央環境審議会委員，科学技術会議ライフサイエンス部会委員．主著に，「環境浄化のための微生物学」(講談社，1983)，「環境微生物実験法」(講談社，1988)．

高田　秀重　　1959年東京都に生まれる．1986年東京都立大学大学院博士課程修了．同年より東京農工大学農学部環境保護学科に勤務．現在，助教授．専門は，環境有機地球化学．農博．1990年ウッズホール海洋研究所(米国)へ留学．1993年日本海洋学会岡田賞，1995年日本水環境学会論文奨励賞受賞．

高松　良江　　1970年東京都に生まれる．1993年東邦大学理学部卒業．1999年筑波大学大学院農学研究科博士課程修了．同年(株)三菱化学安全科学研究所横浜研究所勤務．専門は，生態毒性学，微生物生態学．学術博．バイオテクノロジーおよび化学物質の人の健康や環境生物への安全性についての情報調査に従事．趣味は，スキー，テニス．

中村　好伸　　1934年茨城県に生まれる．1958年東京農工大学卒業．同年東邦化学工業(株)勤務．界面活性剤の研究開発に従事し，取締役界面活性剤研究所所長を経て，1994年より日本界面活性剤工業会．現在，専務理事．主著に，「界面活性剤」(講談社)，「乳化・分散プロセスの機能と応用技術」(サイエンスフォーラム)．

林　良之　　1935年長野県に生まれる．1961年京都大学工学部修士課程修了．同年京都大学工学部助手．京都工芸繊維大学助教授，教授，名誉教授を経て，1999年退官．専門は，有機化学，繊維化学．工博．日本油化学会理事・副会長．

藤田　正憲（ふじた　まさのり）　1941年兵庫県に生まれる．1966年大阪大学大学院博士課程中退．大阪市技術吏員を経て，1971年大阪大学工学部助手，1989年教授．現在，大学院工学研究科環境工学専攻教授．専門は，生物環境工学，水質管理工学．工博．日本水処理生物学会会長他　主著に，「遺伝子組換え微生物を使った排水処理（英文）」（テクノミック，1994），「地球はよみがえる，動き始めたバイオレメディエーション」（シーエムシー，1994），「バイオレメディエーションエンジニアリング—設計と応用」（監訳）（エヌテーエス，1997）．

三浦　千明（みうら　かずあき）　1947年静岡県に生まれる．1969年中央大学卒業．同年ライオン（株）に勤務，界面活性剤の環境安全性問題の研究に従事．現在，主任研究員．主著に，「洗剤と洗浄の事典」（朝倉書店，1990），「界面活性剤便覧」（丸善，1990）．家庭菜園のキュウリやトマトを楽しむ．

山田　一裕（やまだ　かずひろ）　1964年大阪府に生まれる．1989年東京理科大学大学院修了．同年生活協同組合都民生協勤務，1991年青年海外協力隊水質検査隊員としてモロッコ王国に派遣後，1993年東北大学工学部助手．現在，大学院講師．専門は，環境生態工学．工博．

吉川サナエ（よしかわさなえ）　1949年神奈川県に生まれる．1971年明星大学卒業．川崎市衛生研究所，同公害研究所を経て，1999年より川崎市環境局公害部水質課．現在，環境一般担当．技術士（環境部門）．主著に，「私たちが商品についてもっと知りたいこと」（環境新聞社，1994），「『環境と人にやさしい洗剤』を求めて」（環境技術研究協会，1994），「Ｑ＆Ａ水環境と洗剤」（ぎょうせい，1994）．

非イオン界面活性剤と水環境
用途,計測技術,生態影響　　　　　　　　定価はカバーに表示してあります

2000年3月7日　1版1刷発行　　　　ISBN4-7655-3171-6 C3051

　　　　　　　　　　　　　　　編　者　日 本 水 環 境 学 会
　　　　　　　　　　　　　　　　　　　《水環境と洗剤研究委員会》
　　　　　　　　　　　　　　　発行者　長　　　祥　　　隆
　　　　　　　　　　　　　　　発行所　技報堂出版株式会社
日本書籍出版協会会員　　　　　　〒102-0075　東京都千代田区三番町8-7
自然科学書協会会員　　　　　　　　　　　　　　　（第25興和ビル）
工 学 書 協 会 会 員　　　　　　電話　営業　（03）(5215) 3 1 6 5
土木・建築書協会会員　　　　　　　　　編集　（03）(5215) 3161〜2
Printed in Japan　　　　　　　　FAX　　　　（03）(5215) 3 2 3 3
　　　　　　　　　　　　　　　振替口座　　　00140-4-10

ⓒ Japan Society on Water Environment, 2000
乱丁・落丁はお取り替え致します　装幀 海保 透　印刷 ㈱技報堂　製本 鈴木製本

Ⓡ〈日本複写権センター委託出版物・特別扱い〉
本書の無断複写は，著作権法上での例外を除き，禁じられています．
本書は，日本複写権センターへの特別委託出版物です．本書を複写される場合は，
そのつど日本複写権センター（03-3401-2382）を通して当社の許諾を得てください．

●小社刊行図書のご案内●

書名	著者	判型・頁数
水環境の基礎科学	E.A.Laws 著／神田穰太ほか訳	A5・722頁
水質衛生学	金子光美 編著	A5・596頁
水辺の環境調査	ダム水源地環境整備センター編	A5・500頁
河川水質試験方法（案）1997年版	建設省河川局監修	B5・1102頁
ノンポイント汚染源のモデル解析	和田安彦 著	A5・250頁
ノンポイント負荷の制御 ―都市の雨水流出と負荷制御法	和田安彦 著	A5・220頁
最新の底質分析と化学動態	寒川喜三郎・日色和夫 編著	A5・244頁
沿岸都市域の水質管理 ―統合型水資源管理の新しい戦略	浅野孝 監訳	A5・475頁
水環境と生態系の復元 ―河川・湖沼・湿地の保全技術と戦略	浅野孝ほか監訳	A5・620頁
生活排水処理システム	金子光美ほか編著	A5・340頁
急速濾過・生物濾過・膜濾過	藤田賢二 編著	A5・310頁
自然の浄化機構	宗宮功 編著	A5・252頁
自然の浄化機構の強化と制御	楠田哲也 編著	A5・254頁
［日本の水環境 4］東海・北陸編	日本水環境学会 編	A5・260頁
琵琶湖 ―その環境と水質形成	宗宮功 編著	A5・270頁
名水を科学する	日本地下水学会 編	A5・314頁
続名水を科学する	日本地下水学会 編	A5・266頁

技報堂出版　TEL編集03(5215)3161 営業03(5215)3165
　　　　　　FAX 03(5215)3233